河 流 生 态 丛 书

珠江三角洲河网水生生态特征研究

赖子尼　王超　高原　等 ◎ 著

科学出版社

北京

内 容 简 介

珠江三角洲河网密布,是许多鱼类的产卵场、索饵场、越冬场、洄游与降海通道,也是粤港澳大湾区重要的经济社会发展区域。为可持续利用珠江三角洲河网自然生态环境,了解其变化过程非常重要。本书以珠江三角洲河网水域为研究对象,主要分析了水体理化因子,浮游微生物、浮游动植物群落的分布特征,初级生产力的时空变化趋势,系统研究了水体、沉积物中重金属和拟除虫菊酯类农药的含量等对河网生态系统的影响,以期为珠江三角洲河网的水资源和水生生物资源保护、渔业管理和生态维护等提供依据。本书是“河流生态丛书”的组成部分,分析了河网生态系统的水环境和基础生物结构,并对水生生态系统进行了评价,内容丰富。

本书适合渔业生态环境保护、水生态修复、水利、水务等相关专业的高校师生、科研工作者及渔政管理人员参考使用。

图书在版编目(CIP)数据

珠江三角洲河网水生生态特征研究/赖子尼等著. —北京:科学出版社,2021.11

(河流生态丛书)

ISBN 978-7-03-068885-9

Ⅰ.①珠… Ⅱ.①赖… Ⅲ.①珠江三角洲－渔业－生态环境－研究 Ⅳ.①S931.3

中国版本图书馆 CIP 数据核字(2021)第 098673 号

责任编辑:郭勇斌 彭婧煜 陈嘉茜/责任校对:杜子昂
责任印制:张 伟/封面设计:黄华斌

科 学 出 版 社 出版

北京东黄城根北街 16 号
邮政编码:100717
http://www.sciencep.com

涿州市般润文化传播有限公司印刷
科学出版社发行 各地新华书店经销

*

2021 年 11 月第 一 版   开本:787×1092 1/16
2021 年 11 月第一次印刷   印张:14 1/2
字数:280 000

定价:98.00 元

(如有印装质量问题,我社负责调换)

"河流生态丛书"编委会

本书编委会

主持单位：中国水产科学研究院珠江水产研究所

主　　编：赖子尼

副主编：王　超　高　原

编　　委：刘乾甫　李海燕　麦永湛　曾艳艺

　　　　　杨婉玲　赵李娜　郇欣欣

丛 书 序

河流是地球的重要组成部分，是生命发生、生物生长的基础。河流的存在，使地球充满生机。河流先于人类存在于地球上，人类的生存和发展，依赖于河流。如华夏文明发源于黄河流域，古埃及文明发源于尼罗河流域，古印度文明发源于恒河流域，古巴比伦文明发源于两河流域。

河流承载生命，其物质基础是水。不同生物物种个体含水量不同，含水量为60%～97%，水是生命活动的根本。人类个体含水量约为65%，淡水是驱动机体活动的基础物质。虽然地球有71%的面积为水所覆盖，总水量为13.86亿 km^3，但是淡水仅占水资源总量的2.53%，且其中87%的淡水是两极冰盖、高山冰川和永冻地带的冰雪形式。人类真正能够利用的主要是河流水、淡水湖泊水及浅层地下水，仅占地球总水量的0.26%，全球能真正有效利用的淡水资源每年约9000 km^3。

中国境内的河流，仅流域面积大于1000 km^2 的有1500多条，水资源约为2680 km^3/a，相当于全球径流总量的5.8%，居世界第4位，河川的径流总量排世界第6位，人均径流量为2530 m^3，约为世界人均的1/4，可见，我国是水资源贫乏国家。这些水资源滋润华夏大地，维系了14亿人口的生存繁衍。

生态是指生物在一定的自然环境下生存和发展的状态。当我们闭目遐想，展现在脑海中的生态是风景如画的绿水青山。然而，由于我们的经济社会活动，河流连通被梯级切割而破碎，自然水域被围拦堵塞而疮痍满目，清澈的水质被污染而不可用……然而，我们活在其中似浑然不知，似是麻木，仍然在加剧我们的活动，加剧我们对自然的破坏。

鱼类是水生生态系统中最高端的生物之一，与其他水生生物、水环境相互作用、相互制约，共同维持水生生态系统的动态平衡。但是随着经济社会的发展，人们对河流生态系统的影响愈加严重，鱼类群落遭受严重的环境胁迫。物种灭绝、多样性降低、资源量下降是全球河流生态面临的共同问题。鱼已然如此，人焉能幸免。所幸，我们的社会、我们的国家重视生态问题，提出生态文明的新要求，河流生态有望回归自然，我们的生存环境将逐步改善，人与自然将回归和谐发展，但仍需我们共同努力才能实现。

在生态需要大保护的背景下，我们在思考河流生态的本质是什么？水生生态系统物质间的关系状态是怎样的？我们在水生生态系统保护上能做些什么？在梳理多年研究成果的基础上，有必要将我们的想法、工作向社会汇报，厘清自己在水生生态保护方面的工作方向，更好地为生态保护服务。在这样的背景下，决定结集出版"河流生态丛书"。

"河流生态丛书"依托农业农村部珠江中下游渔业资源环境科学观测实验站、农业农村部珠江流域渔业生态环境监测中心、中国水产科学研究院渔业资源环境多样性保护与利用重点实验室、珠江渔业资源调查与评估创新团队、中国水产科学研究院珠江水产研究所等平台，在学科发展过程中，建立了一支从事水体理化、毒理、浮游生物、底栖生物、鱼类、生物多样性保护等方向研究的工作队伍。团队在揭示河流水质的特征、生物群落的构成、环境压力下食物链的演化等方面开展工作。建立了河流漂流性鱼卵、仔鱼定量监测的"断面控制方法"，解决了量化评估河流鱼类资源量的采样问题；建立了长序列定位监测漂流性鱼类早期资源的观测体系，解决了研究鱼类种群动态的数据源问题；在不同时间尺度下解译河流漂流性仔鱼出现的种类、结构及数量，周年早期资源的变动规律等，搭建了"珠江漂流性鱼卵、仔鱼生态信息库"研究平台，为拥有长序列数据的部门和行业、从事方法学和基础研究的学科提供鱼类资源数据，拓展跨学科研究；在藻类研究方面，也建立了高强度采样、长时间序列的监测分析体系，为揭示河流生态现状与演替扩展了研究空间；在河流鱼类生物多样性保护、鱼类资源恢复与生态修复工程方面也积累了一些基础。这些工作逐渐呈现出了我们团队认识、研究与服务河流生态系统的领域与进展。"河流生态丛书"将侧重渔业资源与生态领域内容，从水生生态系统中的鱼类及其环境间的关系视角上搭建丛书框架。

丛书计划从河流生态系统角度出发，在水域环境特征与变化、食物链结构、食物链与环境之间的关系、河流生态系统存在的问题与解决方法探讨上，陆续出版团队的探索性的研究成果。"河流生态丛书"也将吸收支持本丛书工作的各界人士的研究成果，为生态文明建设贡献智慧。

通过"河流生态丛书"的出版，向读者表述作者对河流生态的理解，如果书作获得读者的共鸣，或有益于读者的思想发展，乃是作者的意外收获。

本丛书内容得到了科技部社会公益研究专项"珠江（西江）漂浮性卵鱼类繁殖状态与资源评估"、国家科技重大专项"水体污染控制与治理"河流主题"东江水系生态系统健康维持的水文、水动力过程调控技术研究与应用示范"项目、农业农村部珠江中下游渔业资源环境科学观测实验站、农业农村部财政项目"珠江重要经济鱼类产卵场及洄游通道调查"、广西壮族自治区自然科学基金委重大项目"西江鱼类优势种群形成机理及利用策略研究"、国家公益性行业（农业）科研专项"珠江及其河口渔业资源评价和增殖养护技术研究与示范"、国家重点研发计划"蓝色粮仓科技创新"等项目的支持。"河流生态丛书"也得到许多志同道合同仁的鞭策、支持和帮助，在此谨表衷心的感谢！

李新辉

2020 年 3 月

前　言

全球有超过 70% 人口生活于沿岸平原。珠江三角洲位于广东省中南部、珠江下游，是珠江奔流入海所裹挟的泥沙等杂质凝絮淤积后逐渐形成的平原。珠江三角洲地势低平，较大的水道近百条，较小的港汊更多，交织成网，形成珠江三角洲河网。

水生生物群落与水环境相互作用、相互制约，通过物质循环和能量流动，共同构成具有一定结构和功能的动态平衡系统。农业农村部珠江流域渔业生态环境监测中心长期开展珠江中下游渔业生态环境监测，积累了大量生物群落与非生物环境资料。《珠江三角洲河网水生生态特征研究》以广东省海洋与渔业局（现广东省海洋与渔业厅）2011 年海洋渔业科技推广专项"珠江三角洲河网特征污染物甄别及其对鱼类资源的影响"项目为基础，根据珠江三角洲河网的地理环境特征，设置了青岐等 13 个采样站位，分别于不同季节对水体理化因子（包括营养盐）、浮游微生物、浮游动植物群落、重金属和拟除虫菊酯类农药等进行监测研究，分析沉积物污染状况，掌握了珠江三角洲河网污染物组成特征和含量变化趋势，浮游微生物、浮游动植物群落分布特征和时空变化趋势，以期为珠江三角洲初级生产力利用、水和水生生物资源保护、渔业管理和生态维护等提供依据，同时对水污染、水生生物资源遭受破坏机理的研究具有一定的学术参考价值。

本书分为八章，第一章由杨婉玲、赖子尼执笔，第二章由刘乾甫执笔，第三章由麦永湛执笔，第四章由王超执笔，第五章由高原执笔，第六章由曾艳艺执笔，第七章由李海燕、赵李娜执笔，第八章由赖子尼、邴欣欣执笔。

本书是农业农村部珠江流域渔业生态环境监测中心对珠江三角洲河网渔业生态环境监测工作的阶段性总结，中心的工作得到农业农村部渔业渔政管理局、科技教育司、计划财务司、长江流域渔政监督管理办公室、珠江流域渔业管理委员会，以及广东省农业农村厅、广西壮族自治区农业农村厅等单位的大力支持，先后参加此项工作的科研人员还有庞世勋、王松鸽、李秀丽、穆三妞、李跃飞等。本书出版得到国家重点研发计划"蓝色粮仓科技创新"重点专项（项目编号：2018YFD0900802）的支持，部分数据来源于水利部珠江水利委员会及全国水雨情信息网等，在此一并致谢！

由于作者水平有限，书中难免存在疏漏，敬请读者批评指正。

作　者

2021 年 3 月 1 日

目　录

第一章 珠江三角洲河网概况

第一节 水 系

一、地理位置

珠江流域位于北纬 21°31′~26°49′、东经 102°14′~115°53′,流经我国云南省、贵州省、广西壮族自治区、广东省、湖南省、江西省以及越南东北部。流域面积 45.37 万 km^2。珠江流域地势西北高、东南低,云南、贵州区域为高原,最高海拔高度为 2853 m。珠江流域多为山地和丘陵,占总面积的 94.5%;平原面积小而分散,仅占 5.5%,其中比较大的是珠江三角洲平原。

二、珠江水系构成

珠江是我国南方最大的河系,位列我国第二大河流。珠江水系由西江、北江、东江和珠江三角洲诸河等组成,三江水流汇入珠江三角洲河网后,分别从八大口门——虎门、蕉门、洪奇门(沥)、横门、磨刀门、鸡啼门、虎跳门和崖门注入南海,构成"三江汇集,八口出海"的水系格局。

(一)西江水系

西江为珠江的主干流,发源于云南省曲靖市沾益区内的马雄山,从上游往下游分为南盘江、红水河、黔江、浔江及西江等段,主要支流有北盘江、柳江、郁江、桂江及贺江等,在广东省珠海市的磨刀门注入南海,干流全长 2214 km。梧州站实测多年平均径流量为 2199 亿 m^3,占西江思贤滘以上年径流量 2300 亿 m^3 的 95.6%。最大年径流量 3470 亿 m^3(1915 年),是最小年径流量 1070 亿 m^3(1963 年)的 3.2 倍。5~10 月的径流量占年径流量的 81.2%,5~8 月的径流量占年径流量的 64.2%。

(二)北江水系

北江是珠江第二大水系,发源于江西省信丰县油山镇大茅坑,自源头流入广东省南雄市境后称浈江，在韶关市区与武水汇合后称北江，至三水思贤滘与珠江干流西江相汇后，流入珠江三角洲河网区，主流由沙湾河道注入狮子洋，经虎门出南海。北江干流至三水思贤滘段长 468 km（广东省境内长 458 km），流域面积 4.67 万 km²，其中广东省境内流域面积达 4.29 万 km²，其余位于湖南、江西等省境内；该段河道平均比降 0.26‰，流域地势大致北高南低，北部分水岭有广东省最高峰石坑崆，海拔 1902 m。北江平均年径流量 510 亿 m³，平均年径流深 1091.8 mm。

北江水系的主要支流有武水、滃江、连江、潖江、滨江和绥江等。

（三）东江水系

东江发源于江西省寻乌县桠髻钵山，干流上游称寻乌水，至广东省河源市龙川县与定南水汇合后称东江，至东莞市石龙镇进入珠江三角洲，于黄埔区穗东联围东南汇入狮子洋。东江干流长 520 km，流域面积 2.70 万 km²。东江河道平均比降 0.39‰，流域地势东北高、西南低，分水岭最高海拔 1101.9 m。东江平均年径流量 257 亿 m³，平均年径流深 950.4 mm。

东江水系的主要支流有定南水、新丰江、西枝江等。

（四）珠江三角洲河网

珠江三角洲位于广东省中南部、珠江下游，濒临南海，北纬 21°31′～23°10′，东经 112°45′～113°50′，是由珠江水系带来的泥沙在珠江河口湾内堆积而成的复合型三角洲，内有 1/5 的面积为星罗棋布的丘陵、台地和残丘。西部、北部和东部则是丘陵山地环绕，形成天然屏障。珠江三角洲流域面积 26 820 km²，占珠江流域面积的 5.91%。

珠江三角洲是世界上复杂的三角洲之一。珠江三角洲河网包括西、北江水道思贤滘以下、东江石龙以下河网水系和注入三角洲诸河，河网区面积 9750 km²，河网密布，相互贯通，河网密度达 0.8 km/km²，主要水道近 100 条，总长达 1600 km。

珠江三角洲平原平均海拔 50 m 左右，这里河网纵横，孤丘散布。东江在三角洲内的河口段自石龙经东江北干流至黄埔区穗东联围鱼肠沙汇入狮子洋后经虎门出海，河长 42 km。北江在三角洲的河口段从思贤滘北滘口至佛山市禅城区紫洞，称北江干流水道，长 25 km；从紫洞至广州市南沙区张松村上河，称顺德水道，长 48 km；从张松村上河至广州市南沙区小虎山淹尾，称沙湾水道，长 32 km。三条水道全长 105 km。西江在三角洲的河口段从思贤滘西滘口起，向南偏东流至江门市蓬江区棠下镇天河顶，全长 57.5 km，称西江干流水道；从天河顶至新会区大鳌镇百顷头，长 27.5 km，称西海水道；从百顷头至珠海市洪湾企人石，长 54.0 km，称磨刀门水道。三条水道全长 139.0 km，统称为西江河口段。

（五）珠江河口

珠江河口是珠江流域入海口的统称，包括八大口门区和河口延伸区。珠江河口不仅涉及广东省的广州、深圳、珠海、东莞、中山、江门 6 市，而且涉及香港特别行政区和澳门特别行政区，是我国经济最发达、城市化水平最高的地区之一。

珠江河口具有泄洪纳潮、水资源利用、航运交通、水生态环境保护、岸线滩涂资源储备等多种功能。

第二节　珠江三角洲环境特征

一、气候

珠江三角洲大部分地区位于北回归线以南，地处南亚热带，属于热带亚热带海洋性季风气候，雨量充沛，热量充足，雨热同季。该区域年日照时数达 1900～2200 h，四季分布比较均匀。年平均气温 20～22℃。此外，每年都会遭受多次台风的袭击，年平均降雨量 1600～2300 mm，受季风气候影响，降雨量集中在 4～9 月。冬季盛行偏北风，天气干燥。夏季盛行西南风和东南风，高温多雨。由于东南季风带来的热带海洋气流受山脉抬升，珠江三角洲河网区的降雨量少于外围山区的降雨量。

二、水文特征

珠江水系年径流量大，八大口门出海河川总径流量为 3260 亿 m³，其中西江（马口站）2380 亿 m³，北江（三水站）395 亿 m³，东江（博罗站）229 亿 m³，珠江三角洲诸河 256 亿 m³。径流量的年内分配与降雨量相似，4～9 月汛期径流量占全年总量的 74%～84%，而 10 月至次年 3 月枯水期只占 16%～26%。径流集中，在年径流过程线上有明显的两个峰，第一个峰出现在 5 月或 6 月，由锋面雨形成，是年内最高峰；第二个峰出现在 8 月或 9 月，由台风雨形成。径流量年内分配的这个特性，是洪季的洪涝灾害和枯季供水不足的主要原因。河道水流相互灌注，相互调节。根据水利部珠江水利委员会资料，虎门年径流量为 603 亿 m³，占出海水量的 18.5%；蕉门 565 亿 m³，占 17.3%；洪奇门（沥）209 亿 m³，占 6.4%；横门 365 亿 m³，占 11.2%；磨刀门 923 亿 m³，占 28.3%；鸡啼门 197 亿 m³，占 6.1%；虎跳门 202 亿 m³，占 6.2%；崖门 196 亿 m³，占 6.0%。

三、泥沙含量

珠江三角洲不仅承纳了上游水量，也承纳了全部泥沙。根据赵焕庭（1982）和《中国河湖大典》编纂委员会（2013），珠江水系的悬移质含沙量为 0.1～0.3 kg/m³，平均值为 0.283 kg/m³。其含沙量虽少，但因径流量大，年输沙量达 8872 万 t，其中由西江输入的占 82.8%，北江占 7.5%，东江占 3.5%，其余各河所占甚微，这些泥沙除 20%左右停积在河网区外，绝大部分由各口门输出，其中虎门 658 万 t，占年入海泥沙总量 7098 万 t 的 9.3%；蕉门 1289 万 t，占 18.1%；洪奇门（沥）517 万 t，占 7.3%；横门 925 万 t，占 13.0%；磨刀门 2341 万 t，占 33.0%；鸡啼门 496 万 t，占 7.0%；虎跳门 509 万 t，占 7.2%；崖门 363 万 t，占 5.1%。由此可见，磨刀门和伶仃洋的 3 个口门（蕉门、横门、虎门）的年输沙量较多，合计达 5213 万 t，占年入海泥沙总量的 73.4%，这是磨刀门浅滩和伶仃洋西滩迅速发育的主要原因。泥沙的年内分配集中在洪季，以马口站为例，洪季平均含沙量达 0.385 kg/m³，沙峰一般出现在 7～8 月，与洪峰基本一致；枯季平均含沙量仅为 0.074 kg/m³，最低值出现在 1～2 月。洪季的输沙量占全年的 95%，而枯季仅占 5%。

四、潮汐

珠江河口的潮汐属于不规则半日潮。珠江河口每逢朔、望时，太阳潮和太阴潮复合形成了朔望大潮，在上弦和下弦、太阳潮和太阴潮互相抵消一部分后形成上、下弦小潮。珠江平均每年从各口门涨潮流入量为 3762 亿 m³，多年平均落潮流出量为 7022 亿 m³，相应净泄入海径流量为 3260 亿 m³，其中虎门占 18.5%，蕉门占 17.3%，洪奇门（沥）占 6.4%，横门占 11.2%，磨刀门占 28.3%，鸡啼门占 6.1%，虎跳门占 6.2%，崖门占 6.0%。

径流量和台风对潮位有很大影响。最高潮位出现在汛期，以 7 月为最高，3 月为最低。高、低潮年际变化不大。珠江河口属弱潮型河口，东部沿海岸的潮差一般比西部的大。虎门口附近潮差最大，在东莞太平达 3.66 m，多年平均值达 1.70 m；其次是崖门口，在黄冲最大值为 2.63 m，多年平均值为 1.24 m；磨刀门口潮差最小，在灯笼山最大值只有 2.04 m，多年平均值只有 0.86 m。

历年各站最高值与最低值的水位变幅，在珠江三角洲顶端可达 10 m 左右。各口门潮位站虎门为 4.26 m，蕉门为 3.88 m，洪奇门（沥）为 3.66 m，横门为 3.47 m，磨刀门为

3.23 m，鸡啼门为 3.52 m，虎跳门为 3.87 m，崖门为 4.01 m。在珠江三角洲河网区，潮差总的趋势是向上游递减，东部快于西部：多年平均最大潮差，西江水系从磨刀门灯笼山的 2.04 m 至马口递减为 0.74 m；北江水系从横门的 2.25 m 和南沙蕉门的 2.65 m 至三水递减为 0.74 m；东江水系则从东江口泗盛围的 3.12 m 和大盛的 2.90 m 至石龙很快递减到只有 0.90 m。

珠江河口区涨落潮历时均不相等，除珠江河口担杆列岛和外伶仃岛附近海区的涨潮历时略长于落潮历时外，一般是落潮历时长于涨潮历时。落潮平均历时各口门为 7 h，沿河上溯，逐渐递增，以东江递增最快，到河网区顶端的马口（西江）、三水（北江）和石龙（东江），落潮历时长达 9 h。涨潮平均历时各口门为 5 h 30 min，沿河上溯，逐渐递减，以东江递减最快，到河网区顶端的西江与北江的汇合点（马口、三水）和石龙分别减为 4 h 30 min 和 4 h。

五、人类活动

珠江三角洲既是地理区域，也是经济区域。"珠江三角洲"概念的首次正式提出是在 1994 年，狭义的珠江三角洲地区包括广州、深圳、佛山、东莞、中山、珠海、江门、肇庆、惠州共 9 个城市，地区的生产总值从 1980 年的 80 亿美元急升至 2012 年的 7669.9 亿美元。珠江三角洲地区是广东省高新技术产业的主要研发基地，也是世界知名的加工制造和出口基地，初步形成了以电子信息、家电等为主的企业群和产业群。2015 年珠江三角洲各城市地区生产总值如表 1-1 所示，2019 年珠江三角洲地区 9 个城市的地区生产总值之和达 8.69 万亿元。

表 1-1   2015 年珠江三角洲各城市地区生产总值   （单位：亿元）

城市	广州	深圳	佛山	东莞	惠州	中山	江门	珠海	肇庆
地区生产总值	18 100.41	17 502.86	8 003.92	6 275.07	3 140.03	3 010.03	2 240.02	2 025.41	1 970.01

资料来源：《广东统计年鉴 2016》。

2015 年，世界银行发布的报告显示，珠江三角洲超越日本东京，成为世界人口和面积最大的城市群。据统计，2018 年珠江三角洲 9 个城市的常住人口总共 6300.99 万（表 1-2）。

表 1-2   2018 年珠江三角洲各城市常住人口   （单位：万）

城市	广州	深圳	东莞	佛山	惠州	江门	肇庆	中山	珠海
人口	1490.44	1302.66	839.22	790.57	483.00	459.82	415.17	331.00	189.11

资料来源：《广东统计年鉴 2019》。

第三节　珠江三角洲河网生态环境

一、河床形态演变

过去的 20 年间，珠江河口地区基础设施建设发展迅速，大规模的建设用砂需求引发了对河道的大量采砂活动，采砂成为河床形态变异的重要因素。大量的河道采砂直接造成河床大幅度下切、河道容积增加和河宽减小等变异。另外，河口大量的航道与河道整治工程也会引起河床形态的变化。河道河床形态的变异，改变了河口的自然演变规律。

二、河口滩涂面积演变

近 20 年来，珠江河口地区经济发展迅速，城市化进程发展加快，大规模的农业垦殖、工业开发区和港口码头等基本设施建设如火如荼，滩涂资源的开发利用速度加快，加上一些无序的滩涂围垦的影响，河口管理和治理工作相对滞后，引发了滩涂资源过度开发利用和滩涂湿地保护不协调的矛盾，导致大量滩涂湿地面积减小甚至消失。

三、河网系统演变

（一）联围筑闸

新中国成立后，为解决珠江三角洲防洪防潮问题，开展了大规模的联围筑闸工程。从 20 世纪 50 年代末至 70 年代初，通过控支强干，联围并流，简化河系的工程措施，将河网区 2 万多个小堤围合并为 100 多个规模较大的堤围，其中万亩以上的堤围 30 多个；将数百条行洪河道，简化为数十条行洪干道。近 20 年来，堤围不断加固，砌石及混凝土堤防已达 1500 km。

（二）大型基础设施建设

近 50 年来，珠江河口以港口航运交通建设为主的基本设施建设发展迅猛，形成了由 60 多个港口组成的河口港口群，利用岸线达 100 km，拥有 2200 多个泊位，其中万吨级以上的泊位近 70 个。近 20 年来，在河口区建设的桥梁约 250 座。另外，还有数个大型港口枢纽、工业开发区和桥梁计划将要付诸实施。这些以开发利用岸线和河道为主要目的的建设工程，改变了自然河网系统和河网水流的状态。

四、生态系统变化

（一）大气

2019 年珠江三角洲 9 市空气质量优良天数比例为 77.0%～95.3%，平均值为 83.4%，首要污染物主要为 O_3（60.7%），其次为 NO_2（21.8%）和 $PM_{2.5}$（9.7%）。2015 年，9 市达标天数比例为 84.6%～97.5%，平均值为 89.2%，比 2014 年上升 7.6 个百分点，比 2013 年上升 12.9 个百分点；平均超标天数比例为 10.8%，其中轻度污染和中度污染天数比例分别为 9.6% 和 1.2%，超标天数中以 O_3 为首要污染物的天数最多，占超标天数的 56.5%，其次是 $PM_{2.5}$ 和 NO_2，分别占 39.0% 和 4.5%。由此可见，近年来珠江三角洲 9 市的大气主要污染物是 O_3，并显现出 NO_2 含量升高、$PM_{2.5}$ 含量下降的趋势。

（二）水质

珠江三角洲淡水资源丰富，人均占有量高于世界平均水平。但由于受复杂的自然和人文环境因素的影响，特别是后者，河网区下游河段可供利用的淡水资源短缺，水质性缺水问题非常突出。这种情况可分两类：一类是水质污染型缺水，另一类是盐水入侵型缺水。广州、东莞、佛山等市的供水厂被迫停产或搬迁取水口。河网区下游河段水环境已直接影响到城乡人民的生活和工农业生产以及三角洲地区经济的发展。广州、深圳、东莞等重要经济发展城市的饮用水需要布设几十甚至百余公里的引水管线到西江引水，反映出珠江流域水资源和水质堪忧的问题。

（三）潮汐变化与盐水入侵

西江输沙量整体急剧下降，致使珠江河口三角洲出现淤积减慢、海岸侵蚀后退、河网区下游河段受潮汐影响显著，潮汐变化和盐水入侵直接影响污染物的迁移扩散和水质状况。珠江三角洲河网为感潮河网，受河口潮流顶托作用的影响，河网区感潮河段的污染物在排污口附近水域回荡，各城镇之间污水相互影响，各自来水取水点不可避免地受到本市或上下游城镇排污口的影响，靠近回潮点城镇的情况则由于污染物排泄不畅而更加严重，往往形成以城镇为中心的局部污染区。盐水入侵直接改变河网区的水质状况，致使水体氯度升高，迫使供水厂停产或搬迁，严重威胁沿岸居民的饮用水安全。例如，2005 年珠江河口发生的特大咸潮致使西江下游地区 1500 多万人的饮用水受到影响。此外，盐水入侵还会改变河段的水生态环境，导致水生生物种群结构发生改变。

（四）有机污染

珠江三角洲是具有世界影响力的现代制造业基地和服务业基地，沿岸大量工业污染物和生活污水排放使得该区域水体污染程度高于我国其他流域，呈现出重金属、农药/杀虫剂、多环芳烃、塑化剂、阻燃剂、磷酸酯、工业副产物、药物（如抗生素）和个人护理品等多种毒害污染物并存的特征，且与世界其他地区相比，珠江三角洲水体中塑化剂、阻燃剂等污染物浓度均处于较高水平。

（五）生物残留

珠江三角洲水体和表层沉积物中多环芳烃（polycyclic aromatic hydrocarbons，PAHs）的含量均处于世界中等水平，主要是液体燃料燃烧及煤和生物质燃烧的混合燃烧来源，并有少量的石油排放来源。对不同营养级生物的分析发现，PAHs 在营养级间存在生物放大效应。水产品食用健康风险值比饮水暴露风险值高出 1～2 个数量级，水产品食用已经成为造成珠江三角洲河网沿线居民 PAHs 暴露的主要途径之一。

（六）生物多样性下降

珠江流域航运升级、水污染、过度捕捞以及上游梯级开发等因素使得河口、河网水生生态系统受到严重影响，鱼类栖息地逐渐丧失，产卵场功能不断退化，资源量急剧衰退，流域鱼类资源与群落结构发生了巨大的改变，中华鲟（*Acipenser sinensis*）、赤魟（*Dasyatis akajei*）、鲥（*Tenualosa reevesii*）、鳡（*Luciobrama macrocephalus*）等已经濒临灭绝。受鱼类资源衰退及航运、污染等因素的影响，水生哺乳动物的种群数量也急剧减少。

第四节　珠江三角洲鱼类组成①

《珠江水系渔业资源调查研究报告》（1985 年）记载珠江三角洲分布有鱼类 136 种，包括大量的河口甚至海洋鱼类；《广东淡水鱼类志》（1991 年）记载珠江三角洲共分布有

---

① 本节所引历史文献记载的鱼类组成一般都是写珠江三角洲，并未明确为河网，虽三角洲范围略大于河网，本书认为仍可以此大致了解河网的鱼类组成。

鱼类 159 种;《广东淡水鱼类资源调查与研究》(2013 年)在珠江三角洲共采集鱼类 103 种。《珠江水系鱼类原色图集（广东段）》(2018 年)记载珠江三角洲分布有鱼类 216 种。不同资料来源的鱼类物种数量的差异，主要源于调查区域、采样频率的影响。

综合历史资料与现状调查，去除海洋鱼类，珠江三角洲水域共分布有鱼类 181 种，隶属于 19 目 62 科 144 属（表 1-3）。其中，鲈形目有 69 种，占总种数（下同）的 38.1%；鲤形目 45 种，占 24.9%；鲱形目 11 种，占 6.1%；鲇形目 10 种，占 5.5%；鳗鲡目和鲻形目各 8 种，占 8.8%；鲽形目 7 种，占 3.9%；颌针鱼目 6 种，占 3.3%；胡瓜鱼目和鲀形目各 3 种，合计占 3.3%；海鲢目和刺鱼目各 2 种，合计占 2.2%；鳐形目、鲟形目、鼠鱚目、鲚形目、合鳃鱼目、银汉鱼目和鲉形目各 1 种，合计占 3.9%。

表 1-3　珠江三角洲水域鱼类物种名录

目	科	种
鳐形目（Myliobatiformes）	魟科（Dasyatidae）	赤魟（Dasyatis akajei）
鲟形目（Acipenseriformes）	鲟科（Acipenseridae）	中华鲟（Acipenser sinensis）
海鲢目（Elopiformes）	大海鲢科（Megalopidae）	大海鲢（Megalops cyprinoides）
	海鲢科（Elopidae）	海鲢（Elops machnata）
鼠鱚目（Gonorynchiformes）	遮目鱼科（Chanidae）	遮目鱼（Chanos chanos）
鲱形目（Clupeiformes）	鲱科（Clupeidae）	斑鰶（Konosirus punctatus）
		花鰶（Clupanodon thrissa）
		鲥（Tenualosa reevesii）
	锯腹鳓科（Pristigasteridae）	鳓（Ilisha elongata）
	鳀科（Engraulidae）	黄吻棱鳀（Thryssa vitrirostris）
		赤鼻棱鳀（Thryssa kammalensis）
		中颌棱鳀（Thryssa mystax）
		黄鲫（Setipinna tenuifilis）
		七丝鲚（Coilia grayii）
		凤鲚（Coilia mystus）
		康氏小公鱼（Stolephorus commersonnii）
胡瓜鱼目（Osmeriformes）	银鱼科（Salangidae）	居氏银鱼（Salanx cuvieri）
		白肌银鱼（Leucosoma reevesii）
		陈氏新银鱼（Neosalanx tangkahkeii）
鳗鲡目（Anguilliformes）	鳗鲡科（Anguillidae）	日本鳗鲡（Anguilla japonica）
		花鳗鲡（Anguilla marmorata）
	蛇鳗科（Ophichthidae）	裸鳍虫鳗（Muraenichthys gymnopterus）
		中华须鳗（Cirrhimuraena chinensis）
		尖吻蛇鳗（Ophichthys apicalis）
		杂食豆齿鳗（Pisodonophis boro）

目	科	种
鳗鲡目（Anguilliformes）	蚓鳗科（Moringuidae）	大头蚓鳗（*Moringua macrocephalus*）
	海鳗科（Muraenesocidae）	海鳗（*Muraenesox cinereus*）
鲤形目（Cypriniformes）	条鳅科（Nemacheilidae）	平头岭鳅（*Oreonectes platycephalus*）
		美丽小条鳅（*Traccatichthys pulcher*）
	花鳅科（Cobitidae）	花斑副沙鳅（*Parabotia fasciatus*）
		泥鳅（*Misgurnus anguillicaudatus*）
	鲤科（Cyprinidae）	马口鱼（*Opsariichthys bidens*）
		宽鳍鱲（*Zacco platypus*）
		异鱲（*Parazacco spilurus*）
		南方波鱼（*Rasbora steineri*）
		唐鱼（*Tanichthys albonubes*）
		草鱼（*Ctenopharyngodon idella*）
		青鱼（*Mylopharyngodon piceus*）
		赤眼鳟（*Squaliobarbus curriculus*）
		鳡（*Elopichthys bambusa*）
		鳤（*Ochetobius elongatus*）
		广东鲂（*Megalobrama terminalis*）
		团头鲂（*Megalobrama amblycephala*）
		鳊（*Parabramis pekinensis*）
		海南鲌（*Culter recurviceps*）
		红鳍原鲌（*Cultrichthys erythropterus*）
		大眼近红鲌（*Ancherythroculter daovantieni*）
		蒙古鲌（*Chanodichthys mongolicus*）
		餐（*Hemiculter leucisculus*）
		寡鳞飘鱼（*Pseudolaubuca engraulis*）
		飘鱼（*Pseudolaubuca sinensis*）
		细鳊（*Metzia lineata*）
		海南似鱎（*Toxabramis houdemeri*）
		银鲴（*Xenocypris macrolepis*）
		黄尾鲴（*Xenocypris davidi*）
		中华鳑鲏（*Rhodeus sinensis*）
		高体鳑鲏（*Rhodeus ocellatus*）
		鲮（*Cirrhinus molitorella*）
		麦瑞加拉鲮（*Cirrhinus mrigala*）
		露斯塔野鲮（*Labeo rohita*）
		纹唇鱼（*Osteochilus salsburyi*）
		卷口鱼（*Ptychidio jordani*）

续表

目	科	种
鲤形目（Cypriniformes）	鲤科（Cyprinidae）	条纹小鲃（*Puntius semifasciolatus*）
		麦穗鱼（*Pseudorasbora parva*）
		黑鳍鳈（*Sarcocheilichthys nigripinnis*）
		鲤（*Cyprinus carpio*）
		鲫（*Carassius auratus*）
		须鲫（*Carassioides acuminatus*）
		鲢（*Hypophthalmichthys molitrix*）
		鳙（*Hypophthalmichthys nobilis*）
	爬鳅科（Balitoridae）	拟平鳅（*Liniparhomaloptera disparis*）
		花斑拟腹吸鳅（*Pseudogastromyzon myersi*）
鲇形目（Siluriformes）	鲇科（Siluridae）	鲇（*Silurus asotus*）
		越南隐鳍鲇（*Pterocryptis cochinchinensis*）
	胡子鲇科（Clariidae）	胡子鲇（*Clarias fuscus*）
	鳗鲇科（Plotosidae）	鳗鲇（*Plotosus lineatus*）
	鲿科（Bagridae）	斑鳠（*Hemibagrus guttatus*）
		瓦氏黄颡鱼（*Pseudobagrus vachellii*）
		黄颡鱼（*Pseudobagrus fulvidraco*）
		粗唇鮠（*Pseudobagrus crassilabris*）
	长臀鮠科（Cranoglanididae）	长臀鮠（*Cranoglanis bouderius*）
	海鲇科（Ariidae）	中华海鲇（*Tachysurus sinensis*）
鲈形目（Perciformes）	鮨鲈科（Percichthyidae）	大眼鳜（*Siniperca knerii*）
		花鲈（*Lateolabrax japonicus*）
	仿石鲈科（Haemulidae）	断斑石鲈（*Pomadasys argenteus*）
	银鲈科（Gerreidae）	短棘银鲈（*Gerres lucidus*）
		长棘银鲈（*Gerres filamentosus*）
		十棘银鲈（*Gerres decacantha*）
	鲳科（Stromateidae）	银鲳（*Pampus argenteus*）
	石首鱼科（Sciaenidae）	勒氏枝鳔石首鱼（*Dendrophysa russelii*）
		大头白姑鱼（*Pennahia macrophthalmus*）
		斑鳍白姑鱼（*Pennahia pawak*）
		白姑鱼（*Pennahia argentata*）
		条纹叫姑鱼（*Johnius fasciatus*）
		棘头梅童鱼（*Collichthys lucidus*）
		黄唇鱼（*Bahaba taipingensis*）
	鲷科（Sparidae）	二长棘鲷（*Evynnis cardinalis*）
		平鲷（*Rhabdosargus sarba*）
		灰鳍鲷（*Acanthopagrus berda*）

目	科	种
	鲷科（Sparidae）	黄鳍鲷（*Acanthopagrus latus*）
	笛鲷科（Lutjanidae）	紫红笛鲷（*Lutjanus argentimaculatus*）
	鰏科（Leiognathidae）	静鰏（*Deveximentum insidiator*）
		短吻鰏（*Leiognathus brevirostris*）
		粗纹鰏（*Equulites lineolatus*）
	金钱鱼科（Scatophagidae）	金钱鱼（*Scatophagus argus*）
	鯻科（Terapontidae）	尖吻鯻（*Rhynchopelates oxyrhynchus*）
		细鳞鯻（*Terapon jarbua*）
	鲹科（Carangidae）	六带鲹（*Caranx sexfasciatus*）
	鱚科（Sillaginidae）	少鳞鱚（*Sillago japonica*）
		鱚（*Sillago sihama*）
	鼠䲗科（Callionymidae）	弯棘鼠䲗（*Callionymus curvicornis*）
		海氏鼠䲗（*Callionymus hindsii*）
		香䲗（*Repomucenus olidus*）
	丽鱼科（Cichlidae）	尼罗罗非鱼（*Oreochromis nilotica*）
		莫桑比克罗非鱼（*Oreochromis mossambica*）
	鸡笼鲳科（Drepanidae）	条纹鸡笼鲳（*Drepane longimana*）
鲈形目（Perciformes）	双边鱼科（Ambassidae）	眶棘双边鱼（*Ambassis gymnocephalus*）
	篮子鱼科（Siganidae）	黄斑篮子鱼（*Siganus canaliculatus*）
	斗鱼科（Osphronemidae）	叉尾斗鱼（*Macropodus opercularis*）
	沙塘鳢科（Odontobutidae）	海南新沙塘鳢（*Neodontobutis hainanensis*）
	塘鳢科（Eleotridae）	黑体塘鳢（*Eleotris melanosoma*）
		尖头塘鳢（*Eleotris oxycephala*）
		褐塘鳢（*Eleotris fusca*）
		乌塘鳢（*Bostrichthys sinensis*）
		锯崎塘鳢（*Butis koilomatodon*）
	虾虎鱼科（Gobiidae）	大鳞鳍虾虎鱼（*Gobiopterus macrolepis*）
		溪吻虾虎鱼（*Rhinogobius duospilus*）
		子陵吻虾虎鱼（*Rhinogobius giurinus*）
		孔虾虎鱼（*Trypauchen vagina*）
		小鳞沟虾虎鱼（*Oxyurichthys microlepis*）
		中华钝牙虾虎鱼（*Oxuderces dentatus*）
		拉氏狼牙虾虎鱼（*Odonntamblyopus lacepedii*）
		蚓形副平牙虾虎鱼（*Parapocryptes serperaster*）
		鳗形鳗虾虎鱼（*Taenioides anguillaris*）
		须鳗虾虎鱼（*Taenioides cirratus*）
		髭缟虾虎鱼（*Tridentiger barbatus*）

续表

目	科	种
鲈形目（Perciformes）	虾虎鱼科（Gobiidae）	纹缟虾虎鱼（*Tridentiger trigonocephalus*）
		阿部鲻虾虎鱼（*Mugilogobius abei*）
		粘皮鲻虾虎鱼（*Mugilogobius myxodermus*）
		斑尾复虾虎鱼（*Synechogobius ommaturus*）
		斑纹舌虾虎鱼（*Glossogobius olivaceus*）
		舌虾虎鱼（*Glossogobius giuris*）
		犬牙细棘虾虎鱼（*Acentrogobius caninus*）
		绿斑细棘虾虎鱼（*Acentrogobius chlorostigmatoides*）
		矛尾虾虎鱼（*Chaeturichthys stigmatias*）
		大弹涂鱼（*Boleophthalmus pectinirostris*）
		弹涂鱼（*Periophthalmus novaeguineaensis*）
		青弹涂鱼（*Scartelaos histophorus*）
	鳢科（Channidae）	乌鳢（*Channa argus*）
		斑鳢（*Channa maculata*）
	攀鲈科（Anabantidae）	攀鲈（*Anabas testudineus*）
鳉形目（Cyprinodontiformes）	胎鳉科（Poecillidae）	食蚊鱼（*Gambusia affinis*）
合鳃鱼目（Synbgranchiformes）	合鳃鱼科（Synbranchidae）	黄鳝（*Monopterus albus*）
银汉鱼目（Atheriniformes）	银汉鱼科（Atherinidae）	白氏银汉鱼（*Hypoatherina valenciennei*）
颌针鱼目（Beloniformes）	鱵科（Hemiramphidae）	乔氏吻鱵（*Rhynchorhamphus georgii*）
		少耙下鱵（*Hyporhamphus paucirastris*）
		简牙下鱵（*Hyporhamphus gernaerti*）
		间下鱵（*Hyporhamphus intermedius*）
	颌针鱼科（Belonidae）	圆颌针鱼（*Strongylura strongylura*）
	大颌鳉科（Adrianichthyidae）	青鳉（*Oryzias latipes*）
刺鱼目（Gasterosteiformes）	海龙科（Syngnathidae）	低海龙（*Hippichthys heptagonus*）
		尖海龙（*Syngnthus acus*）
鲉形目（Scorpaeniformes）	鲬科（Platycephalidae）	鲬（*Platycephalus indicus*）
鲻形目（Mugiliformes）	马鲅科（Polynemidae）	五指马鲅（*Polydactylus plebeius*）
		四指马鲅（*Eleutheronema tetradactylum*）
	鲻科（Mugilidae）	棱鲛（*Chelon affinis*）
		龟鲛（*Chelon haematocheila*）
		灰鳍鲛（*Planiliza melinopterus*）
		粗鳞鲛（*Planiliza dussumieri*）
		前鳞骨鲻（*Osteomugil cunnesius*）
		鲻（*Mugil cephalus*）
鲽形目（Pleuronectiformes）	鲆科（Bothidae）	花鲆（*Tephrinectes sinensis*）
	牙鲆科（Paralichthyidae）	五点斑鲆（*Pseudorhombus quinquocellatus*）

续表

目	科	种
鲽形目（Pleuronectiformes）	鲽科（Pleuronectidae）	冠鲽（*Samaris cristatus*）
	舌鳎科（Cynoglossidae）	三线舌鳎（*Cynoglossus trigrammus*）
		中华舌鳎（*Cynoglossus sinicus*）
		大鳞舌鳎（*Cynoglossus melampetalus*）
	鳎科（Soleidae）	带纹条鳎（*Zebrias zebra*）
鲀形目（Tetraodontiformes）	鲀科（Tetraodontidae）	圆斑东方鲀（*Takifugu orbimaculatus*）
		弓斑东方鲀（*Takifugu ocellatus*）
		横纹东方鲀（*Takifugu oblongus*）

按照生态类型划分,珠江三角洲鱼类包括纯淡水鱼类 67 种;河海洄游鱼类包括赤虹、中华鲟、鲥、日本鳗鲡、花鳗鲡、七丝鲚、白肌银鱼共 7 种;河口鱼类 107 种,主要有大海鲢、花鰶、赤鼻棱鳀、凤鲚、花鲈、龟鲛、棱鲛、细鳞鲗、尖吻鲟、金钱鱼、白姑鱼、黄鳍鲷、髭缟虾虎鱼、须鳗虾虎鱼、弹涂鱼、黄斑篮子鱼、花鲆和三线舌鳎等。

按照土著种和外来种划分,珠江三角洲鱼类包括土著鱼类 176 种,外来鱼类 5 种（麦瑞加拉鲮、露斯塔野鲮、尼罗罗非鱼、莫桑比克罗非鱼和食蚊鱼）。

第五节　珠江三角洲河网研究区域

在珠江三角洲地区,河涌是指河汊、湖汊,也就是河流、溪水的分支、汊流等。珠江三角洲有除主干河流之外的河涌 1.2 万多条,长度 29 820 km。本书作者团队在珠江三角洲河网水域共布设 13 个采样站位,分别为青岐、左滩、外海、新围、小榄、小塘、北滘、榄核、横沥、陈村、珠江桥、莲花山和市桥,形成伞状布局,基本覆盖了整个河网水域。其中,青岐位于西江和北江汇合点三水上西江一侧,左滩、外海和新围位于西江干流入磨刀门一线,小榄、小塘、北滘、榄核、横沥、陈村和市桥位于纵横交错的河网中部;珠江桥和莲花山属于广州周边站位,珠江桥位于广州市区内河段,莲花山位于广州市郊东江入虎门口一线。采样时的站位定位采用全球定位系统（GPS）。

第二章　珠江三角洲河网水体环境评价

第一节　水质环境评价

珠江三角洲城镇水系发达，河涌 1.2 万多条，湖塘 5000 余座，河涌、湖塘水面面积约 975 km²。随着城镇化、工业化及经济社会的快速发展，城镇水环境恶化，水生生态系统完整性遭到严重破坏（杨芳等，2016）。20 世纪 90 年代以来，珠江三角洲水域的水质不断恶化，71.4%的城镇河涌存在黑臭现象，86.2%的湖塘处于重度富营养化（杨芳等，2016）；水利部珠江水利委员会发布的《珠江片水资源公报 2011》显示，珠江三角洲近 1/4 河段水质为劣Ⅴ类（王超等，2016），珠江三角洲区域水体环境状况堪忧。加之，珠江三角洲潮汐河网区的海陆相互作用频繁，水流随潮汐涨落而变化，表现出往复流的特征，污染物在河网区内来回游荡，在自然条件下难以有效净化（贺新春等，2018）。为清楚了解珠江三角洲河网区的水体环境状况，本书作者团队在 2012 年对该区域进行布点调查监测，并依据监测结果开展水环境状况初步分析与评价，以期为该水域的生态环境保护提供基础依据。

一、调查时间与站位

为了解珠江三角洲河网水体生态环境状况，于 2012 年 3 月、5 月、8 月和 12 月，分别对珠江三角洲河网水域进行了采样调查。每个月份的采样工作均在 2～3 d 内完成。

二、测定指标与分析方法

根据《全国渔业生态环境监测网常规监测工作方案》，监测项目的选择要考虑到其监测结果能对渔业水域生态环境质量状况做出客观评价，能对渔业受损害状况及渔业生态影响做出评价。本节水质测定指标包括水温（water temperature，WT）、pH、电导率（conductivity，Cond）、盐度（salinity，Sal）、氧化还原电位（oxidation-reduction potential，ORP）、总溶解性固体（total dissolved solids，TDS）、溶解氧（dissolved oxygen，DO）、透明度（Secchi disk depth，SD）、硝态氮（nitrate nitrogen，$NO_3^- - N$）、亚硝态氮（nitrite nitrogen，$NO_2^- - N$）、氨氮（ammonia nitrogen，NH_3-N）、磷酸盐（phosphate，PO_4^{3-}）、

硅酸盐（silicate，SiO_3^{2-}）、总氮（total nitrogen，TN）、总磷（total phosphorus，TP）、非离子氨（un-ionized ammonia，NH_3）、高锰酸盐指数（permanganate index，COD_{Mn}）和叶绿素 a（chlorophyll a，Chl a）。

（一）水温

水的许多物理特性、物质在水中的溶解度以及水中进行的许多物理化学过程都与温度有关。在现场测定中，使用 YSI 便携式多参数水质分析仪测量水体表面下 0.5 m 深度处的温度。

（二）pH

pH，亦称氢离子浓度指数、酸碱值，是溶液中氢离子活度的一种标度，也就是通常意义上溶液酸碱程度的衡量标准。pH 是水溶液最重要的理化参数之一，凡涉及水溶液的自然现象、化学变化以及生产过程都与 pH 有关。pH 使用 YSI 便携式多参数水质分析仪测定。

（三）电导率

电导率是物质传送电流的能力，是电阻率的倒数。在液体中，常以电阻的倒数——电导来衡量其导电能力的大小。水的电导是衡量水质的一个很重要的指标，能反映出水中存在的电解质的浓度。溶液中电解质的浓度不同，则溶液导电的能力也不同，通过测定溶液的电导来分析电解质在溶液中的溶解度，这就是电导仪的基本分析方法。溶液的电导率与离子的种类有关，通过对水的电导的测定，对水质的概况就有了初步的了解。电导率使用 YSI 便携式多参数水质分析仪测定。

（四）盐度

盐度是衡量海水中含盐量的指标。水体盐度的高低，会影响生物群落的结构。盐度使用 YSI 便携式多参数水质分析仪测定。

（五）氧化还原电位

氧化还原电位是反映水溶液中所有物质表现出来的宏观氧化、还原特性的电位。氧化还原电位越高，则氧化性越强；氧化还原电位越低，则还原性越强。电位为正表示溶液显示出一定的氧化性，为负则表示溶液显示出一定的还原性。对于一个水体来说，往往存在多种氧化还原电位，构成复杂的氧化还原体系。而其氧化还原电位是多种氧化物质与还原物质发生氧化还原反应的综合结果。这一指标虽然不能作为某种氧化物质与还原物质浓度的指标，但有助于了解水体的电化学特征，分析水体的性质，是一项综合性指标。氧化还原电位使用 YSI 便携式多参数水质分析仪测定。

（六）总溶解性固体

总溶解性固体是指水中溶解组分的总量，包括溶解于水中的各种离子、分子、化合物的总量，但不包括悬浮物和溶解气体。检测水中总溶解性固体值即检验出在水中溶解的各类有机物或无机物的总量。总溶解性固体使用 YSI 便携式多参数水质分析仪测定。

（七）溶解氧

溶解在水中的分子态氧称为溶解氧，其含量与氧分压、水温等有密切关系。在自然情况下，空气中的含氧量变动不大，故水温是主要的因素，水温越低，水中溶解氧的含量越高。溶解氧是研究水自净能力的一种依据。水里的溶解氧被消耗，要恢复到初始状态，所需时间短，说明该水体的自净能力强，或者说水体污染不严重；否则说明水体污染严重，自净能力弱，甚至失去自净能力。溶解氧使用 YSI 便携式多参数水质分析仪测定。

（八）透明度

水体的透明度是指水体清澈和光线透过的程度。当水体中含有悬浮及胶体状态的杂质时会产生浑浊现象，水体的透明度就会降低。透明度采用塞氏盘法测定。塞氏盘是黑白两色相间的圆铁盘，使用时，在圆盘中心孔穿一根细绳，并在绳上画上间隔为 10 cm 黑白相间的长度标记，将塞氏盘浸入水体中，至刚好看不见塞氏盘上的黑白分界线为止，这时绳子在水面以下的长度标记数值就是该水体的透明度。

（九）硝态氮

硝态氮是含氮有机物氧化分解的最终产物。水体中的氮以硝酸盐形态存在时，属低毒性或无毒性。此外，水中的硝酸盐也可直接来自地层。硝态氮是水生高等植物和藻类生长的基本营养因子。硝态氮是可供植物直接利用的溶解态无机氮源，过高的氮物质含量会导致水体富营养化和水华的产生。GB 11607—1989《渔业水质标准》中没有规定硝态氮的浓度范围，但是在对渔业水质进行评价时对总氮含量有限定参考值（参考 GB 3838—2002《地表水环境质量标准》II 类或III类标准）。硝态氮的测定方法：采集约 500 mL 水样带回室内经混合纤维树脂滤膜（孔径 0.45 μm）过滤后，取一定量过滤水样，使用 San^{++}SKALAR 连续流动水质分析仪测定。

（十）亚硝态氮

亚硝态氮指的是水体中含氮有机物进一步氧化,在变成硝态氮过程中的中间产物。水中存在亚硝态氮时表明有机物的分解过程还在继续进行，亚硝态氮的含量如太高，即说明水中有机物的无机化过程进行得相当剧烈，表示污染的危险性仍然存在。另外，亚硝态氮对生物体具有一定的毒性，水体亚硝态氮浓度过高会导致鱼类行动缓慢、昏迷甚至死亡。亚硝态氮的测定方法：采集约 500 mL 水样带回室内经混合纤维树脂滤膜（孔径 0.45 μm）过滤后，取一定量过滤水样，使用 San^{++}SKALAR 连续流动水质分析仪测定。

（十一）氨氮

氨氮是指水体中以非离子氨（NH_3）和离子氨（NH_4^+）形式存在的氮。氨氮是水体中的营养因子，可导致水体富营养化现象产生，是水体中的主要耗氧污染物，对鱼类及某些水生生物有毒害。在评价渔业水体环境时，一般规定水体中氨氮浓度不得高于1.0 mg/L；而对于一些渔业资源保护区、产卵场和洄游通道等则规定氨氮浓度不得高于0.5 mg/L。氨氮的测定方法：采集约 500 mL 水样带回室内经混合纤维树脂滤膜（孔径0.45 μm）过滤后，取一定量过滤水样，使用 San^{++}SKALAR 连续流动水质分析仪测定。

（十二）磷酸盐

磷酸盐可分为正磷酸盐和缩聚磷酸盐。一般研究水体环境时所说的磷酸盐均指的是正磷酸盐。水体中的磷以正磷酸盐形态存在时，属低毒性或无毒性。此外，水中的正磷酸盐也可直接来自地层。磷酸盐是水生高等植物和藻类生长的基本营养因子。GB 11607—1989《渔业水质标准》中没有规定正磷酸盐的浓度范围，但是在对渔业水质进行评价时，对总磷含量有限定参考值（参考 GB 3838—2002《地表水环境质量标准》II 类或III类标准）。磷酸盐的测定方法：采集约 500 mL 水样带回室内经混合纤维树脂滤膜（孔径

0.45 μm）过滤后，取一定量过滤水样，使用 San++SKALAR 连续流动水质分析仪测定。

（十三）硅酸盐

化学上，硅酸盐指由硅和氧组成的化合物（Si_xO_y），有时亦包括一种或多种金属或氢元素。从概念上可以说硅酸盐是硅、氧和金属组成的化合物的总称。它亦用以表示由二氧化硅或硅酸产生的盐。水体中硅酸盐含量对水体中某些藻类（如硅藻）的生长分布具有重要影响，硅是合成硅藻壳的必需元素。硅酸盐的测定方法：采集约 500 mL 水样带回室内经混合纤维树脂滤膜（孔径 0.45 μm）过滤后，取一定量过滤水样，使用 San++SKALAR 连续流动水质分析仪测定。

（十四）总氮

总氮是指水体中各种形态无机氮（如 NO_3^-、NO_2^- 和 NH_4^+ 等）及有机氮（如蛋白质、氨基酸和有机胺等）的总量，以单位体积水样含氮量计算。水中的总氮含量是衡量水质的重要指标之一，常被用来表示水体受营养物质污染的程度。在评价渔业水体环境时，一般规定水体中总氮浓度不得高于 1.0 mg/L；而对于一些渔业资源保护区、产卵场和洄游通道等则规定总氮浓度不得高于 0.5 mg/L。总氮的测定方法：依据碱性过硫酸钾消解紫外分光光度法，采集约 250 mL 水样，现场加浓硫酸调节至 pH<2 后带回室内，取一定量水样使用 San++SKALAR 连续流动水质分析仪测定。

（十五）总磷

总磷是指水体中各种形态磷的总量，其含量通过消解水样将各种形态的磷转变成正磷酸盐后测定，以单位体积水样含磷量计算。水体中的总磷含量是评价水体富营养化状况的重要指标。在评价渔业水体环境时，一般规定水体中总磷浓度不得高于 0.2 mg/L；而对于一些渔业资源保护区、产卵场和洄游通道等则规定总磷浓度不得高于 0.1 mg/L。总磷的测定方法：依据钼酸铵分光光度法，采集约 250 mL 水样，现场加浓硫酸调节至 pH<2 后带回室内，取一定量水样使用 San++SKALAR 连续流动水质分析仪测定。

（十六）非离子氨

水体中非离子氨是指存在于水体中的游离态氨。由于尚未形成统一的标准计算方法，目前主要是根据水体氨氮、水温和 pH 等几个监测指标，来计算水体的非离子氨。

（十七）高锰酸盐指数

高锰酸盐指数是指在一定条件下，以高锰酸钾（$KMnO_4$）为氧化剂，处理水样时所消耗的氧化剂的量。高锰酸盐指数的测定方法：采集约 250 mL 水样，现场加浓硫酸调节至 pH<2 后带回室内，取一定量水样采用高锰酸钾滴定法测定。

（十八）叶绿素 a

叶绿素 a 是水生高等植物和藻类的重要成分，是水质状况评价的一个重要指标。水体中叶绿素 a 的测定方法：现场采集约 500 mL 水样，冷藏保存后带回室内。用玻璃纤维滤膜（直径 47 mm，孔径 0.45～0.7 μm）过滤水样后，取下滤膜并置于 90%丙酮溶液中于暗处提取 24 h，采用分光光度法测定提取液在不同波长下的吸光值，并根据相应公式计算样品中的叶绿素 a 含量。

三、主要水体理化指标的变化

（一）现场测定的理化指标

1. 水温

2012 年珠江三角洲河网水温的平均值为 21.88℃，变化范围为 13.30～32.02℃（图 2-1）。其中，莲花山水温的年度均值最高，为 24.28℃；其次为珠江桥，水温年度均值为 22.81℃；青岐最低，水温年度均值为 20.66℃；其他站位——左滩、外海、新围、小榄、小塘、北滘、榄核、横沥、陈村和市桥水温的年度均值分别为 22.05℃、22.19℃、21.40℃、21.60℃、21.29℃、21.39℃、21.54℃、21.53℃、21.44℃和 22.29℃。

从时间上看，各季节水温变化明显，均值差异较大，变化范围为 14.35～29.92℃。从空间上看，各站位间水温差异也较大：5 月，各站位间水温差异最大，变化范围为 23.42～30.25℃，均值为 27.13℃，其中青岐最低，莲花山最高；其次是 12 月，水温变化范围为 14.14～18.25℃，均值为 16.13℃，其中陈村最低，莲花山最高；再次为 8 月，水温变化范围为 28.63～32.02℃，均值为 29.92℃，其中横沥最低，珠江桥最高；水温差异最小的月份为 3 月，变化范围为 13.30～16.61℃，均值为 14.35℃，其中青岐最低，莲花山最高。

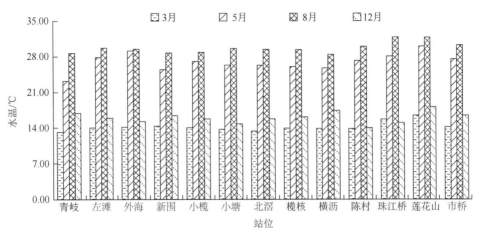

图 2-1　珠江三角洲河网各站位水温变化

2. pH

2012 年珠江三角洲河网水体 pH 的平均值为 7.80，变化范围为 7.15～8.65（图 2-2）。其中，市桥水体 pH 的年度均值最高，为 7.95；其次为外海和新围，年度均值为 7.92；珠江桥最低，年度均值为 7.49；其他站位——青岐、左滩、小榄、小塘、北滘、榄核、横沥、陈村和莲花山的年度均值分别为 7.89、7.88、7.83、7.87、7.75、7.88、7.70、7.84 和 7.51。

从时间上看，各季节间水体 pH 的均值差异不大，变化范围为 7.59～8.38。从空间上看，各站位间水体 pH 差异较小：5 月，各站位间水体 pH 差异最大，变化范围为 7.15～7.93，均值为 7.56，其中珠江桥最低，市桥最高；其次是 12 月，水体 pH 变化范围为 7.95～8.65，其中莲花山最低，青岐最高；再次为 8 月，水体 pH 变化范围为 7.21～7.85，其中北滘最低，左滩最高；水体 pH 差异最小的月份为 3 月，变化范围为 7.24～7.83，其中珠江桥最低，外海最高。

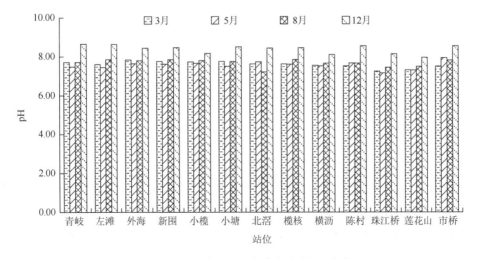

图 2-2　珠江三角洲河网各站位水体 pH 变化

3. 电导率

2012 年珠江三角洲河网水体电导率的平均值为 0.507 mS/cm，变化范围为 0.162～9.516 mS/cm（图 2-3）。其中，莲花山水体电导率的年度均值最高，为 2.773 mS/cm；其次为珠江桥，年度均值为 0.620 mS/cm；小塘最低，年度均值为 0.241 mS/cm；其他站位——青岐、左滩、外海、新围、小榄、北滘、榄核、横沥、陈村和市桥的年度均值分别为 0.312 mS/cm、0.297 mS/cm、0.305 mS/cm、0.305 mS/cm、0.296 mS/cm、0.274 mS/cm、0.276 mS/cm、0.304 mS/cm、0.263 mS/cm 和 0.320 mS/cm。

从时间上看，各季节间水体电导率的均值差异不大，变化范围为 0.226～1.248 mS/cm。但从空间上看，各站位间水体电导率差异较大：12 月，各站位间水体电导率差异最大，变化范围为 0.440～9.516 mS/cm，均值为 1.248 mS/cm，其中小塘最低，莲花山最高；其次是 3 月，水体电导率变化范围为 0.190～0.648 mS/cm，其中小塘最低，莲花山最高；再次为 5 月，水体电导率变化范围为 0.162～0.579 mS/cm，其中小塘最低，莲花山最高；水体电导率差异最小的月份为 8 月，变化范围为 0.173～0.354 mS/cm，其中小塘最低，珠江桥最高。

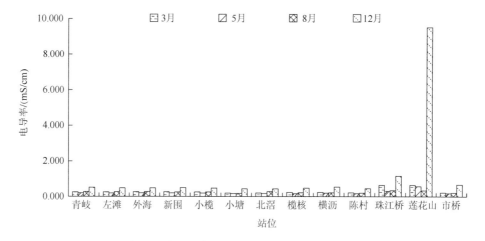

图 2-3　珠江三角洲河网各站位水体电导率变化

4. 盐度

2012 年珠江三角洲河网水体盐度的平均值为 0.26‰，变化范围为 0.08‰～5.36‰（图 2-4）。其中，莲花山水体盐度的年度均值最高，为 1.53‰；其次为珠江桥，年度均值为 0.31‰；小塘最低，年度均值为 0.12‰；其他站位——青岐、左滩、外海、新围、小榄、陈村、北滘、榄核、横沥和市桥的年度均值分别为 0.15‰、0.14‰、0.14‰、0.15‰、0.14‰、0.13‰、0.13‰、0.13‰、0.14‰和 0.16‰。

从时间上看，各季节间水体盐度的均值差异较大，变化范围为 0.11‰～0.66‰。从空间上看，各站位间水体盐度差异也较大：12 月，各站位间水体盐度差异最大，变化范围为 0.21‰～5.36‰，均值为 0.66‰，其中小塘和北滘最低，莲花山最高；其次是 3 月，水体盐度变化范围为 0.09‰～0.32‰，其中小塘最低，珠江桥和莲花山最高；再次为 5 月，水体盐度变化范围为 0.08‰～0.28‰，其中外海、小塘、北滘、榄核、陈村和市桥最低，莲花山最高；水体盐度差异最小的月份为 8 月，变化范围为 0.08‰～0.17‰，其中小塘最低，珠江桥最高。

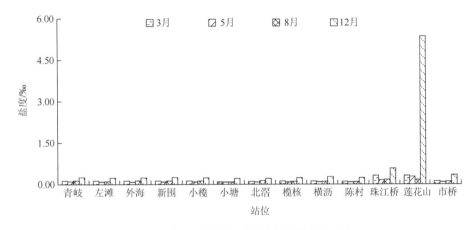

图 2-4　珠江三角洲河网各站位水体盐度变化

5. 氧化还原电位

2012 年珠江三角洲河网水体氧化还原电位的平均值为 251.04 mV，变化范围为 124.40～432.10 mV（图 2-5）。其中，榄核水体氧化还原电位的年度均值最高，为 341.10 mV；其次为小榄，年度均值为 283.43 mV；莲花山最低，年度均值为 210.95 mV；其他站位——青岐、左滩、外海、新围、小塘、北滘、横沥、陈村、珠江桥和市桥的年度均值分别为 226.05 mV、254.30 mV、233.33 mV、215.80 mV、246.08 mV、257.33 mV、242.88 mV、262.85 mV、212.08 mV 和 277.43 mV。

从时间上看，各季节间水体氧化还原电位的均值差异较小，变化范围为 233.12～286.28 mV。但从空间上看，各站位间水体氧化还原电位差异较大：12 月，各站位间水体氧化还原电位差异最大，变化范围为 139.00～432.10 mV，均值为 286.28 mV，其中小塘最低，北滘最高；其次是 3 月，水体氧化还原电位变化范围为 143.00～368.40 mV，其中青岐最低，市桥最高；再次为 5 月，水体氧化还原电位变化范围为 156.00～368.00 mV，其中市桥最低，榄核最高；水体氧化还原电位差异最小的月份为 8 月，变化范围为 124.40～298.30 mV，其中北滘最低，小塘最高。

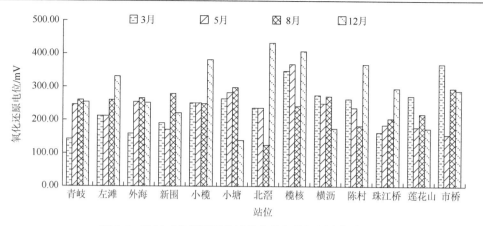

图 2-5　珠江三角洲河网各站位水体氧化还原电位变化

6. 总溶解性固体

2012 年珠江三角洲河网水体总溶解性固体浓度的平均值为 0.33 mg/L，变化范围为 0.11～6.18 mg/L（图 2-6）。其中，莲花山水体总溶解性固体浓度的年度均值最高，为 1.80 mg/L；其次为珠江桥，年度均值为 0.40 mg/L；小塘最低，年度均值为 0.16 mg/L；其他站位——青岐、左滩、外海、新围、小榄、北滘、榄核、横沥、陈村和市桥的年度均值分别为 0.20 mg/L、0.19 mg/L、0.20 mg/L、0.20 mg/L、0.21 mg/L、0.18 mg/L、0.18 mg/L、0.20 mg/L、0.17 mg/L 和 0.21 mg/L。

从时间上看，各季节间水体总溶解性固体浓度的均值差异不大，变化范围为 0.15～0.81 mg/L。但从空间上看，各站位间水体总溶解性固体浓度差异较大：12 月，各站位间总溶解性固体浓度差异最大，变化范围为 0.29～6.18 mg/L，均值为 0.81 mg/L，其中小塘最低，莲花山最高；其次是 3 月，水体总溶解性固体浓度变化范围为 0.12～0.42 mg/L，其中小塘最低，珠江桥、莲花山最高；再次为 5 月，水体总溶解性固体浓度变

图 2-6　珠江三角洲河网各站位水体总溶解性固体浓度变化

化范围为 0.11~0.38 mg/L，其中小塘最低，莲花山最高；水体总溶解性固体浓度差异最小的月份为 8 月，变化范围为 0.11~0.23 mg/L，其中小塘最低，珠江桥最高。

7. 溶解氧

2012 年珠江三角洲河网水体溶解氧浓度的平均值为 6.54 mg/L，变化范围为 1.57~9.96 mg/L（图 2-7）。其中，外海水体溶解氧浓度的年度均值最高，为 7.98 mg/L；其次为左滩，年度均值为 7.40 mg/L；珠江桥最低，年度均值为 4.71 mg/L；其他站位——青岐、新围、小榄、小塘、北滘、榄核、横沥、陈村、莲花山和市桥的年度均值分别为 6.28 mg/L、7.35 mg/L、7.30 mg/L、6.78 mg/L、7.19 mg/L、6.76 mg/L、6.92 mg/L、6.03 mg/L、4.76 mg/L 和 5.57 mg/L。

从时间上看，各季节间水体溶解氧浓度的均值差异不大，变化范围为 5.75~8.28 mg/L。但从空间上看，各站位间水体溶解氧浓度差异较大：12 月，各站位间水体溶解氧浓度差异最大，变化范围为 1.57~8.24 mg/L，均值为 6.16 mg/L，其中珠江桥最低，小榄最高；其次是 3 月，水体溶解氧浓度变化范围为 4.36~9.96 mg/L，其中莲花山最低，外海最高；再次为 5 月，水体溶解氧浓度变化范围为 3.34~6.91 mg/L，其中莲花山最低，外海最高；水体溶解氧浓度差异最小的月份 8 月，变化范围为 5.17~6.88 mg/L，其中陈村最低，外海最高。

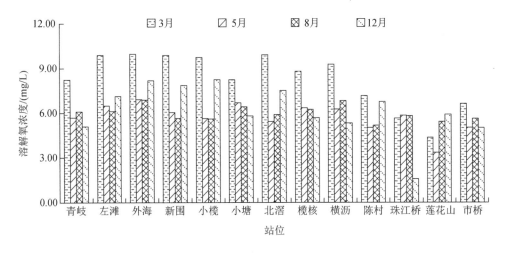

图 2-7 珠江三角洲河网各站位水体溶解氧浓度变化

8. 透明度

2012 年珠江三角洲河网水体透明度的平均值为 45 cm，变化范围为 10~100 cm（图 2-8）。其中，左滩水体透明度的年度均值最高，为 56 cm；其次为青岐，年度均值为

55 cm；莲花山最低，年度均值为 25 cm；其他站位——外海、新围、小榄、小塘、北滘、榄核、横沥、陈村、珠江桥和市桥的年度均值分别为 44 cm、53 cm、54 cm、43 cm、46 cm、46 cm、48 cm、48 cm、28 cm 和 44 cm。

从时间上看，各季节间水体透明度的均值差异较大，变化范围为 41～58 cm。从空间上看，各站位间水体透明度差异明显：12 月，各站位间水体透明度差异最大，变化范围为 20～100 cm，均值为 58 cm，其中外海、陈村和珠江桥最低，左滩最高；其次是 3 月，水体透明度变化范围为 10～80 cm，其中小塘最低，青岐最高；再次为 8 月，水体透明度变化范围为 25～90 cm，其中左滩和莲花山最低，陈村最高；水体透明度差异最小的月份为 5 月，变化范围为 20～60 cm，其中莲花山最低，外海和小榄最高。

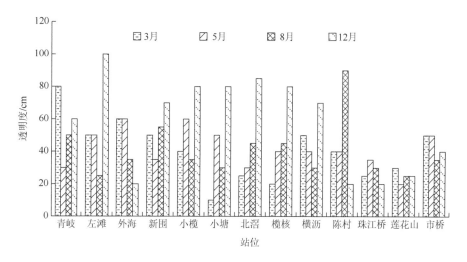

图 2-8　珠江三角洲河网各站位水体透明度变化

（二）室内分析指标

1. 营养元素指标

（1）磷酸盐

2012 年珠江三角洲河网水体磷酸盐浓度的平均值为 0.125 mg/L，变化范围为 0.024～0.615 mg/L（图 2-9）。其中，珠江桥水体磷酸盐浓度的年度均值最高，为 0.397 mg/L；其次为莲花山，年度均值为 0.155 mg/L；左滩最低，年度均值为 0.064 mg/L；其他站位——青岐、外海、新围、小榄、小塘、北滘、榄核、横沥、陈村和市桥的年度均值分别为 0.147 mg/L、0.094 mg/L、0.127 mg/L、0.081 mg/L、0.113 mg/L、0.080 mg/L、0.071 mg/L、0.100 mg/L、0.081 mg/L 和 0.122 mg/L。

从时间上看，各季节间水体磷酸盐浓度的均值差异不大，变化范围为 0.112～0.147 mg/L。但从空间上看，各站位间水体磷酸盐浓度差异较大：3 月，各站位间水体磷酸盐浓度差异最大，变化范围为 0.024～0.615 mg/L，均值为 0.120 mg/L，其中北滘最低，珠江桥最高；其次是 5 月，水体磷酸盐浓度变化范围为 0.031～0.344 mg/L，其中小塘最低，珠江桥最高；再次为 12 月，水体磷酸盐浓度变化范围为 0.067～0.345 mg/L，其中左滩最低，珠江桥最高；水体磷酸盐浓度差异最小的月份为 8 月，变化范围为 0.093～0.284 mg/L，其中陈村最低，珠江桥最高。

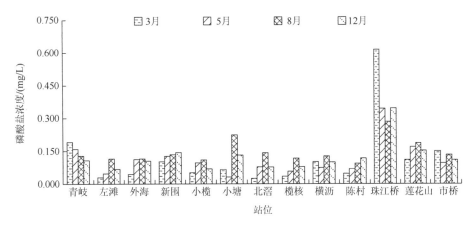

图 2-9　珠江三角洲河网各站位水体磷酸盐浓度变化

（2）总磷

2012 年珠江三角洲河网水体总磷浓度的平均值为 0.203 mg/L，变化范围为 0.087～0.818 mg/L（图 2-10）。其中，珠江桥水体总磷浓度的年度均值最高，为 0.560 mg/L；其次为莲花山，年度均值为 0.279 mg/L；小榄最低，年度均值为 0.123 mg/L；其他站位——青岐、左滩、外海、新围、小塘、北滘、榄核、横沥、陈村和市桥的年度均值分别为 0.177 mg/L、0.133 mg/L、0.145 mg/L、0.204 mg/L、0.191 mg/L、0.153 mg/L、0.147 mg/L、0.157 mg/L、0.157 mg/L 和 0.210 mg/L。

从时间上看，各季节间水体总磷浓度的均值差异不大，变化范围为 0.175～0.261 mg/L。但从空间上看，各站位间水体总磷浓度差异较大：3 月，各站位间水体总磷浓度差异最大，变化范围为 0.103～0.818 mg/L，均值为 0.198 mg/L，其中外海最低，珠江桥最高；其次是 12 月，水体总磷浓度变化范围为 0.087～0.470 mg/L，其中小榄最低，珠江桥最高；再次为 5 月，水体总磷浓度变化范围为 0.096～0.466 mg/L，其中左滩最低，珠江桥最高；水体总磷浓度差异最小的月份为 8 月，变化范围为 0.156～0.486 mg/L，其中青岐最低，珠江桥最高。

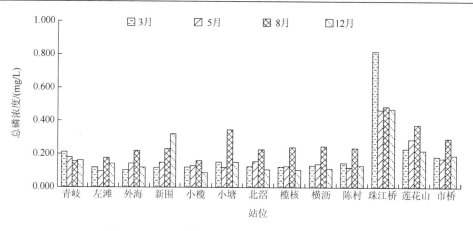

图 2-10　珠江三角洲河网各站位水体总磷浓度变化

（3）总氮

2012 年珠江三角洲河网水体总氮浓度的平均值为 3.588 mg/L，变化范围为 1.986～9.641 mg/L（图 2-11），全年都高于 1.5 mg/L（GB 3838—2002，Ⅳ类标准），呈现总氮浓度严重超标的情况。其中，珠江桥水体总氮浓度的年度均值最高，为 7.061 mg/L；其次为北滘，年度均值为 4.694 mg/L；外海最低，年度均值为 2.433 mg/L；其他站位——青岐、左滩、新围、小榄、小塘、榄核、横沥、陈村、莲花山和市桥的年度均值分别为 3.062 mg/L、3.737 mg/L、3.686 mg/L、2.541 mg/L、3.091 mg/L、2.822 mg/L、3.185 mg/L、2.755 mg/L、4.578 mg/L 和 3.004 mg/L。

从时间上看，各季节间水体总氮浓度的均值差异不大，变化范围为 3.319～3.829 mg/L。但从空间上看，各站位间水体总氮浓度差异较大：5 月，各站位间水体总氮浓度差异最大，变化范围为 1.986～9.641 mg/L，均值为 3.829 mg/L，其中小榄最低，北滘最高；其次是 12 月，水体总氮浓度变化范围为 2.366～7.579 mg/L，其中新围最低，

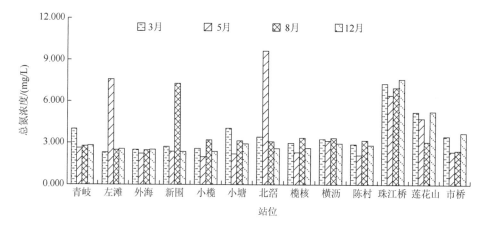

图 2-11　珠江三角洲河网各站位水体总氮浓度变化

珠江桥最高；再次为 3 月，水体总氮浓度变化范围为 2.312～7.269 mg/L，其中左滩最低，珠江桥最高；水体总氮浓度差异最小的月份为 8 月，变化范围为 2.439～7.264 mg/L，其中市桥最低，新围最高。

（4）硝态氮

2012 年珠江三角洲河网水体硝态氮浓度的平均值为 2.092 mg/L，变化范围为 0.627～4.718 mg/L（图 2-12）。其中，莲花山水体硝态氮浓度的年度均值最高，为 2.956 mg/L；其次为青岐，年度均值为 2.338 mg/L；小塘最低，年度均值为 1.826 mg/L；其他站位——左滩、外海、新围、小榄、北滘、榄核、横沥、陈村、珠江桥和市桥的年度均值分别为 1.871 mg/L、1.986 mg/L、2.055 mg/L、1.998 mg/L、2.171 mg/L、2.056 mg/L、2.230 mg/L、1.890 mg/L、1.827 mg/L 和 1.986 mg/L。

从时间上看，各季节间水体硝态氮浓度的均值差异不大，变化范围为 1.503～2.860 mg/L。但从空间上看，各站位间的水体硝态氮浓度差异较大：3 月，各站位间水体硝态氮浓度差异最大，变化范围为 2.099～4.718 mg/L，均值为 2.860 mg/L，其中左滩最低，莲花山最高；其次是 12 月，水体硝态氮浓度变化范围为 1.768～3.493 mg/L，其中陈村最低，莲花山最高；再次为 8 月，水体硝态氮浓度变化范围为 0.627～1.946 mg/L，其中珠江桥最低，外海最高；水体硝态氮浓度差异最小的月份 5 月，变化范围为 1.294～2.609 mg/L，其中珠江桥最低，北滘最高。

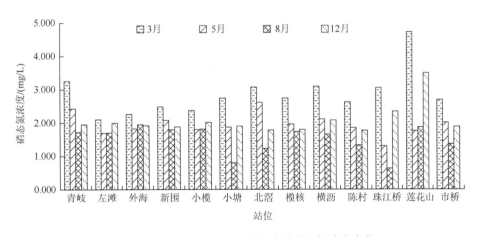

图 2-12　珠江三角洲河网各站位水体硝态氮浓度变化

（5）亚硝态氮

2012 年珠江三角洲河网水体亚硝态氮浓度的平均值为 0.070 mg/L，变化范围为 0.000～0.741 mg/L（图 2-13）。其中，珠江桥水体亚硝态氮浓度的年度均值最高，为 0.390 mg/L；其次为莲花山，年度均值为 0.117 mg/L；新围最低，年度均值为 0.025 mg/L；

其他站位——青岐、左滩、外海、小榄、小塘、北滘、榄核、横沥、陈村和市桥的年度均值分别为 0.026 mg/L、0.028 mg/L、0.039 mg/L、0.027 mg/L、0.047 mg/L、0.041 mg/L、0.036 mg/L、0.035 mg/L、0.044 mg/L 和 0.059 mg/L。

从时间上看，各季节间水体亚硝态氮浓度的均值差异不大，变化范围为 0.034～0.146 mg/L。但从空间上看，各站位间水体亚硝态氮浓度差异较大：12 月，各站位间水体亚硝态氮浓度差异最大，变化范围为 0.084～0.741 mg/L，均值为 0.146 mg/L，其中陈村最低，珠江桥最高；其次是 3 月，水体亚硝态氮浓度变化范围为 0.004～0.358 mg/L，其中外海最低，珠江桥最高；再次为 5 月，水体亚硝态氮浓度变化范围为 0.000～0.345 mg/L，其中新围最低，莲花山最高；水体亚硝态氮浓度差异最小的月份为 8 月，变化范围为 0.000～0.266 mg/L，其中新围最低，珠江桥最高。

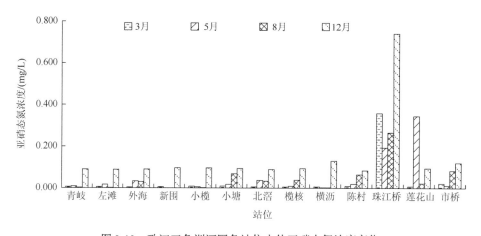

图 2-13　珠江三角洲河网各站位水体亚硝态氮浓度变化

（6）氨氮

2012 年珠江三角洲河网水体氨氮浓度的平均值为 3.588 mg/L，变化范围为 0.009～4.823 mg/L（图 2-14）。其中，珠江桥水体氨氮浓度的年度均值最高，为 3.572 mg/L；其次为莲花山，年度均值为 1.174 mg/L；左滩最低，年度均值为 0.078 mg/L；其他站位——青岐、外海、新围、小榄、小塘、北滘、榄核、横沥、陈村和市桥的年度均值分别为 0.352 mg/L、0.138 mg/L、0.115 mg/L、0.081 mg/L、0.715 mg/L、0.306 mg/L、0.178 mg/L、0.149 mg/L、0.284 mg/L 和 0.652 mg/L。

从时间上看，各季节间水体氨氮浓度的均值差异不大，变化范围为 0.396～0.708 mg/L。但从空间上看，各站位间水体氨氮浓度差异较大：5 月，各站位间水体氨氮浓度差异最大，变化范围为 0.082～4.823 mg/L，均值为 0.708 mg/L，其中小榄最低，珠江桥最高；其次是 8 月，水体氨氮浓度变化范围为 0.065～3.901 mg/L，其中外海最低，珠江桥最高；再次为 3 月，水体氨氮浓度变化范围为 0.009~3.531 mg/L，其中新围最低，珠江桥最高；水体氨氮浓度差异最小的月份为 12 月，变化范围为 0.114~2.034 mg/L，其中左滩最低，珠江桥最高。

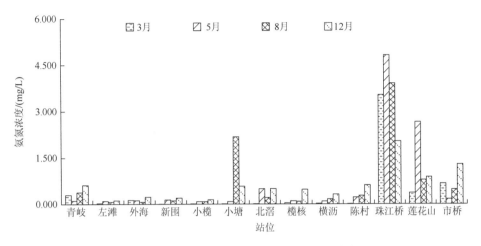

图 2-14　珠江三角洲河网各站位水体氨氮浓度变化

（7）非离子氨

2012 年珠江三角洲河网水体非离子氨浓度的平均值为 0.021 mg/L，变化范围为 0.000~0.133 mg/L（图 2-15）。其中，珠江桥水体非离子氨浓度的年度均值最高，为 0.065 mg/L；其次为市桥，年度均值为 0.043 mg/L；小榄最低，年度均值为 0.004 mg/L；其他站位——青岐、左滩、外海、新围、小塘、北滘、榄核、横沥、陈村和莲花山的年度均值分别为 0.027 mg/L、0.005 mg/L、0.007 mg/L、0.007 mg/L、0.040 mg/L、0.016 mg/L、0.012 mg/L、0.014 mg/L、0.010 mg/L 和 0.029 mg/L。

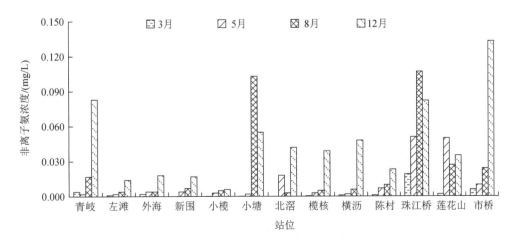

图 2-15　珠江三角洲河网各站位水体非离子氨浓度变化

从时间上看，各季节间水体非离子氨浓度的均值差异不大，变化范围为 0.003～0.046 mg/L。从空间上看，各站位间水体非离子氨浓度差异也不大：12 月，各站位间水体非离子氨浓度差异最大，变化范围为 0.006～0.133 mg/L，均值为 0.046 mg/L，其中小榄最低，市桥最高；其次是 8 月，水体非离子氨浓度变化范围为 0.003～0.107 mg/L，其中北滘最低，珠江桥最高；再次为 5 月，水体非离子氨浓度变化范围为 0.002～0.051 mg/L，其中青岐、左滩、小塘和横沥最低，珠江桥最高；水体非离子氨浓度差异最小的月份为3 月，变化范围为 0.000～0.019 mg/L，其中新围、小榄、小塘和北滘最低，珠江桥最高。

（8）硅酸盐

2012 年珠江三角洲河网水体硅酸盐浓度的平均值为 3.588 mg/L，变化范围为 2.921～7.281 mg/L（图 2-16）。其中，珠江桥水体硅酸盐浓度的年度均值最高，为 5.625 mg/L；其次为莲花山，年度均值为 5.043 mg/L；青岐最低，年度均值为 3.387 mg/L；其他站位——左滩、外海、新围、小榄、小塘、北滘、榄核、横沥、陈村和市桥的年度均值分别为 3.851 mg/L、3.907 mg/L、3.949 mg/L、3.785 mg/L、4.198 mg/L、4.293 mg/L、4.672 mg/L、3.538 mg/L、5.018 mg/L 和 4.443 mg/L。

从时间上看，各季节间水体硅酸盐浓度的均值差异不大，变化范围为 3.820～4.663 mg/L。但从空间上看，各站位间水体硅酸盐浓度差异较大：3 月，各站位间水体硅酸盐浓度差异最大，变化范围为 2.921～7.281 mg/L，均值为 4.544 mg/L，其中青岐最低，陈村最高；其次是 12 月，水体硅酸盐浓度变化范围为 3.861～6.038 mg/L，其中青岐最低，珠江桥最高；再次 8 月，水体硅酸盐浓度变化范围为 3.377～4.848 mg/L，其中横沥最低，珠江桥最高；水体硅酸盐浓度差异最小的月份为 5 月，变化范围为 3.216～4.476 mg/L，其中青岐最低，珠江桥最高。

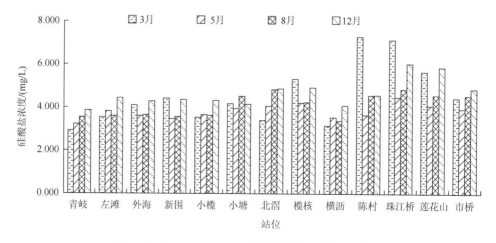

图 2-16　珠江三角洲河网各站位水体硅酸盐浓度变化

2. 高锰酸盐指数

2012 年珠江三角洲河网水体高锰酸盐指数的平均值为 3.58 mg/L,变化范围为 1.38～9.34 mg/L（图 2-17）。其中,珠江桥水体高锰酸盐指数的年度均值最高,为 6.83 mg/L;其次为莲花山,年度均值为 5.89 mg/L;榄核最低,年度均值为 2.49 mg/L;其他站位——青岐、左滩、外海、新围、小榄、小塘、北滘、横沥、陈村和市桥的年度均值分别为 4.35 mg/L、2.51 mg/L、3.05 mg/L、2.56 mg/L、2.96 mg/L、3.08 mg/L、3.35 mg/L、3.71 mg/L、2.88 mg/L和 2.87 mg/L。

从时间上看,各季节间水体高锰酸盐指数的均值差异不大,变化范围为 1.38～2.13 mg/L。但从空间上看,各站位间水体高锰酸盐指数差异较大:12 月,各站位间水体高锰酸盐指数差异最大,变化范围为 1.38～9.34 mg/L,均值为 3.76 mg/L,其中小榄最低,莲花山最高;其次是 3 月,水体高锰酸盐指数变化范围为 2.13～7.21 mg/L,其中左滩最低,珠江桥最高;8 月,水体高锰酸盐指数变化范围为 2.00～6.28 mg/L,其中新围最低,珠江桥最高;水体高锰酸盐指数差异最小的月份为 5 月,变化范围为 1.91～5.93 mg/L,其中市桥最低,横沥最高。

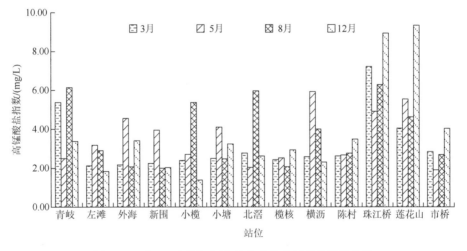

图 2-17　珠江三角洲河网各站位水体高锰酸盐指数变化

3. 叶绿素 a

2012 年珠江三角洲河网水体叶绿素 a 浓度的平均值为 19.17 μg/L,变化范围为 4.53～58.87 μg/L（图 2-18）。其中,珠江桥水体叶绿素 a 浓度的年度均值最高,为 34.81 μg/L;其次为莲花山,年度均值为 23.58μg/L;横沥最低,年度均值为 12.98 μg/L;其他站位——青岐、左滩、外海、新围、小榄、小塘、北滘、榄核、陈村和市桥的年度均值分别为20.49 μg/L、

15.19 μg/L、14.06 μg/L、18.89 μg/L、19.90 μg/L、18.80 μg/L、21.61 μg/L、14.44 μg/L、17.68 μg/L 和 16.81 μg/L。

从时间上看，各季节间水体叶绿素 a 浓度的均值差异不大，变化范围为 15.65～21.08 μg/L。但从空间上看，各站位间水体叶绿素 a 浓度差异较大：8 月，各站位间水体叶绿素 a 浓度差异最大，变化范围为 4.53～58.87 μg/L，均值为 20.71 μg/L，其中榄核最低，珠江桥最高；其次是 5 月，水体叶绿素 a 浓度变化范围为 10.66～36.07 μg/L，其中横沥最低，北滘最高；再次为 3 月，水体叶绿素 a 浓度变化范围为 9.47～34.33 μg/L，其中左滩最低，珠江桥最高；水体叶绿素 a 浓度差异最小的月份为 12 月，变化范围为 11.70～27.82 μg/L，其中北滘最低，莲花山最高。

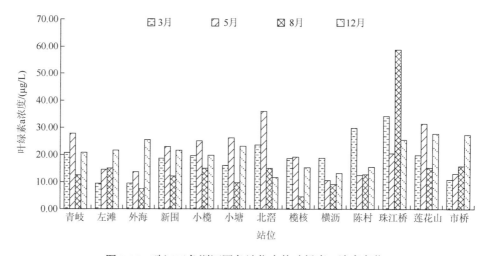

图 2-18　珠江三角洲河网各站位水体叶绿素 a 浓度变化

第二节　珠江三角洲河网水体营养状况评价

珠江三角洲河网区面积 9750 km^2，河网密布，相互贯通，构成珠江河口与上游江段的缓冲区，也是上下游营养物质交换的重要通道，形成了独特的河口生态系统。全世界的河口过渡区大都面临着由于不断增加的营养物质输入近海地区而带来的富营养化问题。国外学者在对美国、波罗的海、地中海、澳大利亚和日本等的近海河口区域的研究中发现了多种水体富营养化症状，主要包括高浓度的叶绿素 a、过量的海藻和附生植物引起的赤潮、缺氧低氧现象出现等。根据《2011 年中国海洋环境状况公报》，由于陆源排污压力巨大，我国辽东湾、长江河口、珠江河口等主要河口区均呈现重度富营养化现象。珠江河口区水体富营养化的加剧，不可避免会对珠江三角洲河网水体产生较大影响。近年的研究表明，珠江三角洲河网部分水体富营养化日趋严重（郎欣欣等，2017）。

珠江三角洲河网区汇集珠江干支流流域内及珠江三角洲城镇居民的生活污水、工农业废水，同时由于潮汐期海水沿河口逆流上溯的顶托作用造成水体营养物质在水体中的蓄积，是极易出现水体富营养化的水域。本节基于测定的珠江三角洲河网区四个季节水体理化环境因子数值，包括水温（WT）、pH、电导率（Cond）、盐度（Sal）、氧化还原电位（ORP）、总溶解性固体（TDS）、溶解氧（DO）、透明度（SD）、硝态氮（$NO_3^- - N$）、亚硝态氮（$NO_2^- - N$）、氨氮（NH_3-N）、磷酸盐（PO_4^{3-}）、硅酸盐（SiO_3^{2-}）、总氮（TN）、总磷（TP）、非离子氨（NH_3）、高锰酸盐指数（COD_{Mn}）和叶绿素 a（Chl a）等 18 项指标，根据相关的评价方法，进行河网水体富营养化状况评价。

一、评价方法

本节采用两种评价方法，并根据相应的评价标准对珠江三角洲河网水体富营养化状况进行评价。

（一）水体营养状态指数（TLI）法

选用中国环境监测总站推荐的《湖泊（水库）富营养化评价方法及分级技术规定》中的营养状态指数（TLI），综合参考相关文献（Carlson，1977；金相灿等，1995；蔡庆华，1997；朱孔贤，2013），以 Chl a、TP、TN、SD 和 COD_{Mn} 为评价指标，并对这些指标的 TLI 进行加权平均处理，对水体富营养化状况进行评价。具体计算公式如式（2-1）至式（2-6）所示。

$$TLI(Chl\ a) = 10 \times (2.5 + 1.086 \times \ln Chl\ a) \tag{2-1}$$

$$TLI(TP) = 10 \times (9.436 + 1.624 \times \ln TP) \tag{2-2}$$

$$TLI(TN) = 10 \times (5.453 + 1.694 \times \ln TN) \tag{2-3}$$

$$TLI(SD) = 10 \times (5.118 - 1.94 \times \ln SD) \tag{2-4}$$

$$TLI(COD_{Mn}) = 10 \times (0.109 + 2.661 \times \ln COD_{Mn}) \tag{2-5}$$

$$TLI(\Sigma) = \sum_{j=1}^{n} W_j \times TLI(j) \tag{2-6}$$

式中，$TLI(\Sigma)$ 为综合营养状态指数；$TLI(j)$ 为第 j 种指标的营养状态指数；W_j 为第 j 种指标的营养状态指数的权重，其中 $W(Chl\ a) = 0.2663$，$W(TP) = 0.2237$，$W(TN) = 0.2183$，$W(SD) = 0.2210$，$W(COD_{Mn}) = 0.2210$；Chl a 的单位为 mg/m^3，透明度的单位为 m，其他指标的单位均为 mg/L。

TLI 法的评价标准如表 2-1 所示。在同一营养状态下，TLI 越高，其营养程度越重。

表 2-1   水体营养状态分级标准（TLI 法）

营养状态	贫营养	中营养	轻度富营养	中度富营养	重度富营养
TLI	<30	30~50	>50~60	>60~70	>70

资料来源：《湖泊（水库）富营养化评价方法及分级技术规定》。

（二）水体富营养化综合指数（EI）法

采用李祚泳等（2010）提出的对数型幂函数普适指数公式 [式（2-7）] 计算水体富营养化综合指数（EI）：

$$EI = \sum_{j=1}^{n} W_j \times EI_j = 10.77 \times \sum_{j=1}^{n} W_j \times (\ln X_j)^{1.1826} \qquad (2\text{-}7)$$

式中，W_j 为指标 j 的归一化权重值，将各指标视作等权重；EI_j 为指标 j 的水体富营养化指数；X_j 为指标 j 的规范值，选取 Chl a、TP、TN、NH_3-N、SD、DO、COD_{Mn}、NO_3^--N、NO_2^--N 和 PO_4^{3-} 等 10 项指标，其规范值的计算方法如式（2-8）和式（2-9）所示，C_j 为指标 j 的实测值，参照值 C_{j0}、各级标准值 C_{jk}（k 代表级别，$k = 1, 2, \cdots, 5$）及其规范值 X_{jk} 如表 2-2 所示。

EI 法的评价标准如表 2-3 所示。

$$X_j = \begin{cases} C_{j0}/C_j, & C_j \leqslant C_{j0}\ (j\text{为指标SD}), \\ (C_{j0}/C_j)^2, & C_j \leqslant C_{j0}\ (j\text{为指标DO}), \\ C_j/C_{j0}, & C_j \geqslant C_{j0}\ (j\text{为其余8项指标}). \end{cases} \qquad (2\text{-}8)$$

$$X_j = \begin{cases} 1, & C_j > C_{j0}\ (j\text{为指标SD或DO}), \\ 1, & C_j < C_{j0}\ (j\text{为其余8项指标}). \end{cases} \qquad (2\text{-}9)$$

表 2-2   水体富营养化指标参照值 C_{j0}、各级标准值 C_{jk} 及其规范值 X_{jk}

营养状态	富营养化指标									
	Chl a/(μg/L)		TP/(μg/L)		TN/(mg/L)		NH$_3$-N/(mg/L)		SD/m	
	C_{jk}	X_{jk}	C_{jk}	X_{jk}	C_{jk}	X_{jk}	C_{jk}	X_{jk}	C_{jk}	X_{jk}
极贫营养（$k=0$）	0.4	1.0	1.0	1.0	0.02	1.0	0.010	1.0	40.00	1.00
贫营养（$k=1$）	1.6	4.0	4.6	4.6	0.08	4.0	0.055	5.5	8.00	5.00
中营养（$k=2$）	10.0	25.0	23.0	23.0	0.31	15.5	0.200	20.0	2.40	16.68
富营养（$k=3$）	64.0	160.0	110.0	110.0	1.20	60.0	0.650	65.0	0.73	54.80
重富营养（$k=4$）	160.0	400.0	250.0	250.0	2.30	115.0	1.500	150.0	0.40	100.00
极富营养（$k=5$）	1000.0	2500.0	1250.0	1250.0	9.10	455.0	5.000	500.0	0.10	400.00

营养状态	富营养化指标									
	DO/(mg/L)		COD$_{Mn}$/(mg/L)		NO$_3^-$-N /(mg/L)		NO$_2^-$-N /(mg/L)		PO$_4^{3-}$ /(mg/L)	
	C_{jk}	X_{jk}	C_{jk}	X_{jk}	C_{jk}	X_{jk}	C_{jk}	X_{jk}	C_{jk}	X_{jk}
极贫营养（$k=0$）	40.0	1.0000	0.12	1.00	0.1	1	0.01	1	0.001	1
贫营养（$k=1$）	16.5	5.8769	0.48	4.00	0.5	5	0.05	5	0.005	5
中营养（$k=2$）	10.0	16.0000	1.80	15.00	3.0	30	0.15	15	0.010	10

续表

营养状态	富营养化指标									
	DO/(mg/L)		COD$_{Mn}$/(mg/L)		NO$_3^-$ - N /(mg/L)		NO$_2^-$ - N /(mg/L)		PO$_4^{3-}$ /(mg/L)	
	C_{jk}	X_{jk}	C_{jk}	X_{jk}	C_{jk}	X_{jk}	C_{jk}	X_{jk}	C_{jk}	X_{jk}
富营养（$k=3$）	4.0	100.0000	7.10	59.17	10.0	100	0.50	50	0.050	50
重富营养（$k=4$）	3.0	177.7600	14.00	116.70	20.0	200	2.00	200	0.200	200
极富营养（$k=5$）	1.0	1600.0000	54.00	450.00	35.0	350	5.00	500	1.000	1000

表2-3 水体营养状态分级标准（EI法）

营养状态	贫营养	中营养	富营养	重富营养	极富营养
EI	≤20	>20～39.42	>39.42～61.29	>61.29～76.28	>76.28～99.77

资料来源：（毕见霖等，2015）。

二、评价结果

（一）TLI 和 EI 的年平均值

2012 年珠江三角洲河网 TLI 的平均值为 68.15，变化范围为 64.11～83.04（图 2-19）。其中，珠江桥 TLI 的年平均值最高（83.04），其次为莲花山（77.16），两站位均处于重度富营养状态；其他站位 TLI 的年平均值>60～70，从高到低依次为青岐（68.72）、小塘（68.47）、北滘（68.43）、市桥（67.03）、横沥（66.57）、陈村（66.17）、新围（66.11）、外海（64.85）、榄核（64.30）、左滩（64.14）和小榄（64.11），均处于中度富营养状态。

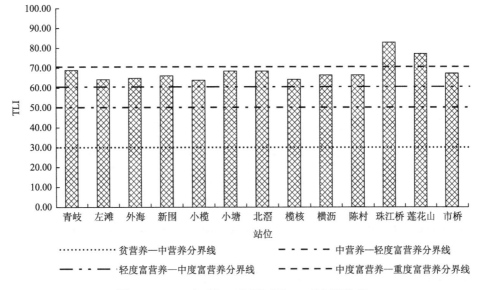

图 2-19 2012 年珠江三角洲河网 TLI 的年平均值

2012 年珠江三角洲河网 EI 的平均值为 51.97，变化范围为 46.63～66.96（图 2-20）。

其中,珠江桥 EI 的年平均值最高（66.96）,处于重富营养状态;其次为莲花山（60.74）,处于富营养状态;其他站位 EI 的年平均值在 60 以下,从高到低依次为市桥（53.98）、青岐（52.77）、小塘（50.96）、北滘（50.60）、陈村（50.36）、横沥（49.31）、新围（49.30）、外海（48.62）、榄核（48.31）、小榄（47.11）和左滩（46.63）,均处于富营养状态。

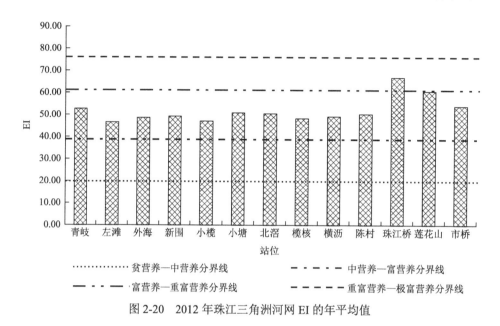

图 2-20　2012 年珠江三角洲河网 EI 的年平均值

（二）TLI 和 EI 的季节变化

1. TLI 的季节变化

2012 年珠江三角洲河网 TLI 的季节变化如图 2-21 所示,3 月、5 月、8 月和 12 月四个采样时间 TLI 的平均值分别为 68.22,68.59,69.49,67.26。3 月,TLI 的变化范围为 59.60～85.62,其中珠江桥最高,外海最低;TLI＞70（重度富营养）的站位有青岐（70.34）、小塘（72.83）、珠江桥（85.62）和莲花山（74.04）,其余站位的 TLI＞60～70（中度富营养）[外海（59.60）除外]。5 月,TLI 的变化范围为 62.26～79.42,其中莲花山最高,市桥最低;TLI＞70（重度富营养）的站位有北滘（72.56）、珠江桥（77.91）和莲花山（79.42）,其余站位的 TLI＞60～70（中度富营养）。8 月,TLI 的变化范围为 62.60～83.53,其中珠江桥最高,榄核最低;TLI＞70（重度富营养）的站位有小榄（71.07）、北滘（71.79）、横沥（70.34）、珠江桥（83.53）和莲花山（74.61）,其余站位的 TLI＞60～70（中度富营养）。12 月,TLI 的变化范围为 57.05～85.11,其中珠江桥最高,小榄最低;TLI＞70（重度富营养）的站位有珠江桥（85.11）、莲花山（80.56）、外海（70.36）和市桥（71.78）,其余站位的 TLI＞60～70（中度富营养）[小榄（57.05）除外]。

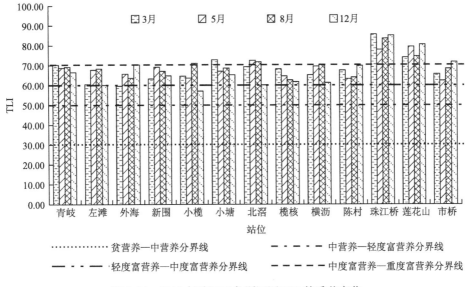

图 2-21　2012 年珠江三角洲河网 TLI 的季节变化

2. EI 的季节变化

2012 年珠江三角洲河网 EI 的季节变化如图 2-22 所示，3 月、5 月、8 月和 12 月四个采样时间 EI 的平均值分别为 48.84，52.08，52.37，54.60。3 月，EI 的变化范围为 41.03～71.69，其中珠江桥最高，左滩最低；EI＞61.29～76.28（重富营养）的站位仅有珠江桥（71.69），其余站位的 EI＞39.42～61.29（富营养）。5 月，EI 的变化范围为 46.85～66.96，其中莲花山最高，小塘最低；EI＞61.29～76.28（重富营养）的站位有珠江桥（65.51）

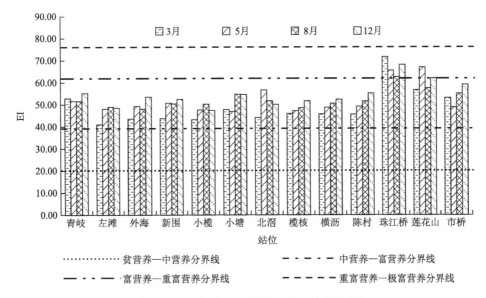

图 2-22　2012 年珠江三角洲河网 EI 的季节变化

和莲花山（66.96）；其余站位的 EI＞39.42～61.29（富营养）。8 月，EI 的变化范围为 48.07～62.51，其中珠江桥最高，外海最低；EI＞61.29～76.28（重富营养）的站位仅有珠江桥（62.51），其余站位的 EI＞39.42～61.29（富营养）。12 月，EI 的变化范围为 47.38～68.14，其中珠江桥最高，小榄最低；EI＞61.29～76.28（重富营养）的站位仅有珠江桥（68.14）和莲花山（62.05），其余站位的 EI＞39.42～61.29（富营养）。

第三节　珠江三角洲河网水体环境综合状况分析

珠江是我国南方最大的水系，为我国第三长河流，年径流量仅次于长江，居全国第二位。珠江流域地势大体上西高东低，北高南低，上游处于云贵高原与黔桂地区的高山峡谷，平均海拔超过 1000 m，中游为山地与丘陵相间，下游为珠江三角洲冲积平原。珠江中下游的珠江三角洲河网区属于热带亚热带季风气候区，常年温暖，阳光充足，雨量丰沛，是最适宜人类居住的区域之一。改革开放以来，珠江三角洲地区已经发展为我国南方重要的生产、生活基地，该地区工商业发达，人口密集，城镇化程度高。随着经济的发展和人口的聚集，对水资源总量和质量的要求也逐步提高。然而，近年来，随着珠江流域河流的过度开发和水利设施的建设，珠江流域的渔业资源和生态环境也受到极大影响（珠钟，2006）。多次调查数据表明，珠江中上游水体环境呈现逐步恶化之势，与此同时其主要干支流的渔业资源也呈现衰退趋势，表现为物种多样性降低，渔获物种类和数量减少，以及部分区域的原稀有物种在最近的调查中很难见到（李跃飞等，2008，2018；王大鹏等，2016；帅方敏等，2017）。然而，当前一些调查工作存在调查区域较小（主要集中于某一特定区域）、测定的环境指标或水质评价指标不够全面等问题（杨婉玲等，2004，2017），其结果不能够准确地反映珠江中下游江段水体环境质量的整体状况及其时空变化。为此，本书作者团队依据 2012 年对珠江三角洲河网区的水体环境调查监测数据，进行水环境状况的分析与评价，以期全面清楚了解珠江三角洲河网水体环境现状、水体的污染状况和主要污染因素，为该区域的水体环境保护与管理提供数据支撑和理论基础。

一、水质评价方法

1. 评价指标及其限定值

基于监测的环境因子指标，采用多因子综合污染指数评价水体环境状况。在水体环境质量评价中，参照常会庆等（2007）和刘曼红等（2011）所列出的渔业水体中最重要的水质参数，结合实际监测指标情况及富营养化指标参数，确定 SD、pH、DO、NH₃、

NH_3-N、NO_3^--N、NO_2^--N、TN、TP 和 COD_{Mn} 等 10 项指标为水质评价指标。根据 GB 11607—1989《渔业水质标准》，pH 的限定范围取 6.50～8.50，处于此区间内为水质合格；DO 浓度的限定值取 5.00 mg/L，高于 5.00 mg/L 为水质合格，不超过 5.00 mg/L 视为超标。根据刘乾甫等（2019），NH_3 浓度的限定值取 0.02 mg/L，高于 0.02 mg/L 视为超标；SD 的限定值取 0.6 m，不低于 0.6 m 为水质合格，低于 0.6 m 视为超标；NO_3^--N、NO_2^--N 浓度的限定值分别取 1.00 mg/L 和 0.15 mg/L，超过限定值视为超标。根据 GB 3838—2002《地表水环境质量标准》，NH_3-N、TN、TP 的浓度和 COD_{Mn} 的限定值分别取 1.00 mg/L、1.00 mg/L、0.20 mg/L 和 6 mg/L，超过限定值均视为超标。

2. 评价方法

依据 NY/T 396—2000《农用水源环境质量监测技术规范》，采用单项污染指数和污染物负荷比对监测指标进行单项评价，采用综合污染指数对水体环境质量进行整体评价。单项污染指数计算公式见式（2-10）。

$$P_i = C_i / C_{i0} \qquad (2\text{-}10)$$

式中，P_i 为水环境中污染物 i 的单项污染指数；C_i 为水环境中污染物 i 的实测值；C_{i0} 为水环境中污染物 i 的限量标准值。当 $P_i \leqslant 1$ 时，表示水环境未受污染，指标合格，P_i 等于计算值；当 $P_i > 1$ 时，表示水环境受到污染，指标不合格，$P_i = 1.0 + 5 \times \lg$（计算值）（祁萍等，2013）。

超标率的计算公式见式（2-11）。

$$超标率 = \frac{超标样本数}{监测样本数} \times 100\% \qquad (2\text{-}11)$$

在单项污染指数评价的基础上，采用兼顾单项污染指数最大值和平均值的综合污染指数 P_j 进行评价，其计算公式见式（2-12）。

$$P_j = [(P_{i\max}^2 + P_{iave}^2)/2]^{\frac{1}{2}} \qquad (2\text{-}12)$$

式中，$P_{i\max}$ 为最大单项污染指数；P_{iave} 为平均单项污染指数。

污染物负荷比的计算公式见式（2-13）。

$$Q_i = P_i / \sum_{i=1}^{n} P_i \times 100\% \qquad (2\text{-}13)$$

式中，Q_i 为污染物 i 的负荷比；n 为参评指标总数；P_i 为水环境中污染物 i 的单项污染指数。

采用如表 2-4 所示的水质状况分级标准，对珠江三角洲河网水体污染程度和污染水平进行评价。

表 2-4　水质状况分级标准

等级	综合污染指数	污染程度	污染水平
1	≤0.7	清洁	清洁
2	>0.7~1.0	尚清洁	标准限量内
3	>1.0~2.0	轻污染	轻度超警戒水平
4	>2.0~3.0	中污染	中度超警戒水平
5	>3.0	重污染	严重超警戒水平

资料来源：（刘乾甫等，2014）。

二、评价结果

1. 水质状况分析

2012 年调查期间，珠江三角洲河网各站位监测数据的统计结果如表 2-5 所示。

表 2-5　2012 年调查期间珠江三角洲河网水质状况分析（$n = 13$）

指标	3 月			5 月			8 月			12 月			限定值
	最大超标倍数/倍	超标率/%	均值超标倍数/倍	最大超标倍数/倍	超标率/%	均值超标倍数/倍	最大超标倍数/倍	超标率/%	均值超标倍数/倍	最大超标倍数/倍	超标率/%	均值超标倍数/倍	
pH	/	—	/	/	—	/	/	—	/	1.09	30.77	/	6.50~8.50
DO	0.13	7.69	/	0.33	7.69	/	/	—	/	0.69	7.69	/	5.00
NH_3	/	/	/	1.55	15.38	/	4.35	30.77	0.25	5.65	69.23	1.30	0.02
NH_3-N	2.53	7.69	/	3.82	15.38	/	2.90	15.38	/	1.03	15.38	/	1.00
NO_3^--N	3.72	100	1.86	1.61	100	0.94	0.95	84.62	0.50	2.49	100	1.06	1.00
NO_2^--N	1.39	15.38	/	1.30	15.38	/	0.77	7.69	/	3.94	7.69	/	0.15
TN	6.27	100	2.60	8.64	100	2.83	6.26	100	2.60	6.58	100	2.32	1.00
TP	3.09	23.08	/	1.33	15.38	/	1.43	76.92	0.30	1.35	23.08	/	0.20
SD	0.83	84.62	0.47	0.67	84.62	0.44	0.58	92.31	0.47	0.67	38.46	0.04	0.60
COD_{Mn}	0.20	7.69	/	/	—	/	0.05	15.38	/	0.56	15.38	/	6.00

注：表中"—"表示没有出现超标；"/"表示没有计算该数值。

（1）pH

3 月、5 月、8 月水体 pH 均没有出现超标，大都处于 7.0~8.0；12 月，水体 pH 升高，最大超标倍数为 1.09 倍，超标率为 30.77%，最高 pH 达到 8.60 以上。

（2）DO

3 月，莲花山站位出现超标，水体 DO 浓度仅为 4.36 mg/L，最大超标倍数为 0.13 倍，各站位水体 DO 浓度均值未超标；5 月，莲花山站位也出现超标，水体 DO 浓度仅为

3.34 mg/L，最大超标倍数为 0.33 倍，各站位水体 DO 浓度均值未超标；8 月，所有站位水体 DO 浓度均未出现超标，各站位水体 DO 浓度均值未超标；12 月，珠江桥站位出现超标，水体 DO 浓度仅为 1.57 mg/L，最大超标倍数达到 0.69 倍，各站位水体 DO 浓度均值未超标。

（3）NH₃

3 月，各站位水体 NH₃ 浓度均没有出现超标，低于 0.02 mg/L；5 月，珠江桥和莲花山站位水体 NH₃ 浓度出现超标，最大值为 0.051 mg/L（珠江桥），最大超标倍数达到 1.55 倍，超标率为 15.38%，各站位水体 NH₃ 浓度均值未超标；8 月，小塘、珠江桥、莲花山、市桥站位水体 NH₃ 浓度出现超标，最大超标倍数达到 4.35 倍（珠江桥水体 NH₃ 浓度为 0.107 mg/L），超标率为 30.77%，各站位水体 NH₃ 浓度均值为 0.025 mg/L，均值超标倍数为 0.25 倍；12 月，水体 NH₃ 浓度超标状况较为严重，有青岐、小塘、北滘、榄核、横沥、陈村、珠江桥、莲花山和市桥等 9 个站位出现超标，超标率达到 69.23%，最大超标倍数为 5.65 倍（市桥水体 NH₃ 浓度为 0.133 mg/L），各站位水体 NH₃ 浓度均值为 0.046 mg/L，均值超标倍数为 1.30 倍。

（4）NH_3 - N

3 月，水体 NH_3 - N 仅在珠江桥站位出现超标，超标率为 7.69%，珠江桥站位 NH_3 - N 浓度达到 3.53 mg/L，超标倍数为 2.53 倍，但 3 月所有站位水体 NH_3 - N 浓度均值未超标；5 月，珠江桥和莲花山站位水体 NH_3 - N 浓度出现超标，最大值为 4.82 mg/L（珠江桥），最大超标倍数达到 3.82 倍，超标率为 15.38%，各站位水体 NH_3 - N 浓度均值未超标；8 月，小塘、珠江桥站位水体 NH_3 - N 浓度出现超标，最大超标倍数达到 2.90 倍（珠江桥水体 NH_3 - N 浓度为 3.90 mg/L），超标率为 15.38%，各站位水体 NH_3 - N 浓度均值未超标；12 月，珠江桥和市桥站位水体 NH_3 - N 浓度出现超标，最大超标倍数达到 1.03 倍（珠江桥水体 NH_3 - N 浓度为 2.03 mg/L），超标率为 15.38%，各站位水体 NH_3 - N 浓度均值未超标。

（5）NO_3^- - N

3 月，各站位水体 NO_3^- - N 浓度均出现超标，超标率达到 100%，珠江桥水体 NO_3^- - N 浓度最高，达到 4.72 mg/L，超标倍数为 3.72 倍，各站位水体 NO_3^- - N 浓度均值（2.86 mg/L）也出现超标，均值超标倍数为 1.86 倍；5 月，各站位水体 NO_3^- - N 浓度均出现超标，超标率达到 100%，北滘水体 NO_3^- - N 浓度最高，达到 2.61 mg/L，超标倍数为 1.61 倍，各站位水体 NO_3^- - N 浓度均值（1.94 mg/L）也出现超标，均值超标倍数为 0.94 倍；8 月，水体 NO_3^- - N 浓度除小塘和珠江桥外，其余站位均出现超标，超标率达到 84.62%，外海水体 NO_3^- - N 浓度最高，达到 1.95 mg/L，超标倍数为 0.95 倍，各站位水

体 $NO_3^- - N$ 浓度均值（1.50 mg/L）也出现超标，均值超标倍数为 0.50 倍；12 月，各站位水体 $NO_3^- - N$ 浓度均出现超标，超标率达到 100%，莲花山水体 $NO_3^- - N$ 浓度最高，达到 3.49 mg/L，超标倍数为 2.49 倍，各站位水体 $NO_3^- - N$ 浓度均值（2.06 mg/L）也出现超标，均值超标倍数为 1.06 倍。

（6）$NO_2^- - N$

3 月，各站位水体 $NO_2^- - N$ 浓度均值为 0.03 mg/L，未出现超标，但超标的站位有珠江桥和市桥，超标率为 15.38%，珠江桥水体 $NO_2^- - N$ 浓度最高，达到 0.36 mg/L，超标倍数达到 1.39 倍；5 月，各站位水体 $NO_2^- - N$ 浓度均值为 0.05 mg/L，未出现超标，但超标的站位有珠江桥和莲花山，超标率为 15.38%，莲花山水体 $NO_2^- - N$ 浓度最高，达到 0.35 mg/L，超标倍数达到 1.30 倍；8 月，各站位水体 $NO_2^- - N$ 浓度均值为 0.05 mg/L，未出现超标，但超标的站位有珠江桥，超标率为 7.69%，珠江桥水体 $NO_2^- - N$ 浓度达到 0.27 mg/L，超标倍数达到 0.77 倍；12 月，各站位水体 $NO_2^- - N$ 浓度均值为 0.15 mg/L，超标的站位只有珠江桥，超标率为 7.69%，珠江桥水体 $NO_2^- - N$ 浓度最高达到 0.74 mg/L，最大超标倍数达到 3.94 倍。

（7）TN

3 月，各站位水体 TN 浓度均出现超标，超标率达到 100%，珠江桥水体 TN 浓度最高，达到 7.27 mg/L，超标倍数为 6.27 倍，各站位水体 TN 浓度均值（3.60 mg/L）也出现超标，均值超标倍数为 2.60 倍；5 月，各站位水体 TN 浓度均出现超标，超标率达到 100%，北滘水体 TN 浓度最高，达到 9.64 mg/L，超标倍数为 8.64 倍，各站位水体 TN 浓度均值（3.83 mg/L）也出现超标，均值超标倍数为 2.83 倍；8 月，各站位水体 TN 浓度均出现超标，超标率达到 100%，新围水体 TN 浓度最高，达到 7.26 mg/L，超标倍数为 6.26 倍，各站位水体 TN 浓度均值（3.60 mg/L）也出现超标，均值超标倍数为 2.60 倍；12 月，各站位水体 TN 浓度均出现超标，超标率达到 100%，珠江桥水体 TN 浓度最高，达到 7.58 mg/L，超标倍数为 6.58 倍，各站位水体 TN 浓度均值（3.32 mg/L）也出现超标，均值超标倍数为 2.32 倍。

（8）TP

3 月，水体 TP 浓度在部分站位（青岐、珠江桥和莲花山）出现超标，超标率达到 23.08%，珠江桥水体 TP 浓度最高，达到 0.818 mg/L，超标倍数为 3.09 倍，各站位水体 TP 浓度均值（0.198 mg/L）略低于限定值；5 月，水体 TP 浓度超标的站位有珠江桥和莲花山，超标率达到 15.38%，珠江桥水体 TP 浓度最高，达到 0.466 mg/L，超标倍数为 1.33 倍，各站位水体 TP 浓度均值（0.175 mg/L）略低于限定值；8 月，水体 TP 浓度超标较为严重，超标的站位有外海、新围、小塘、北滘、榄核、横沥、陈村、珠江桥、莲花山和市桥，超标率达到 76.92%，珠江桥水体 TP 浓度最高，达到 0.486 mg/L，超标倍数为 1.43 倍，各站位水体 TP 浓度均值（0.261 mg/L）超过限定值，均值超标倍数为 0.30 倍；12 月，水体 TP 浓度超标的站位有新围、珠江桥和莲花山，超标率达到 23.08%，珠江桥水体 TP 浓度最高，达到 0.470 mg/L，超标倍数为 1.35 倍，各站位水体 TP 浓度均值（0.178 mg/L）略低于限定值。

（9）SD

3 月，水体 SD 在大部分站位出现超标（仅小榄和外海优于限定值），超标率达到 84.62%，超标严重的莲花山，水体 SD 仅为 0.10 m，最大超标倍数为 0.83 倍，各站位水体 SD 均值为 0.41 m，均值超标倍数为 0.47 倍；5 月，水体 SD 在大部分站位出现超标（仅青岐和外海优于限定值），超标率达到 84.62%，超标严重的小塘，水体 SD 仅为 0.20 m，最大超标倍数为 0.67 倍，各站位水体 SD 均值为 0.42 m，均值超标倍数为 0.44 倍；8 月，水体 SD 在绝大部分站位出现超标（仅陈村水体 SD 为 0.90 m，优于限定值），超标率达到 92.31%，超标严重的左滩和莲花山，水体 SD 仅为 0.25 m，最大超标倍数为 0.58 倍，各站位水体 SD 均值为 0.41 m，均值超标倍数为 0.47 倍；12 月，水体 SD 的超标状况有所好转，超标率为 38.46%，超标严重的外海、陈村、珠江桥，水体 SD 均为 0.20 m，最大超标倍数为 0.67 倍，各站位水体 SD 均值为 0.58 m，均值超标倍数为 0.04 倍。

（10）COD_{Mn}

3 月，水体 COD_{Mn} 仅在珠江桥站位（COD_{Mn} = 7.21 mg/L）出现超标，超标率达到 7.69%，超标倍数为 0.20 倍，各站位水体 COD_{Mn} 均值（3.18 mg/L）低于限定值；5 月，各站位水体 COD_{Mn} 均未出现超标，各站位水体 COD_{Mn} 均值（3.58 mg/L）低于限定值；8 月，水体 COD_{Mn} 超标的站位有青岐和珠江桥，超标率达到 15.38%，珠江桥水体 COD_{Mn} 最高，达到 6.28 mg/L，超标倍数为 0.05 倍，各站位水体 COD_{Mn} 均值（3.80 mg/L）低于限定值；12 月，水体 COD_{Mn} 超标的站位有莲花山和珠江桥，超标率达到 15.38%，珠江桥水体 COD_{Mn} 最高，达到 9.34 mg/L，超标倍数为 0.56 倍，各站位水体 COD_{Mn} 均值（3.76 mg/L）低于限定值。

2. 水质评价

2012 年调查期间，珠江三角洲河网的水质评价及水体污染等级如表 2-6 所示。3 月，珠江三角洲河网水体单项污染指数 P_i > 1 的指标有 TN（4.53）、NO_3^--N（3.69）、SD（3.61）、TP（2.95）、NH_3-N（2.66）、DO（2.09）、NO_2^--N（2.05）和 COD_{Mn}（1.06），对应的污染物负荷比 Q_i 依次为 TN（0.19）、NO_3^--N（0.16）、SD（0.15）、TP（0.13）、NH_3-N

（0.11）、DO（0.09）、$NO_2^- - N$（0.09）和 COD_{Mn}（0.04）。这一时期，珠江三角洲河网水体综合污染指数 P_j 为 2.67，根据表 2-4，水质为"中污染"等级，污染水平为"中度超警戒水平"。

表 2-6 2012 年调查期间珠江三角洲河网水质评价及水体污染等级（$n = 13$）

指标	3月		5月		8月		12月	
	P_i	Q_i	P_i	Q_i	P_i	Q_i	P_i	Q_i
pH	0.23	0.01	0.27	0.01	0.25	0.01	0.81	0.03
DO	2.09	0.09	1.46	0.07	0.90	0.04	2.55	0.10
NH_3	0.68	0.03	2.19	0.10	3.40	0.16	3.96	0.15
$NH_3 - N$	2.66	0.11	3.16	0.14	2.84	0.13	1.85	0.07
$NO_3^- - N$	3.69	0.16	2.58	0.12	2.03	0.09	3.00	0.12
$NO_2^- - N$	2.05	0.09	2.00	0.09	1.60	0.08	3.23	0.12
TN	4.53	0.19	4.99	0.22	4.54	0.21	4.48	0.18
TP	2.95	0.13	2.10	0.09	2.27	0.11	2.11	0.08
SD	3.61	0.15	2.60	0.12	2.30	0.11	2.50	0.10
COD_{Mn}	1.06	0.04	0.82	0.04	0.90	0.05	1.46	0.06
P_j	2.67		2.83		2.68		2.54	
污染程度	中污染		中污染		中污染		中污染	
污染水平	中度超警戒水平		中度超警戒水平		中度超警戒水平		中度超警戒水平	

5月，珠江三角洲河网水体 $P_i > 1$ 的指标有 TN（4.99）、$NH_3 - N$（3.16）、SD（2.60）、$NO_3^- - N$（2.58）、NH_3（2.19）、TP（2.10）、$NO_2^- - N$（2.00）和 DO（1.46），对应的 Q_i 依次为 TN（0.22）、$NH_3 - N$（0.14）、SD（0.12）、$NO_3^- - N$（0.12）、NH_3（0.10）、TP（0.09）、$NO_2^- - N$（0.09）和 DO（0.07）。这一时期，珠江三角洲河网水体 P_j 为 2.83，根据表 2-4，水质为"中污染"等级，污染水平为"中度超警戒水平"。

8月，珠江三角洲河网水体 $P_i > 1$ 的指标有 TN（4.54）、NH_3（3.40）、$NH_3 - N$（2.84）、SD（2.30）、TP（2.27）、$NO_3^- - N$（2.03）和 $NO_2^- - N$（1.60），对应的 Q_i 依次为 TN（0.21）、NH_3（0.16）、$NH_3 - N$（0.13）、SD（0.11）、TP（0.11）、$NO_3^- - N$（0.09）和 $NO_2^- - N$（0.08）。这一时期，珠江三角洲河网水体 P_j 为 2.68，根据表 2-4，水质为"中污染"等级，污染水平为"中度超警戒水平"。

12月，珠江三角洲河网水体 $P_i > 1$ 的指标有 TN（4.48）、NH_3（3.96）、$NO_2^- - N$（3.23）、$NO_3^- - N$（3.00）、DO（2.55）、SD（2.50）、TP（2.11）、$NH_3 - N$（1.85）和 COD_{Mn}（1.46），对应的 Q_i 依次为 TN（0.18）、NH_3（0.15）、$NO_2^- - N$（0.12）、$NO_3^- - N$（0.12）、DO（0.10）、SD（0.10）、TP（0.08）、$NH_3 - N$（0.07）和 COD_{Mn}（0.06）。这一时期，珠江三角洲河网

网水体 P_j 为 2.54，根据表 2-4，水质为 "中污染" 等级，污染水平为 "中度超警戒水平"。

各站位水体 P_j 的季节变化如图 2-23 所示，在珠江桥和莲花山水体 P_j 常年较高，污染都较为严重；在左滩和北滘，5 月的水体 P_j 明显高于其他时期；在新围，主要是 8 月的水体 P_j 出现峰值；在小塘，3 月和 8 月的 P_j 较高；在青岐和市桥，主要是 3 月和 12 月（枯水期）的水体 P_j 较高，水质较差；在外海、小榄、榄核、横沥和陈村，各时期水体 P_j 相差不大，总体上亦低于其他站位，表明水质较为稳定且优于其他站位。

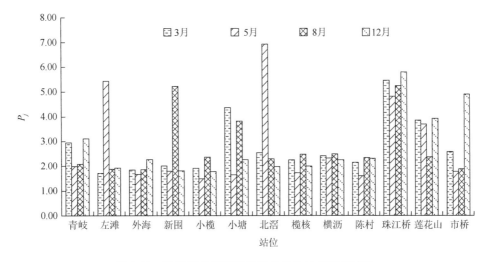

图 2-23　珠江三角洲河网各站位水体 P_j 的季节变化

第三章　珠江三角洲河网浮游微生物

第一节　微生物概况

微生物在生态系统中担任分解者角色，通过调控营养元素的物质循环、有机物及碎屑物质的分解转化，在维持河口生态系统结构及功能上起着至关重要的作用。微生物个体很小，形态各异，在河口等水生生态系统广泛分布。河口浮游微生物通常由细菌（含古菌）、显微藻类、原生动物、真菌及病毒这五类组成。病毒是非细胞生物，其新陈代谢及生长繁殖与宿主紧密相连。细菌和古菌是原核生物，无核膜，与真菌、植物和动物等真核生物相比，它们具有明显不同的细胞结构。

细菌和古菌是一类丰富多样的微生物类群，形态结构相对简单（如球形、杆形、螺旋形和丝状），大小通常为 $0.2\sim15~\mu m$。细菌在河口生境中非常丰富，通常每单位体积的沉积物所含的细菌要比同等体积的水体多，如典型沉积物中的细菌丰度为 $10^7\sim10^{10}cells/cm^3$，而大多数河口水体中的细菌丰度为 $10^5\sim10^7cells/cm^3$。古菌包括嗜盐古菌、产甲烷古菌和氨氧化古菌等，虽然在河口沉积物和水体中只占原核生物丰度的一小部分，但在河口生态系统过程中发挥重要作用。细菌和古菌在河口生态系统中扮演分解者角色，在有机物分解和碳、氮、硫等元素转化方面起着主导作用。

真菌是一类真核异养微生物，除酵母等单细胞生物，绝大部分真菌均具有丝状菌丝。许多真菌具有复杂的生命周期和形态特征，营有性生殖和无性生殖。河口生态系统中存在大量真菌和类真菌的原生生物。菌根是真菌与维管植物根部的互惠共生体，可促进植物对氮、磷、钾的吸收，增强植物抗逆能力。

病毒是包含 DNA 或 RNA 的非细胞生物，依赖于活细胞（宿主）来执行病毒复制所必需的代谢功能。病毒高度多样，可感染河口所有生物，包括细菌、真菌、植物和动物。大多数河口浮游病毒为噬菌体（感染细菌的病毒）。河口水体中的病毒与细菌的比率通常远大于 1，在营养丰富、生产力高的水域中，病毒与细菌的比率可以超过 85。作为疾病的媒介，病毒根据宿主细胞的类型、生理状况及当地环境状况，通过作用于微生物群落结构（包括组成、丰度和多样性）和个体基因组（功能），间接影响河口生物地球化学过程和食物网。

第二节　微生物与河口生态系统

在河口生态系统中，微生物群落比其他任何种类的生物都更加丰富、多样和活跃，它们是所有重要生态系统功能（例如营养元素循环、光合作用和有机物分解）的主要参与者。微生物的高度多样化，有助于促进河口生态系统的生物地球化学过程，提高河口生态系统耐受环境胁迫的能力。

一、营养元素循环

在河口生态系统中，物质生产、有机物分解以及营养元素循环等生态过程几乎依赖于微生物功能。许多元素如氮、硫和铁的完整生物地球化学循环，是通过化能自养菌和异养厌氧菌的联合作用完成的。化能自养菌以这些元素的还原形式作为能量来源和电子供体；而异养厌氧菌利用化能自养菌所产生的元素的氧化形式作为电子受体，氧化有机碳化合物。氮循环是阐明河口地区微生物驱动营养元素循环过程的极好例子。

氮循环过程主要包括硝化作用、反硝化作用以及固氮作用等环节。硝化作用是氨或铵离子转化为硝酸盐的过程，由化能自养细菌和古菌介导这一过程。硝化作用在有氧条件下进行，可分为两个步骤。第一步为亚硝化，即铵盐氧化为亚硝酸盐。参与亚硝化过程的主要是亚硝化菌属，如亚硝化单胞菌属（*Nitrosomonas*）、亚硝化囊杆菌属（*Nitrosocystis*）、亚硝化球菌属（*Nitrosococcus*）和亚硝化螺菌属（*Nitrosospira*）。另外，部分种类如在海洋环境极为常见的奇古菌（Thaumarchaeota），能将氨氧化为亚硝酸盐。第二步为硝化，即亚硝酸盐氧化为硝酸盐。参与硝化过程的主要是硝化菌属，如硝化杆菌属（*Nitrobacter*）、硝化刺菌属（*Nitrospina*）和硝化球菌属（*Nitrococcus*）。

在有氧或者无氧条件下，许多微生物都能氧化有机物，这些能够在有氧或厌氧条件下降解有机物的微生物被称为兼性厌氧菌。反硝化作用是在厌氧条件下，兼性厌氧菌将硝酸盐和亚硝酸盐还原为气态氮的过程，介导反硝化作用的是反硝化细菌。反硝化作用是河口地区减少氮从陆地输入海洋的重要生态净化过程，每年来自河流输入的硝态氮，有10%～80%在河口被反硝化作用，从而大大减少氮进入海洋的量。

氮尽管在大气中含量丰富，但除了少数原核生物外，其他生物都无法直接利用，这些原核生物将氮还原为氨的过程被称为固氮作用，执行这一过程的细菌被称为固氮菌。许多固氮菌是需氧菌或是产氧光合作用的细菌（如蓝细菌）。所有固氮菌共有的一个特征是具有固氮酶。然而，固氮酶对氧异常敏感，并且被氧不可逆地灭活。固氮菌已经进化出许多策略来排除或限制氧与固氮酶的接触。与河口细菌相关的策略包括：①避免与氧接触，如厌氧菌和兼性厌氧菌仅在无氧的情况下固氮；②减少氧需求，一些细菌仅在低氧条件下固氮，因此正常呼吸限制了氧的细胞浓度；③聚集成簇，固氮菌形成稠密的菌落，使簇内细胞受到呼吸活动的保护，免受氧的伤害；④细胞分裂，形成特殊的固氮结构，例如某些蓝细菌的异形胞。

二、生产力

微生物是重要的初级生产者，并与植物和大型藻类竞争营养盐。光合自养微生物（如蓝细菌）在原核生物的初级生产者中占主导地位，其叶绿素 a 含量占河口水体中总叶绿素 a 含量的 2%～28%。化能自养微生物（如硝化细菌）能利用河口环境的营养元素获取能量并合成有机物。

微生物也是重要的次级生产者。在河口，细菌丰度与原生动物捕食者丰度之间呈正相关关系。作为细菌和浮游动物之间的中介，原生动物直接参与水生食物网物质转化及能量传递。因此，当细菌被原生动物捕食时，细菌的物质和能量进入食物网。死亡的初级生产者中有一部分仍以细菌细胞的形式存在于生态系统中。由于河口生态系统中保留微生物群落的次级生产力，因此可以为大型动物保存能量和有机物，并最终为人类所利用。

三、有机物降解

有机物的分解是维持河口生态系统的关键功能之一。在有机物腐烂过程中，营自养和异养的微生物均参与其中。尽管有机物分解是一个涉及物理、化学和生物的综合过程，但它主要是由异养微生物完成的。微生物降解有机物这一过程受多种因素控制，包括有机物质量（易腐性）、底物粒径、土壤条件和气候。

河口中的有机物具有多种来源：浮游植物、陆生植物、盐沼植物和水生植物，以及动物尸体和废弃物。微生物介导的河口有机物分解过程分为三个阶段：第一阶段为浸出阶段，随着有机物的腐烂，水溶性成分迅速损失，不稳定化合物和难溶化合物均从有机物中浸出；第二阶段为分解阶段，真菌和细菌在组织中定植，开始矿化容易代谢的碎屑成分（如纤维素和半纤维素），并且将组织破碎成较小的碎片；腐烂的最后阶段非常复杂，难以降解的难溶物质（如木质素、蜡、树脂和油类）最终残留下来。

许多环境因素调节上述分解速率和过程。温度和氧是最主要的调节因素，其他因素包括有机物的氮含量及其粒径等。温度调节有机物降解代谢过程的速率，并通过影响个体种群的生长来决定群落结构。随着温度的升高，在生长的温度范围内，微生物胞内酶和胞外酶的活性提高。与温度变化最相关的是季节性影响，气候温度的纬度差异可改变微生物群落的结构和多样性。氧同样影响有机物的降解过程。在有氧条件下，好氧微生物快速增殖。随着河口氧浓度的降低，氧、硝酸盐、亚铁、硫酸亚铁、二氧化碳和一些有机分子（如丙酮酸和乙醛）依次可被各种细菌作为末端电子受体，以分解有机物。在无氧条件下，厌氧微生物通过硝酸盐、亚铁、硫酸盐和二氧化碳等完成呼吸作用，分解有机物（Nocker et al.，2007）。

第三节　国外河口微生物研究进展

国外对河口微生物的研究，始于 20 世纪 40 年代。早期的研究主要是通过菌落培养、形态学观察以及生化鉴定的分析，了解河口微生物群落的细菌总量和生化活性，对河口微生物群落结构和组成进行研究，探究微生物群落对河口环境变化的响应过程，并探索微生物群落对河口污染物的降解作用。20 世纪 80 年代，借助变性梯度凝胶电泳（denaturing gradient gel electrophoresis，DGGE）、荧光原位杂交（fluorescence in situ hybridization，FISH）、细菌 16S rRNA 基因文库构建和序列分析、DNA 芯片、高通量测序、宏基因组学等分子生物学技术，人们得以突破自然环境中 99%微生物无法在实验室分离培养的限制，探索不可培养的河口微生物的群落结构，发现许多新的物种，大大丰富了河口微生物的多样性数据，同时也从遗传物质的角度提供了河口环境中微生物的生理生化等功能信息。目前国外河口微生物群落研究比较成熟的河口区域主要有美国的切萨皮克湾（Chesapeake Bay）、哥伦比亚河河口（Columbia River Estuary）和葡萄牙的塔霍河河口（Tagus Estuary）等。

典型河口细菌群落主要由变形菌门（Proteobacteria）、放线菌门（Actinobacteria）、拟杆菌门（Bacteroidetes）、疣微菌门（Verrucomicrobia）和蓝细菌门（Cyanobacteria）这 5 个门类组成。变形菌门的 γ-变形菌纲（Gammaproteobacteria）和 α-变形菌纲（Alphaproteobacteria）约占河口细菌群落相对丰度的 50%以上。SAR11 细菌是 α-变形菌纲中分布最为广泛的细菌类群；γ-变形菌纲为变形菌门中最大的类群，也是目前全球分布最为广泛、数量最为丰富的细菌类型。典型河口真菌群落主要由子囊菌门（Ascomycota）、壶菌门（Chytridiomycota）、隐真菌门（Cryptomycota）和担子菌门（Basidiomycota）这 4 个门类组成（Rojas-Jimenez et al.，2019）。

河口微生物群落组成的最大特征是存在季节演替现象，即随着时间推移，微生物群落种类依次更替的生态过程。以河口浮游微生物群落为例，溶解有机质（dissolved organic matter，DOM）的富集触发了浮游细菌的生长，有机质浓度和组成的季节性变化以及无机营养盐浓度的变化是浮游细菌演替的关键驱动因素（Chauhan et al.，2009）。在夏季河口水体分层现象明显的时期,由河流注入的大量营养物质可导致浮游植物和细菌的短期大量繁殖。在较大时空尺度范围内,微生物群落季节演替主要受海域物理化学因素与空间异质性的影响。而在物理化学条件相对稳定的较短时间段(如较小的空间尺度)内,生物相互作用正逐渐成为影响细菌种群动态的关键因素。

温度是反映不同纬度、海拔及季节梯度上河口环境差异的主要因子。众多研究表明,温度是影响河口微生物群落结构和组成的关键因子。例如美国切萨皮克湾不同季节之间浮游微生物群落结构发生明显变化,并存在季节演替现象。不同的细菌种类有着不同的生态最适温度,在最适温度下,细菌表现出最大的适合度。因此温度可能对水体细菌群落组成具有选择作用。细菌的生物过程(包括繁殖速率、扩散作用、物种间的相互作用、基因的突变、适应进化及物种的形成)均受到温度的调控,且随着温度升高细菌的生物过程加剧。

盐度是河口地区变化最明显的理化因子,微生物群落如何适应河口地区剧烈变化的盐度条件一直是河口微生物群落生态适应机制的研究热点。Selje 和 Simon(2003)发现德国威悉河河口地区浮游微生物群落和颗粒附着微生物群落结构与盐度呈高度相关性。Troussellier 等(2002)以法国罗讷河河口地区为研究对象,发现淡水区细菌的亮氨酸代谢酶活性显著增加,可能与细菌通过合成亮氨酸代谢相关蛋白抵御外界盐度变化有关。与大型生物不同的是,自然水体细菌的多样性随着水体盐度增加并未呈现减少趋势;细菌在高盐度水体中的高度分化是其多样性显著增加的重要机制。

第四节　国内河口微生物研究进展

国内河口微生物的研究主要集中在大河口区,如长江河口、珠江河口和黄河河口等。

一、长江河口微生物研究

长江河口微生物的系统性研究自 21 世纪初便已开展。与大多数海洋区域一样,长江河口细菌群落主要以 α-变形菌和 γ-变形菌为主,其中 α-变形菌主要分布在长江河口及滨海区域的水体中,γ-变形菌则主要分布在长江河口及滨海区域的沉积物中。长江河口细菌群落多样性因栖息环境不同而呈现差异。以香农-维纳多样性指数(Shannon-Wiener's diversity index)(以下简称香农指数)为例,水体浮游细菌群落的香农指数均值为 3.10,沉积物细菌群落的香农指数均值为 5.96,而生物膜细菌群落的香农指数均值为 7.12。类似地,微塑料附着细菌群落在长江口及毗邻海域具有生物地理分布格局,其 α 多样性受到季节因素的显著影响。以上研究(Feng et al., 2009; Ye et al., 2016; Guo et al., 2017; 江沛霖,2018)

表明长江河口细菌群落的种群差异具有空间异质性，并受到季节因素影响。

对于长江河口环境变化对微生物群落的影响，大量研究（Zhang & Jiao，2007；Chung et al.，2015；Chi et al.，2017；Wang Y et al.，2017）表明，长江河口细菌群落动态变化受温度和盐度共同支配。温度与长江河口大多数浮游细菌优势类群丰度呈正相关关系，水温的升高进一步促进某些类群如聚球藻属（*Synechococcus*）快速生长，进而引起其他异养细菌如放线菌、α-变形菌和γ-变形菌等的增殖，从而改变长江河口浮游细菌群落的组成和多样性。盐度梯度变化是长江河口水环境变化的最主要特征之一。研究（施瑾欢，2009；路兴岚等，2013；Hu et al.，2016；陈星，2019；高娟，2019；郭行磐，2019；Wang et al.，2019；Zhao et al.，2020）表明，盐度是驱动长江河口沉积物微生物群落结构变化的主要环境因子。盐度可改变反硝化细菌和氨氧化细菌的数量、丰度、多样性和分布，从而影响长江河口氮循环过程。在长江河口高盐度区域，水体溶解氧和持久性有机污染物多环芳烃（PAHs）溶解度降低，微生物细胞表面对底物的亲和力也随之降低，从而抑制微生物群落对 PAHs 的代谢活性。与此同时，高盐度环境可促进沉积物释放大量金属离子从而导致细菌死亡，并在活性氧作用下，导致抗生素抗性基因（antibiotic resistance genes，ARGs）丰度的大幅度下降。

总体上，长江河口微生物的研究相对成熟，其群落组成多样性和响应环境变化的动态过程也较为清楚。未来长江河口微生物研究方向将侧重于河口海岸动力过程中微生物驱动的生物地球化学过程，在阐明长江河口微生物群落的结构和功能、演替与多样性的基础上，揭示在陆海交互作用下河口微生物群落形成及其环境互作机理。

二、珠江河口微生物研究

珠江河口微生物群落研究同样始于 21 世纪初。与长江河口类似，珠江河口细菌群落也以 α-变形菌和 γ-变形菌为主，其多样性也因栖息环境不同而呈现差异。以香农指数为例，珠江河口水体浮游细菌群落的香农指数均值为 6.37，沉积物细菌群落的香农指数均值为 8.72；与长江河口不同的是，珠江河口生物膜细菌群落的香农指数均值为 6.53，介于水体和沉积物之间。近年来，珠江河口微生物群落研究主要集中在以下三个方面。

一是探明珠江河口微生物群落结构时空分布特征，探寻微生物群落多样性受重金属、多环芳烃以及抗生素等污染物胁迫程度，挖掘微生物群落在环境监测中的评价潜力。珠江下游流经珠江三角洲经济发达地区，干流、河网以及河口等河段每年都接收陆地径流带来的多种污染物，如重金属、多环芳烃、农药以及工农业污水等，给珠江下游生态环境造成极大的环境负荷，严重威胁沿岸地区人们的生产生活。Chen 等（2015）对珠江下游至河口水体及沉积物的 ARGs 分布进行研究，发现磺胺类 ARGs 由河网至河口呈梯度分布，其中河网等受人类活动影响明显的站位的 ARGs 浓度偏高，表明珠江下游水体和沉积物的微生物群落受人类影响明显。另外，Chen 等（2013）借助宏基因组学测序技术，发现珠江三角洲河网沉积物富含常见抗生素如磺胺二甲嘧啶、诺氟沙星、氧氟沙星、四环素和红霉素的抗性基因，而南海北部沉积物则富含大环内酯类抗性基因。除此之外，重金属、多环芳烃等污染物能够形成协同作用，共同影响珠江下游微生物群落动态变化。Xu 等（2015）将从珠江三角洲河网区多个站位采集的沉积物进行微生物原位培养，发现通过在沉积物添加高浓度硝酸盐，能够显著引起降解多环芳烃类微生物的显著增殖。以上研究结果表明，微生物群落结构的时空分布和动态变化能够对河流水体和沉积物的污染物产生响应，通过研究珠江河口微生物群落结构和功能特征，有助于了解珠江河口污染物含量和分布的动态变化，以及评价珠江河口下游污染物降解能力。

二是揭示珠江河口微生物群落结构组成，阐明微生物群落多样性与氮循环过程的相互联系，以及探寻微生物群落动态变化在消除珠江河口氮污染的潜在能力。珠江河口流经珠江三角洲经济发达地区，一方面接收从陆地径流带来的大量活性氮，积聚附着在沉积物上，形成"氮汇"；另一方面，这些沉积物借助微生物群落介导的氮循环过程，大量硝酸盐和亚硝酸盐等含氮化合物借助水流作用释放，形成"氮源"，容易引起水体富营养化，威胁水生生态系统。目前，已有许多关于珠江河口氮循环微生物群落的研究。蔡小龙等（2012）借助 ^{15}N 稳定性同位素对珠江三角洲养殖水体中参与氮循环的微生物群落进行标记，发现这些微生物群落绝大部分由丛毛单胞菌属（Comamonas）、亚硝化单胞菌属（Nitrosomonas）和肠杆菌科（Enterobacteriaceae）等的变形菌，以及奇古菌门（Thaumarchaeota）、泉古菌门（Crenarchaeota）和广古菌门（Euryarchaeota）等的古菌组成。Li Z X 等（2013）借助定量 PCR 和克隆文库等技术，对珠江三角洲水体和沉积物中氨氧化古菌（ammonia-oxidizing archaea，AOA）群落多样性进行调查，发现不同生境的微生物群落多样性差异很大，而且这些古菌群落结构与温度、盐度等环境因子高度相关。王玉萍等（2012）采用现场调查和实验室模拟的方法，研究了珠江河口红树林、芦苇和光滩表层湿地沉积物氨氧化细菌（ammonia-oxidizing bacteria，AOB）的分布、硝化强度及其主要影响因素，结果表明盐度和 pH 对沉积物硝化强度影响最为显著，较高的盐度和较低的 pH 对硝化过程有明显的抑制作用。研究河口地区微生物群落结构和功能，有助于解读和预测珠江河口氮循环等生态功能动态变化等信息，为珠江河口制定氮污染消除措施提供基础研究数据。

三是揭示珠江河口微生物群落结构季节性和空间性变化特点，阐明盐度等理化因子对微生物群落结构动态变化的影响程度以及微生物群落对珠江下游地区理化因子动态变化的生态适应机制。盐度是河流下游地区变化最明显的理化因子之一，微生物群落如何适应下游剧烈变化的盐度条件一直是河流环境微生物群落生态适应机制的研究热点。Xie等（2014）借助 16S rDNA 测序技术对珠江下游（北江支流上的飞来峡大坝）至南海近岸地区（万山群岛）沉积物古菌群落结构进行分析，认为盐度是驱动这一群落结构动态变化的主要环境影响因子。Wang Y 等（2012）也有类似的发现，在珠江下游淡水区的沉积物富含酸杆菌（Acidobacteria）、硝化螺旋菌（Nitrospira）、疣微菌（Verrucomicrobia）、α-变形菌和 β-变形菌，而海水区沉积物则以 γ-变形菌和 δ-变形菌（Deltaproteobacteria）为主。当然，盐度并非影响河流微生物群落结构和功能的唯一理化因子。在珠江下游河流、河口和滨海生态系统中，普遍发现浮游细菌群落组成随温度变化的季节性变化（Sun et al.，2017）。除此之外，营养盐和溶解氧也是影响珠江河口浮游微生物群落变化的重要因素。珠江河口水体中厌氧氨氧化细菌丰度与溶解氧呈负相关性。珠江河口上游淡水区域高浓度的营养盐使 α-变形菌纲的鞘氨醇单胞菌目得到富集，而 β-变形菌纲的嗜甲基菌目在富氧水体中分布占优。珠江下游复杂多变的环境条件影响微生物群落多样性，探寻影响微生物群落结构和功能的显著影响因子，有助于了解珠江下游微生物群落的生态适应机制。

在珠江河口微生物群落多样性研究方面，国内外学者给予很多关注，从群落结构时空分布到功能基因表达变化等不同角度，对珠江下游微生物群落多样性进行研究，为珠江河口微生物群落结构和功能多样性研究提供前期研究基础，也为后续珠江河口生态环境保护提供基础数据。

第五节　珠江三角洲河网浮游细菌

珠江三角洲河网主要由西江、北江、东江的干流和支流汇聚而成，河道密布，流经广州及周边城市的居民区及工农业生产区。由于受季风气候的影响，珠江流域降水量约80%集中在丰水期，水资源时空分布极不均匀。珠江三角洲河网流域面积仅占珠江水系的 5.91%，但废污水排放量约占总排污量的 50%。对珠江三角洲河网区的监测发现，该区域许多水体总氮含量长期处于劣Ⅴ类水平，总磷含量一直处于Ⅱ～Ⅲ类水平。在四季中，冬季的降水量最少，径流量等自然因素对珠江三角洲河网的干扰作用降到最弱，而人为作用对环境的影响则较为突出。水质的改变不仅影响浮游生物、鱼类和其他底栖生物的生存状态和种群资源量，也会对浮游细菌的群落结构产生影响。本节以珠江三角洲河网为研究区域，基于2016—2018年调查数据和采集样本，对浮游细菌群落的组成、多样性，以及其组成与环境因子的关系进行了分析。

一、珠江三角洲河网浮游细菌群落组成

珠江三角洲河网浮游细菌群落主要由变形菌门、放线菌门、拟杆菌门、厚壁菌门（Firmicutes）和蓝细菌门组成，其中β-变形菌纲和γ-变形菌纲是珠江三角洲河网浮游细菌群落的优势类群[图 3-1（a）]，相对丰度分别为 23.52%和 21.54%，而放线菌纲（Actinobacteria）、α-变形菌纲和黄杆菌纲（Flavobacteriia）的相对丰度依次为 11.67%、8.99%和 4.28%。

珠江三角洲河网浮游细菌群落组成存在明显的时空差异。如图 3-1（b）所示，在丰水期（2016 年 6 月），芽孢杆菌（Bacillus）和蓝细菌的相对丰度普遍高于枯水期（2016 年 12 月、2017 年 11 月和 2018 年 1 月），其中小榄的芽孢杆菌丰水期/枯水期的相对丰度差异倍数（取对数，下同）为 2.60，珠江桥的蓝细菌丰水期/枯水期的相对丰度差异倍数为 1.81。在枯水期，ε-变形菌（Epsilonproteobacteria）、拟杆菌、γ-变形菌和黄杆菌的相对丰度普遍高于丰水期，其中珠江桥的 ε-变形菌丰水期/枯水期的相对丰度差异倍数为–1.56，新围的拟杆菌丰水期/枯水期的相对丰度差异倍数为–1.13，小榄的 γ-变形菌丰水期/枯水期的相对丰度差异倍数为–0.88，榄核的黄杆菌丰水期/枯水期的相对丰度差异倍数为–0.89。

变形菌门、放线菌门、拟杆菌门是珠江三角洲河网的优势类群，这与淡水生态系统的典型类群一致。Zwart 等（2002）以不同的河流和湖泊作为研究对象，利用 16S rRNA 基因分析淡水生态系统中的浮游细菌，发现变形菌门、蓝细菌门、放线菌门和疣微菌门以及拟杆菌门中的黄杆菌纲是典型的淡水细菌类群，并且认为河流和湖泊的浮游细菌群落不同于土壤、沉积物等邻近环境中的细菌群落。

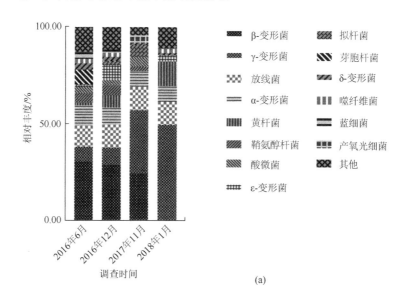

(a)

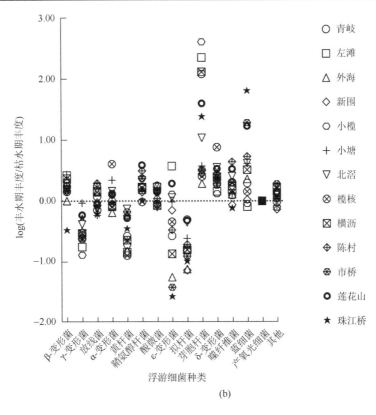

(b)

图 3-1　珠江三角洲河网浮游细菌群落组成（纲级别）

二、珠江三角洲河网浮游细菌群落多样性

珠江三角洲河网浮游细菌群落存在明显的时空差异，丰水期和枯水期细菌群落组间差异明显。珠江三角洲河网浮游细菌群落 α 多样性指数结果表明（表 3-1），香农指数介于 6.23 与 7.95 之间，平均值为 7.21；Chao1 丰富度估计量（Chao1 richness estimator）（以下简称 Chao1 指数）介于 627.77 与 2889.31 之间。

表 3-1　珠江三角洲河网浮游细菌群落香农指数和 Chao1 指数

时间	香农指数	Chao1 指数
2016 年 6 月	7.90±1.07	2889.31±788.39
2016 年 12 月	7.95±0.52	2549.54±569.33
2017 年 11 月	6.78±0.29	627.77±28.49
2018 年 1 月	6.23±0.71	638.56±97.15

非度量多维尺度（nonmetric multidimensional scaling，NMDS）分析和相似性分析

（analysis of similarities，ANOSIM）可用于分析微生物群落 β 多样性。珠江三角洲河网浮游细菌群落 β 多样性指数结果表明，珠江三角洲河网浮游细菌群落存在明显的时空差异（R = 0.876，P = 0.001）（图 3-2）。利用 ANOSIM 分析对 NMDS 分析结果进行检验（表 3-2），将样品按照水期（丰水期、枯水期）进行分组，组间存在较大差异（R = 0.163，P = 0.001）；按照站位进行分组，组间同样存在差异（R = 0.036，P = 0.02）。这进一步表明了珠江三角洲河网浮游细菌群落存在时间上和空间上的显著差异。

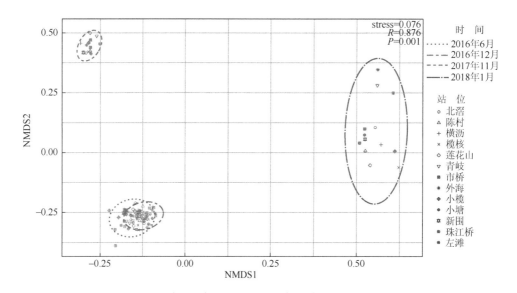

图 3-2　珠江三角洲河网浮游细菌群落的 NMDS 分析

注：stress 为胁强系数，用于反映 NMDS 分析确定的排序点与原始 N 个实体相似性排序的一致程度，即 NMDS 分析的拟合优度，stress 值越小，表示拟合度越好。stress＜0.15，表示拟合度可接受；stress≥0.15，表示拟合度差。

表 3-2　珠江三角洲河网浮游细菌群落的 ANOSIM 分析

分组	R	P
水期（丰水期、枯水期）	0.163	0.001
站位	0.036	0.02
水期×站位	0.876	0.001

注：丰水期为 2016 年 6 月；枯水期为 2016 年 12 月、2017 年 11 月、2018 年 1 月。

三、影响珠江三角洲河网浮游细菌群落组成的环境因子

冗余分析（redundancy analysis，RDA）是一种约束化的主成分分析的排序方法，可用于检验微生物群落矩阵和环境变量矩阵的线性相关显著性。RDA 结果如图 3-3 所示，第一排序轴（RDA1）和第二排序轴（RDA2）对珠江三角洲河网浮游细菌群落组成变化的解释率分别为 33.14% 和 28.02%，其中 SiO_3^{2-} [r_{RDA1}（RDA1 相关系数）= 0.979，

$R = 0.635$，$P = 0.001$］、TP（$r_{RDA1} = 0.961$，$R = 0.427$，$P = 0.001$）、WT（$r_{RDA1} = -0.961$，$R = 0.273$，$P = 0.001$）、ORP（$r_{RDA1} = -0.985$，$R = 0.434$，$P = 0.001$）、PO_4^{3-}（$r_{RDA1} = 0.927$，$R = 0.240$，$P = 0.001$）、pH（$r_{RDA1} = 0.822$，$R = 0.237$，$P = 0.001$）和 DO（$r_{RDA1} = 0.814$，$R = 0.055$，$P = 0.013$）是影响珠江三角洲河网浮游细菌群落组成的主要环境因子。基于距离矩阵的非参数统计方法曼特尔检验（Mantel test），可用于检验单一或多个环境因子与微生物群落的相关性。经曼特尔检验（表 3-3），SiO_3^{2-}（$R = 0.49$，$P = 0.001$）、TP（$R = 0.34$，$P = 0.001$）、WT（$R = 0.25$，$P = 0.001$）、ORP（$R = 0.22$，$P = 0.001$）、PO_4^{3-}（$R = 0.18$，$P = 0.001$）、pH（$R = 0.15$，$P = 0.001$）和 DO（$R = 0.10$，$P = 0.012$）均为显著影响珠江三角洲河网浮游细菌群落组成的主要环境因子。

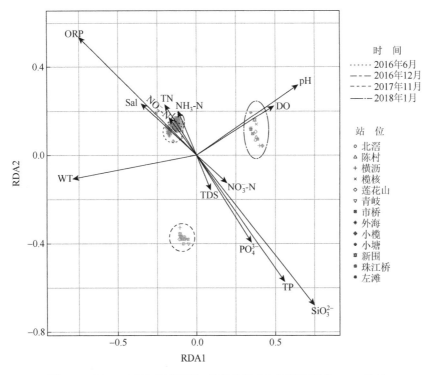

图 3-3　珠江三角洲河网浮游细菌群落组成与环境因子的 RDA 结果

表 3-3　珠江三角洲河网浮游细菌群落组成与环境因子的曼特尔检验

环境因子	R	P
WT	0.25	0.001[*]
Sal	0.02	0.253
TDS	0.02	0.269
pH	0.15	0.001[*]
ORP	0.22	0.001[*]
DO	0.10	0.012[*]

续表

环境因子	R	P
TP	0.34	0.001^*
TN	−0.05	0.901
PO_4^{3-}	0.18	0.001^*
NO_3^--N	−0.03	0.773
NO_2^--N	0.05	0.082
NH_3-N	−0.04	0.780
SiO_3^{2-}	0.49	0.001^*

注：*表示显著相关（$P<0.05$）。

皮尔逊相关（Pearson correlation）分析结果如表 3-4 所示，WT（$R=0.45$，$P<0.01$）、ORP（$R=0.45$，$P<0.01$）与 β-变形菌相对丰度均呈极显著正相关关系，SiO_3^{2-}（$R=-0.55$，$P<0.01$）、pH（$R=-0.44$，$P<0.01$）、TP（$R=-0.41$，$P<0.01$）和 PO_4^{3-}（$R=-0.24$，$P<0.01$）与 β-变形菌相对丰度均呈极显著负相关关系；SiO_3^{2-}（$R=0.72$，$P<0.01$）、TP（$R=0.62$，$P<0.01$）和 PO_4^{3-}（$R=0.49$，$P<0.01$）与 γ-变形菌相对丰度均呈极显著正相关关系，ORP（$R=-0.60$，$P<0.01$）、WT（$R=-0.32$，$P<0.01$）和 Sal（$R=-0.31$，$P<0.01$）与 γ-变形菌相对丰度均呈极显著负相关关系。

表 3-4　珠江三角洲河网浮游细菌群落优势种相对丰度与环境因子的皮尔逊相关分析

环境因子	R	
	β-变形菌	γ-变形菌
WT	0.45^{**}	-0.32^{**}
Sal	0.21^*	-0.31^{**}
TDS	−0.01	0.09
pH	-0.44^{**}	0.17^*
ORP	0.45^{**}	-0.60^{**}
DO	-0.21^*	0.06
TP	-0.41^{**}	0.62^{**}
TN	0.17^*	−0.12
PO_4^{3-}	-0.24^{**}	0.49^{**}
NO_3^--N	−0.12	0.15
NO_2^--N	0.15	−0.07
NH_3-N	0.14	−0.07
SiO_3^{2-}	-0.55^{**}	0.72^{**}

注：*表示显著相关（$P<0.05$）；**表示极显著相关（$P<0.01$）。

自然条件（WT、ORP、pH、DO）和营养盐（SiO_3^{2-}、TP、PO_4^{3-}）均能显著影响珠江三角洲河网浮游细菌群落组成，其中温度是影响珠江三角洲河网浮游细菌群落结构及丰度季节变化的主要自然环境因子。在本节中，β-变形菌和 γ-变形菌的相对丰度分别与温度呈极显著正相关关系和极显著负相关关系，表明随着温度的变化，β-变形菌与 γ-变形菌的相对丰度都有显著变化的趋势。每种细菌都有自己的最适温度范围，因此温度可影响细菌的生长速率和新陈代谢，丰水期水温高，适宜大部分细菌生长，而枯水期水温相对较低，会抑制细菌的增殖和代谢，从而抑制部分种类细菌生长。在适宜的温度范围内，随着温度升高细菌的生产力大大增加，不同细菌类群的最适生长温度不同，处于最适温度的细菌生产力是处于其他温度时的 2～11 倍。低温作为一种环境压力在冬季影响着微生物的群落结构及活性。在本节中，γ-变形菌在温度较低环境下的相对丰度要高于温度稍高环境下的相对丰度，这与在黄河三角洲观察到的情况（Han et al.，2012）相似，表明 γ-变形菌对低温的耐受性较强，在低温环境中具有较强的竞争能力。

ORP 是影响珠江三角洲河网浮游细菌群落组成的另一主要自然因素。ORP 表现了水体的氧化性与还原性，是河流水体受污染程度的重要指标。相对丰度与 ORP 呈正相关关系的细菌适宜生存在氧化性较强的环境中，如硝化细菌等。在珠江三角洲河网，ORP 的变化范围为 31.5～185.3 mV（2016—2018 年），β-变形菌的相对丰度随着 ORP 的升高而显著增加。pH 是影响珠江三角洲河网浮游细菌群落组成及多样性的重要环境因子，其对细菌的多样性及群落结构的显著影响在多种生态系统中均有体现。在中性或碱性培养基中接种湖泊细菌的实验研究（Langenheder et al.，2005）发现，酸性湖泊的细菌在培养基中的生长受到抑制，表明了细菌对不同 pH 的偏好。在珠江三角洲河网，pH 的变化范围为 7.56～8.55（2016—2018 年），β-变形菌的相对丰度随着 pH 的增加而显著降低。DO 是影响珠江三角洲河网浮游细菌群落时空分布的重要因素。DO 与部分河网站位的浮游细菌相对丰度呈正相关关系（图 3-3）。吴娅等（2015）对三峡库区典型支流的研究也发现，DO 是影响该水域浮游细菌丰度空间分布的主要限制因子；不同细菌的最适需氧量不同，DO 浓度高，适宜好氧菌生长，反之适宜厌氧菌生长。Newton 等（2011）的研究发现，放线菌的丰度往往随着氧浓度的降低而降低。

营养盐（SiO_3^{2-}、TP、PO_4^{3-}）是影响珠江三角洲河网浮游细菌群落的主要人为干扰因素。RDA 结果显示，SiO_3^{2-}、TP 和 PO_4^{3-} 与 2016 年珠江三角洲河网浮游细菌群落组成呈负相关关系，并显著影响珠江三角洲河网浮游细菌优势类群 β-变形菌和 γ-变形菌的相对丰度。水体 SiO_3^{2-} 浓度通常被认为与浮游藻类的生物量和种类组成密切相关，并且通过与水文条件、藻类种群等各种要素结合，间接影响浮游细菌群落组成，以西北大西洋为例，WT、NO_3^-、小型藻类及聚球藻的丰度，这些因子的组合对浮游细菌群落的年际变化解释率最高（El-Swais et al.，2015）。类似地，黄海春季水华期间浮游细菌群落组成与 SiO_3^{2-} 显著相关，表明 SiO_3^{2-} 可能通过引起浮游藻类种群变化，进而间接影响浮游细菌群落组成（Liu et al.，2013）。磷（TP 和 PO_4^{3-}）一直以来被认为是影响珠江河口浮游生物的限制性营养因子，这种限制性作用主要受珠江径流年际变化的调节。一方面，枯水期的垂直混合作用促使表层水体磷水平上升；另一方面，丰水期河流径流量的上升可引起河口河网地区水体出现分层现象，从而有利于悬浮颗粒物沉降，提高水体光照强度，进而引起浮游藻类和浮游细菌（如蓝细菌）的大量繁殖，消耗水体中大量的磷。

在本节中，珠江三角洲河网浮游细菌群落组成受自然条件（WT、ORP、pH、DO）和营养盐（SiO_3^{2-}、TP、PO_4^{3-}）的共同影响，表明影响珠江三角洲河网浮游细菌群落组成的环境因素相对复杂。

第四章 珠江三角洲河网浮游植物

第一节 江河浮游植物研究进展

一、不同类型水生生态系统浮游植物研究相对贡献

基于文献计量学的分析结果，6 个主要水生生态系统（江河、湖泊、水库、海洋、海湾和河口）与其他水体（包括其他水生生态系统和其他研究领域）的浮游植物研究相对贡献的时间变化如图 4-1 所示。结果表明，1991—2013 年，6 个水生生态系统的浮游植物论文发表数量对浮游植物论文发表总数的贡献率最高（＞80%），其占比在 20 多年间呈现略微上升的趋势；不同水生生态系统浮游植物研究的相对贡献保持稳定，其中海洋生态系统的论文数所占比例最大（约 50%），淡水生态系统（江河、湖泊、水库）的论文数占比在 25% 左右波动，江河生态系统的论文数占比略有增加。

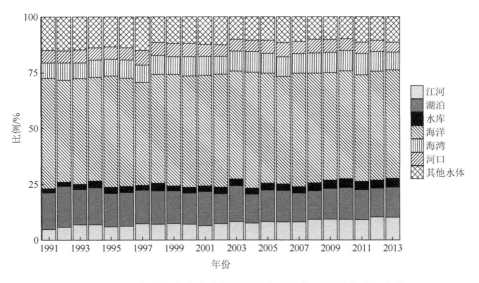

图 4-1　不同类型水生生态系统浮游植物研究相对贡献的时间变化

二、江河浮游植物的研究进展分析

1991—2016 年，江河浮游植物论文发表总数为 13 434 篇。论文发表数量在 2002 年以前呈稳步增长的趋势，在 2002 年以后则迅速增长，在 2016 年达到了 1000 篇（图 4-2）。

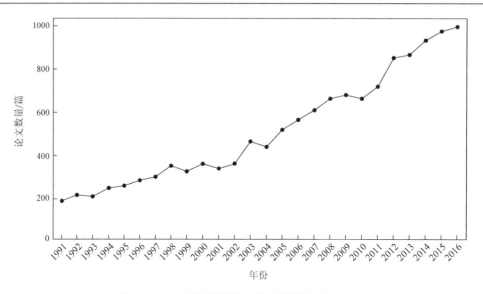

图 4-2　江河浮游植物论文发表数量的时间变化

图 4-3 显示了对江河浮游植物论文产出贡献最大的前 20 个国家及其合作网络，表 4-1 列出了前 10 个国家的详细情况。美国贡献了最多的产出（31.5%），在国际合作网络中发挥了重要作用。中国的产出排名第二，但合作比例高于美国。前 20 名中有一半来自欧洲，而且他们经常合作，其中法国、德国、英国三国对国际合作的贡献率均超过 50%。

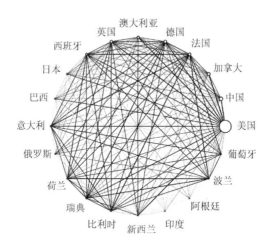

图 4-3　江河浮游植物论文发表数量排名前 20 国家的排序与相关性

表 4-1　最具论文生产力的 10 个国家

国家	论文数量/篇	排名（占比[①]/%）	合作论文数量/篇（排名）	单一国家论文数量/篇（排名）	合作论文占比/%
美国	4232	1（31.5）	1084（1）	3148（1）	25.6
中国	1313	2（9.8）	459（2）	854（2）	35.0
加拿大	931	3（6.9）	399（6）	532（3）	42.9

续表

国家	论文数量/篇	排名（占比[①]/%）	合作论文数量/篇（排名）	单一国家论文数量/篇（排名）	合作论文占比/%
法国	827	4（6.2）	414（4）	413（5）	50.1
德国	805	5（6.0）	458（3）	347（6）	56.9
澳大利亚	770	6（5.7）	301（8）	469（4）	39.1
英国	720	7（5.4）	403（5）	317（10）	56.0
西班牙	641	8（4.8）	315（7）	326（9）	49.1
日本	509	9（3.8）	178（12）	331（8）	35.0
巴西	496	10（3.7）	158（14）	338（7）	31.9

注：①指在 1991—2016 年发表的江河浮游植物论文总数（13 434 篇）中所占的比例。

江河浮游植物论文中前 20 个高频关键词及其相关性如图 4-4 所示。关键词"浮游植物"与"营养盐"和"浮游动物"密切相关，"着生藻类"和"硅藻"与"溪流"密切相关，"磷"与"氮"的相关性最强。

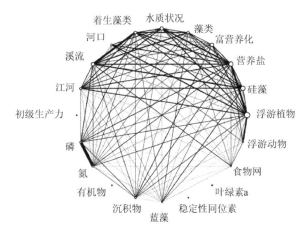

图 4-4　江河浮游植物论文前 20 个高频关键词的排序与相关性

江河浮游植物论文中具有上升趋势的前 50 个高频关键词如图 4-5 所示。所有关键词分为以下四类：①研究区域，包括"江河""溪流""河口""沉积物""中国海""水库""湖泊""淡水"；②研究内容，包括"浮游植物""硅藻""藻类""大型浮游植物""微藻""着生藻类""初级生产力""蓝藻""叶绿素 a""食物网""浮游动物""细菌""叶绿素""有机碳""藻华""大型无脊椎动物""生物膜""鱼类""分类学""多样性""群落结构""生物量""底栖藻类""分布""生态"；③环境，包括"营养盐""富营养化""磷""氮""有机物""气候变化""盐度""重金属""营养盐限制""颗粒物""污染物"；④研究方法，包括"稳定性同位素""模型""框架指令""监测""遥感""生物监测"。

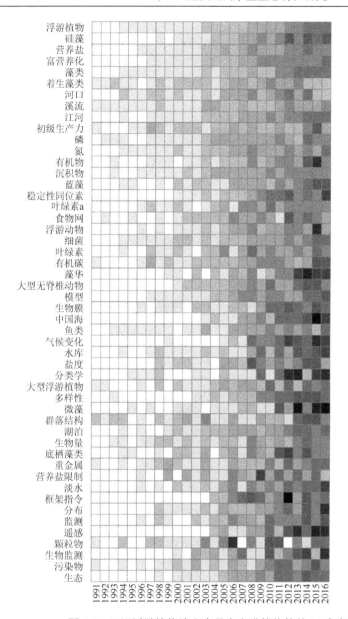

图 4-5　江河浮游植物论文中具有上升趋势的前 50 个高频关键词

三、江河浮游植物研究趋势分析和预测

（一）论文产出趋势

随着时间的推移，江河浮游植物论文产出总体上呈上升趋势，这与其他研究领域的基本增长规律相符（Li et al.，2009；Larsen & von Ins，2010；Zhang et al.，2010；Yi & Jie，2011；Liao & Huang，2014）。2002 年之后论文产出的快速增长可能是由于《欧盟水框架指令》（*The EU Water Framework Directive*）的实施（2000—2015 年），提供了一个自然

水域可持续发展的框架结构。这一指令在最初几年似乎没有发挥有效作用，因为不同国家的实际情况不同，他们需要时间为项目做准备。

随着科学技术的全球化，国际合作对于促进实地研究的重要性越来越大。Frame 和 Carpenter（1979）指出，发表国际合作论文是评价国际科技合作最有效、最直观的方法。地理位置是否相邻是影响国际合作的一个重要因素（Wang et al.，2015）。例如，五大湖盆地（Great Lakes Basin）横跨美国和加拿大，相关研究可以促进两国的合作（Biddanda et al.，2006；Lunetta et al.，2010）。美国不仅与邻国加拿大建立了强有力的合作关系，而且还与遥远的中国和澳大利亚建立了强有力的合作关系。这种国际合作有利于在更大的空间范围内比较生态系统的反应，以找到解决同样问题的共同模式和共同办法。《欧盟水框架指令》在欧洲的实施为国际范围的合作研究提供了一个很好的范例，江河浮游植物论文发表数量排名前 20 的国家中有 50% 来自欧洲，欧洲国家之间的频繁合作是显而易见的。这给其他地理邻国，如亚洲国家之间的合作带来了启示。最终的趋势是全世界逐步发展一致的水资源评价和管理。

（二）研究方向趋势

江河是将营养物质和污染物从陆地输送到海洋的水流带。在这一过程中，湖泊、水库、溪流、江河、河口、海洋等不同的水生生态系统可以在一定程度上相互联系、相互作用。江河流量在调节非生物变量（如养分和光有效性）和生物变量（Domingues et al.，2012），以及初级生产和次级生产（Schemel et al.，2004）方面起着至关重要的作用。无管制江河中的流量及与水流量（江河流量）直接相关的变量（包括流速和停留时间，以及稀释和平流过程）对生物动力学有重大影响（Salmaso & Zignin，2010；Wang et al.，2014）。世界上一半以上的主要江河生态系统受到水坝的影响（Nilsson et al.，2005）。尽管水坝的建设对经济发展（如供水、灌溉、电力、航运和休闲）非常重要，但水坝的建设对江河的自然水文条件产生了严重和不可逆转的影响，改变了江河栖息地的质量（由于热应力、低溶解氧，以及营养循环）和整个生物动力学（Bednarek & Hart，2005；Agostinho et al.，2008；Nunes et al.，2015）。此外，由于这条水上运输带已经支离破碎，不同水生生态系统之间的联系也受到了影响。目前，水库蓄水排放是缓解上游水库和下游河道富营养化状况的最常用途径（Jeong et al.，2007；Morais，2008；Mitrovic et al.，2011）。有效排放时间和有效排放量可以通过使用模型预测浮游植物的动态来确定（Jeong et al.，2007）。例如，模型模拟表明，50 $m^3/(s\cdot d)$ 的流量足以避免葡萄牙南部瓜迪亚纳河口的蓝藻水华（Chícharo et al.，2006）。此外，一些学者还通过浮游植物群落组成的变化推测了湖泊-江河系统过渡带的长度（Yu et al.，2017）。研究结果不仅为江河生态系统健康评价和生态恢复提供了科学依据，而且对坝址选择具有实际意义。然而，河坝的连锁反应仍然鲜有报道。在香溪河（吴乃成等，2007；申恒伦等，2012），以及澜沧江-湄公河流域（Li J P et al.，2013）进行的研究表明，梯级开发的影响远远大于单个大坝，并且影响可以从上游到下游累积。此外，还对不同江河之间不同破碎程度的影响进行了预测，并将在未来进行讨论。

气候变化和淡水生态系统水质下降（如富营养化和藻华）一直与人类的密集活动密切相关（Rühland et al.，2008）。从 20 世纪初到现在，研究淡水藻类和利用藻类进行生物评估被认为是两个重要的新的研究领域（Wu et al.，2017）。浮游植物越来越多地被用作溪流和江河中可靠的环境指标（Wu et al.，2012），不仅因为生命周期短，对环境变化的敏感性高，而且因为取样的便利性和世界分布的广泛性（Stevenson et al.，2010；Dong et al.，2015；Wu et al.，2017）。因此，许多基于微藻的评价方法在全球范围内得到了发展。其中一些方法是基于群落组成、生态偏好和/或群落内物种或分类群的耐受性，如污染敏感指数（Kelly et al.，1995）、营养硅藻指数（Kelly & Whitton，1995）和 Q 指数（Borics et al.，2007）。另一些方法则基于藻类多样性，如香农指数（Shannon & Weaver，1949）和辛普森多样性指数（Simpson，1949）。然而，这两种指数并不总是成功的，因为它们常常忽略淡水环境受到来自全球变化的复杂的、混合的压力。还有一些人将以上两种指标结合起来，建立了多指标指数，如生物完整性指数（Karr，1981）。这些混合方法在淡水生态系统风险评估和管理中越来越受到研究者的青睐。然而，所有这些方法都是定量的，并且针对单一压力源开发的指标的使用是不充分的（Wu et al.，2017）。近年来，在淡水生态系统生物监测和生物多样性保护中应用性状的优势被频繁报道（Arthington et al.，2010；Gallardo et al.，2011；Lange et al.，2011；Soininen et al.，2016）。这种方法有许多优点（Wu et al.，2017），但最重要的是，它结合了定性（如生命形式和固氮）和定量（如细胞大小和硅藻性状）两种方法来处理复杂的压力源混合物（Baattrup-Pedersen et al.，2016）。此外，不同地理区域的不同分类组成可以转移到相似的性状互补上（Van den Brink et al.，2011）。不同于传统的基于分类的方法，Wang C 等（2017）比较了珠江中主要丝状硅藻——颗粒沟链藻（*Aulacoseira granulata*）的定性形态参数（弯曲的细丝和末端的刺的比例）和定量形态参数（细胞和细丝大小）并以此作为生物指标。该研究发现，单一的定性参数也可以是一个很好的生物指标，可以通过量化的方式记录时间或空间的变化（如发生比例值）。因此，基于性状的方法在未来仍有可能得到实现和发展。

在许多水生生态系统中，浮游植物构成食物网的基础，其丰富度和组成决定了食物的数量和质量，以支持更高营养水平的生物，如浮游动物和鱼类（Wehr & Descy，1998；

Cloern et al.，2014；Kraus et al.，2017）。溪流和江河中的食物网通常很复杂，包括陆地生态系统和水生生态系统的各个方面（Guo et al.，2016）。碳和氮的稳定性同位素分析已成功用于追踪水生食物网中有机物的来源和转移（Kaehler et al.，2000；Pinnegar & Polunin，2000；Careddu et al.，2015），从时间上和空间上综合洞察生物体之间的营养关系（Layman et al.，2012）。这项技术的应用基于这样一个假设：消费者组织中稳定性同位素的自然丰度和比值反映了被吸收的食物的丰度和比值，并且在同位素通过食物链传递的过程中，这些比值有可预测的变化（Park et al.，2013；Careddu et al.，2015）。江河和溪流中能量流动的一个基本问题是，食物网的基本组成部分是否主要由外来或本地来源驱动。根据消费者的摄入，如对肠道内容物和喂养行为的直接观察，陆地来源主要是燃料流食物网（Guo et al.，2016）。这得到了早期江河概念模型——江河连续体概念（Vannote et al.，1980）和洪水脉冲概念（Junk et al.，1989）的支持。然而，近年来，生物化学示踪剂的广泛应用，特别是稳定性同位素，新近的脂肪酸、氨基酸以及脂肪酸和氨基酸同位素的广泛应用，挑战了陆地优势源的观点，并突出了藻类食物源在溪流食物网中的重要性（Guo et al.，2016）。与陆地有机物相比，藻类是无脊椎动物的优质食物，因为它们的脂肪酸含量较高（Torres-Ruiz et al.，2007；Lau et al.，2009）。通过使用稳定性同位素、脂肪酸和化合物特异性稳定性同位素等多种生物化学示踪剂进行研究，已证明附生植物中的藻类成分是溪流食物网的主要基础成分（Lau et al.，2009；Descroix et al.，2010）。

浮游生物食物网由两条能量途径组成：光自养（基于浮游植物的）能量途径和异养（基于细菌的）能量途径（Meunier et al.，2016，2017）。真菌和细菌在特定条件下的作用似乎是决定水生食物网中陆地物质命运的主要过程。基于浮游植物的食物链通常被认为比基于细菌的食物链更有效地将能量和碳转移到更高的营养水平（Berglund et al.，2007；Brett et al.，2009）。因此，应优先查明影响藻类食物质量的最重要因素，并向江河管理者提供建议。进一步的实地调查和操作研究需要关注藻类食物质量如何随江河环境参数的梯度而变化。

第二节　珠江三角洲河网浮游植物群落生态特征

本节以珠江三角洲河网为研究区域，基于 2012 年调查数据和所采集样本，分析浮游植物群落结构组成、时空分布特征及其与环境因子的关系。

一、调查站位的理化环境特征

2012 年 13 个调查站位的理化环境特征如表 4-2 所示。总体显示，广州周边站位（珠江桥和莲花山）为一类，河网中部站位（小榄、小塘、北滘、榄核、横沥、陈村和市桥）为一类，西江沿线站位（青岐、左滩、外海和新围）为一类。西江沿线站位的河宽明显大于其他站位，营养盐含量较低；河网中部站位的河宽小于其他站位；广州周边站位的营养盐含量一般高于其他站位，但 SD 和 DO 明显低于其他站位，富营养化状况严重。

表 4-2　2012 年 13 个调查站位的理化环境特征（均值和标准偏差）

站位	经纬度	WT/℃	河宽/m	Sal/‰	pH	SD/cm	DO/(mg/L)	TN/(mg/L)	TP/(mg/L)	SiO_3^{2-}/(mg/L)	COD_{Mn}/(mg/L)
青岐	112°47'11.0"E 23°10'14.5"N	20.66± 6.90	280.0± 21.57	0.15± 0.06	7.89± 0.52	55± 20.82	6.28± 1.36	3.06± 0.64	0.18± 0.02	3.39± 0.41	4.35± 1.70
左滩	113°03'26.0"E 22°48'46.6"N	22.05± 8.08	1097.5± 118.50	0.14± 0.06	7.88± 0.52	56± 31.46	7.50± 1.62	3.74± 2.56	0.13± 0.03	3.85± 0.41	2.51± 0.63
外海	113°09'20.3"E 22°36'14.5"N	22.19± 8.49	1004.0± 111.00	0.14± 0.06	7.92± 0.35	44± 19.74	7.99± 1.44	2.43± 0.14	0.15± 0.05	3.91± 0.33	3.05± 1.17
新围	113°16'41.5"E 22°22'45.6"N	21.40± 6.99	550.0± 51.13	0.15± 0.07	7.92± 0.38	53± 14.43	7.35± 1.94	3.69± 2.39	0.20± 0.09	3.95± 0.51	2.56± 0.94
小榄	113°17'17.9"E 22°38'13.8"N	21.60± 7.65	357.0± 32.84	0.14± 0.06	7.83± 0.23	54± 20.56	7.31± 2.03	2.54± 0.51	0.12± 0.03	3.78± 0.36	2.96± 1.70
小塘	112°57'51.1"E 23°05'27.4"N	21.29± 8.10	238.5± 21.02	0.12± 0.06	7.87± 0.43	43± 29.86	6.85± 1.01	3.09± 0.77	0.19± 0.10	4.20± 0.24	3.08± 0.77
北滘	113°11'54.5"E 22°54'04.1"N	21.39± 7.88	616.0± 13.96	0.13± 0.06	7.75± 0.51	46± 27.20	7.07± 2.13	4.69± 3.32	0.15± 0.05	4.29± 0.71	3.35± 1.77
榄核	113°19'53.4"E 22°49'15.2"N	21.54± 7.53	175.0± 21.57	0.13± 0.07	7.88± 0.40	46± 24.96	6.79± 1.38	2.82± 0.46	0.15± 0.06	4.67± 0.55	2.49± 0.35
横沥	113°29'02.2"E 22°44'05.4"N	21.53± 6.89	299.5± 15.55	0.14± 0.09	7.70± 0.27	48± 17.08	6.92± 1.69	3.18± 0.18	0.16± 0.06	3.54± 0.40	3.71± 1.66
陈村	113°14'55.7"E 22°58'15.1"N	21.44± 8.59	79.0± 6.22	0.13± 0.07	7.84± 0.47	48± 29.86	5.99± 1.13	2.76± 0.45	0.16± 0.05	5.02± 1.57	2.88± 0.40
珠江桥	113°13'16.5"E 23°08'12.6"N	22.81± 8.62	316.0± 8.16	0.31± 0.20	7.49± 0.44	28± 6.45	0.97± 0.41	7.06± 0.49	0.56± 0.17	5.63± 1.21	6.83± 1.69
莲花山	113°30'37.0"E 23°00'58.0"N	24.28± 7.96	605.0± 31.71	1.53± 2.55	7.51± 0.30	25± 4.08	4.24± 1.21	4.58± 1.04	0.28± 0.07	5.04± 0.86	5.89± 2.38
市桥	113°24'49.0"E 22°55'24.2"N	22.29± 8.01	123.5± 7.05	0.16± 0.12	7.95± 0.44	44± 7.50	5.57± 0.76	3.00± 0.70	0.21± 0.06	4.44± 0.38	2.87± 0.88

二、不同月份浮游植物常见种的出现频率和优势度

2012 年不同月份浮游植物常见种的出现频率和优势度如表 4-3 所示。3 月的常见种为 22 种，其中硅藻 20 种，绿藻 2 种；5 月的常见种为 22 种，其中硅藻 7 种，绿藻 13 种，蓝藻和裸藻各 1 种；8 月的常见种为 30 种，其中硅藻 13 种，绿藻 12 种，蓝藻 3 种和裸藻 2 种；12 月的常见种为 22 种，其中硅藻 10 种，绿藻 12 种。硅藻中的颗粒沟链藻为全年常见种（3 月、5 月和 8 月的出现频率均为 100.00%，12 月的出现频率为 92.31%），

也是最优势种（最高优势度达 42.96%）。绿藻中的被甲栅藻虽然出现频率也很高（5 月、8 月、12 月的出现频率均为 100.00%），但是在 3 月出现频率相对较低（76.92%），并且优势度也远远低于颗粒沟链藻。

表 4-3　2012 年不同月份浮游植物常见种的出现频率和优势度

月份	门类	种名	出现频率/%	优势度/%
	硅藻	颗粒沟链藻（*Aulacoseira granulata*）	100.00	28.36
	硅藻	远距直链藻（*Melosira distans*）	100.00	3.46
	硅藻	变异直链藻（*Melosira varians*）	100.00	22.29
	硅藻	谷皮菱形藻（*Nitzschia palea*）	100.00	0.51
	硅藻	梅尼小环藻（*Cyclotella meneghiniana*）	92.31	4.49
	硅藻	舟形藻（*Navicula* sp.）	92.31	0.55
	硅藻	尖针杆藻极狭变种（*Synedra acus* var. *angustissima*）	92.31	0.61
	硅藻	近缘桥弯藻（*Cymbella affinis*）	84.62	1.67
	硅藻	短小楔形藻（*Licmophora abbreviata*）	84.62	0.05
	硅藻	意大利直链藻弯曲变型（*Melosira italica* f. *curvata*）	84.62	4.77
3 月	硅藻	奇异菱形藻（*Nitzschia paradoxa*）	84.62	0.75
	硅藻	冠盘藻（*Stephanodiscus* sp.）	84.62	1.01
	硅藻	膨胀桥弯藻（*Cymbella tumida*）	76.92	1.05
	绿藻	被甲栅藻（*Scenedesmus armatus*）	76.92	0.20
	硅藻	卵圆双眉藻（*Amphora ovalis*）	69.23	0.61
	硅藻	颗粒沟链藻弯曲变种（*Aulacoseira granulata* var. *curvata*）	69.23	3.34
	硅藻	意大利直链藻微小变种（*Melosira italica* var. *tenuissima*）	69.23	4.42
	绿藻	二形栅藻（*Scenedesmus dimorphus*）	69.23	1.00
	硅藻	扭曲小环藻（*Cyclotella comta*）	61.54	0.12
	硅藻	二头舟形藻（*Navicula dicephala*）	61.54	0.21
	硅藻	尖针杆藻（*Synedra acus*）	61.54	0.21
	硅藻	柏洛林针杆藻（*Synedra berolinensis*）	61.54	0.14
	硅藻	颗粒沟链藻（*Aulacoseira granulata*）	100.00	30.38
	绿藻	被甲栅藻（*Scenedesmus armatus*）	100.00	3.30
	绿藻	被甲栅藻博格变种双尾变型 （*Scenedesmus armatus* var. *boglariensis* f. *bicaudatus*）	100.00	1.49
	硅藻	梅尼小环藻（*Cyclotella meneghiniana*）	92.31	2.46
5 月	绿藻	直透明针形藻（*Hyaloraphidium rectum*）	92.31	0.22
	绿藻	奥波莱栅藻（*Scenedesmus opoliensis*）	92.31	0.35
	硅藻	舟形藻（*Navicula* sp.）	84.62	1.74
	绿藻	斜生栅藻（*Scenedesmus obliquus*）	84.62	0.85
	硅藻	针杆藻（*Synedra* sp.）	84.62	0.28
	绿藻	四足十字藻（*Crucigenia tetrapedia*）	76.92	0.45

月份	门类	种名	出现频率/%	优势度/%
5月	绿藻	网球藻（Dictyosphaeria cavernosa）	76.92	9.12
	蓝藻	微小平裂藻（Merismopedia tenuissima）	76.92	0.35
	绿藻	科马克单针藻（Monoraphidium komarkovae）	76.92	0.34
	绿藻	粘四集藻（Palmella mucosa）	76.92	0.41
	绿藻	二形栅藻（Scenedesmus dimorphus）	76.92	0.64
	硅藻	尖针杆藻（Synedra acus）	76.92	0.21
	绿藻	集星藻（Actinastrum hantzschii）	69.23	0.27
	绿藻	顶锥十字藻（Crucigenia apiculata）	69.23	0.47
	硅藻	小舟形藻（Navicula subminuscula）	69.23	0.12
	绿藻	窗格十字藻（Crucigenia fenestrata）	61.54	0.28
	硅藻	扭曲小环藻（Cyclotella comta）	61.54	0.32
	裸藻	圆柱形裸藻（Euglena cylindrica）	61.54	2.29
8月	硅藻	颗粒沟链藻（Aulacoseira granulata）	100.00	42.96
	硅藻	梅尼小环藻（Cyclotella meneghiniana）	100.00	3.24
	绿藻	粘四集藻（Palmella mucosa）	100.00	0.74
	绿藻	被甲栅藻（Scenedesmus armatus）	100.00	1.69
	绿藻	被甲栅藻博格变种双尾变型（Scenedesmus armatus var. boglariensis f. bicaudatus）	100.00	0.58
	硅藻	柏洛林针杆藻（Synedra berolinensis）	100.00	3.88
	蓝藻	微小平裂藻（Merismopedia tenuissima）	92.31	0.55
	硅藻	舟形藻（Navicula sp.）	92.31	0.81
	蓝藻	绿色颤藻（Oscillatoria chlorina）	92.31	0.33
	绿藻	二形栅藻（Scenedesmus dimorphus）	92.31	0.42
	硅藻	平片针杆藻（Synedra tabulata）	92.31	2.26
	硅藻	颗粒沟链藻极狭变种（Aulacoseira granulata var. angustissima）	84.62	2.08
	硅藻	尖针杆藻（Synedra acus）	84.62	0.28
	绿藻	四足十字藻（Crucigenia tetrapedia）	76.92	0.17
	硅藻	扭曲小环藻（Cyclotella comta）	76.92	0.48
	绿藻	集星藻（Actinastrum hantzschii）	69.23	0.19
	裸藻	圆柱形裸藻（Euglena cylindrica）	69.23	0.94
	硅藻	意大利直链藻微小变种（Melosira italica var. tenuissima）	69.23	0.71
	硅藻	变异直链藻（Melosira varians）	69.23	3.16
	绿藻	科马克单针藻（Monoraphidium komarkovae）	69.23	0.10
	硅藻	新月菱形藻（Nitzschia closterium）	69.23	0.11
	硅藻	谷皮菱形藻（Nitzschia palea）	69.23	0.17
	绿藻	斜生栅藻（Scenedesmus obliquus）	69.23	0.19
	绿藻	奥波莱栅藻（Scenedesmus opoliensis）	69.23	0.09

续表

月份	门类	种名	出现频率/%	优势度/%
8月	绿藻	华丽四星藻（Tetrastrum elegans）	69.23	0.07
	硅藻	颗粒沟链藻弯曲变种（Aulacoseira granulata var. curvata）	61.54	1.47
	绿藻	顶锥十字藻（Crucigenia apiculata）	61.54	0.22
	裸藻	纤细裸藻（Euglena gracilis）	61.54	0.89
	绿藻	微芒藻（Micractinium pusillum）	61.54	0.23
	蓝藻	断裂颤藻（Oscillatoria fraca）	61.54	0.18
12月	硅藻	梅尼小环藻（Cyclotella meneghiniana）	100.00	3.39
	硅藻	远距直链藻高山变种（Melosira distans var. alpigena）	100.00	5.31
	硅藻	舟形藻（Navicula sp.）	100.00	1.22
	绿藻	被甲栅藻（Scenedesmus armatus）	100.00	0.97
	硅藻	颗粒沟链藻（Aulacoseira granulata）	92.31	33.95
	硅藻	意大利直链藻微小变种（Melosira italica var. tenuissima）	92.31	16.36
	绿藻	被甲栅藻博格变种双尾变型（Scenedesmus armatus var. boglariensis f. bicaudatus）	92.31	0.41
	绿藻	二形栅藻（Scenedesmus dimorphus）	92.31	0.30
	硅藻	柏洛林针杆藻（Synedra berolinensis）	92.31	0.57
	绿藻	四足十字藻（Crucigenia tetrapedia）	84.62	0.54
	绿藻	直透明针形藻（Hyaloraphidium rectum）	84.62	0.18
	绿藻	华丽四星藻（Tetrastrum elegans）	84.62	0.11
	硅藻	颗粒沟链藻极狭变种（Aulacoseira granulata var. angustissima）	76.92	2.10
	绿藻	粘四集藻（Palmella mucosa）	76.92	0.42
	硅藻	谷皮菱形藻（Nitzschia palea）	69.23	0.25
	硅藻	尖针杆藻（Synedra acus）	69.23	0.08
	绿藻	镰形纤维藻（Ankistrodesmus falcatus）	61.54	0.05
	绿藻	直角十字藻（Crucigenia rectangularis）	61.54	0.17
	硅藻	扭曲小环藻（Cyclotella comta）	61.54	0.28
	绿藻	二角盘星藻具孔变种（Pediastrum duplex var. duodenarium）	61.54	0.82
	绿藻	尖细栅藻（Scenedesmus acuminatus）	61.54	0.10
	绿藻	矮型顶接鼓藻（Spondylosium pygmaeum）	61.54	0.85

三、浮游植物物种组成

对珠江三角洲河网 13 个站位进行取样检测，共采集样本 52 个，鉴定浮游植物 383 种。其中，硅藻 160 种，占浮游植物物种丰度（下同）的 41.78%；绿藻 112 种，占 29.24%；蓝藻 20 种，占 5.22%；裸藻 84 种，占 21.93%；其他藻类 7 种，占 1.83%。

四、浮游植物物种丰富度和相对组成的时空分布特征

如图 4-6（a）所示，调查期间，浮游植物物种丰富度的时间变化模式呈现出丰水期（5 月和 8 月）差异小、枯水期（3 月和 12 月）差异较大的特征。浮游植物物种丰富度的最大值出现在 3 月（229 种）；次大值出现在 5 月（200 种），与 8 月（198 种）持平；最小值出现在 12 月（167 种）。如图 4-6（b）所示，硅藻和绿藻为主要类群，所占比例之和一般不低于 70%；从两者的相对组成来看，3 月硅藻的优势度极为明显，其他月份硅藻的优势度差异不大。

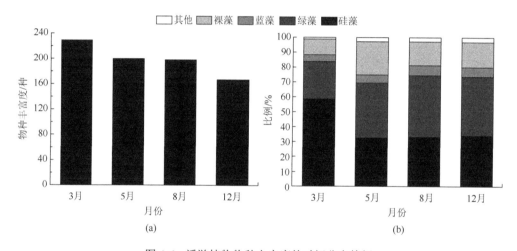

图 4-6 浮游植物物种丰富度的时间分布特征

如图 4-7（a）所示，浮游植物物种丰富度在广州周边站位及河网中部个别站位较高，在河网中部其他站位则较低。物种丰富度的最大值（154 种）出现在珠江桥，次大值（152 种）出现在北滘和市桥，最小值（94 种）出现在小榄，次小值（105 种）出现在陈村。

如图 4-7（b）所示，在各站位中硅藻和绿藻均为主要类群，所占比例之和不低于 70%。尽管河网中部个别站位（北滘）的浮游植物物种丰富度与广州周边站位持平，但是相对组成存在明显差异。广州周边站位的硅藻占比明显低于绿藻，而其他站位均呈现硅藻优于绿藻或持平的特征。

如图 4-8 所示，不同月份浮游植物物种丰富度的空间格局呈现特有的规律。在丰水期，河网两侧（西江沿线为一侧，广州周边为另一侧）站位的物种丰富度高于河网中部站位（个别站位除外），其中最大值出现在广州周边站位。在枯水期，基本呈现沿西江、河网中部、广州周边站位递增的趋势，最大值出现在河网中部或广州周边站位，最小值出现在西江沿线站位。

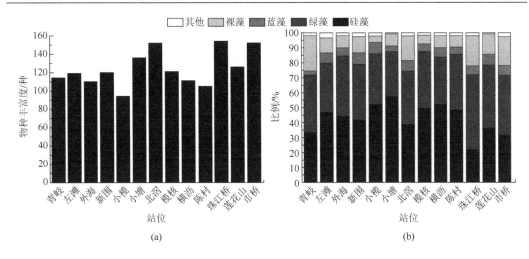

图 4-7　浮游植物物种丰富度的空间分布特征

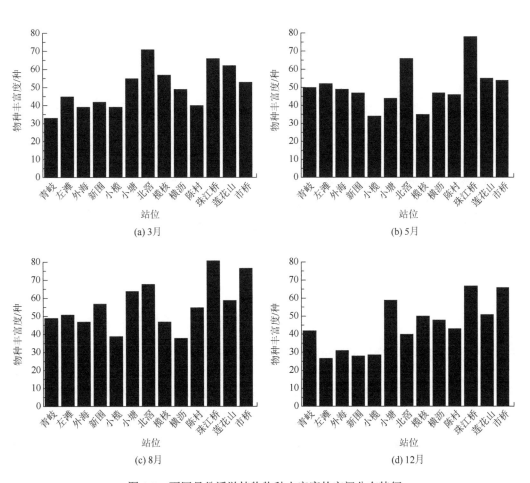

图 4-8　不同月份浮游植物物种丰富度的空间分布特征

如图 4-9 所示，浮游植物各类群相对组成的时空分布特征差异显著。时间分布特征显示，枯水期硅藻的比例高于丰水期，3月尤其明显，硅藻比例均值为69.72%。空间分布特征显示，广州周边站位的硅藻比例一般低于其他站位，极少高于40%。

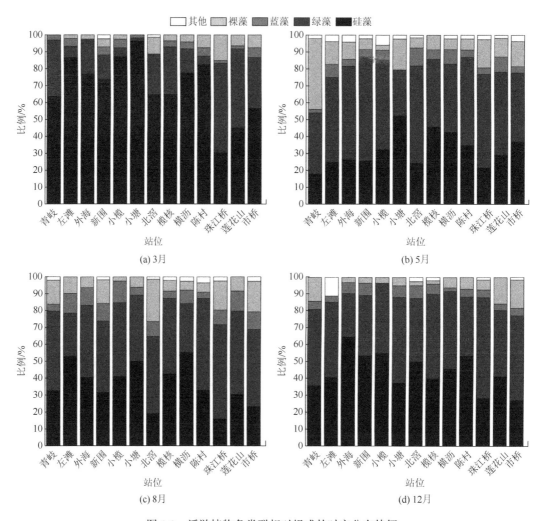

图4-9　浮游植物各类群相对组成的时空分布特征

五、浮游植物不同类群与环境因子的关系

用R软件对5个浮游植物类群（硅藻、绿藻、蓝藻、裸藻和其他）的物种丰富度及总种数与环境因子的关系进行RDA分析。方差分析（analysis of variance，ANOVA）结果显示，第一排序轴（$P = 0.001$）和第二排序轴（$P = 0.001$）对关联性的影响显著（$R^2 = 0.52$），RDA二维排序图如图4-10所示。第一排序轴和第二排序轴的特征值分别为0.693和0.108，分别可解释所有环境因子影响的78.48%和12.25%。基于第一排序轴的关联性结果显示，硅藻与其余4个类群分布在第一排序轴的两侧，硅藻与DO存在一定的正相关关系，与WT及营养盐存在一定的负相关关系；其余4个类群则与硅藻恰恰相

反。基于第二排序轴的关联性结果显示，硅藻与总种数分布在第二排序轴的同一侧。硅藻、总种数与 SiO_3^{2-} 存在一定的正相关关系，与 SD 存在一定的负相关关系。

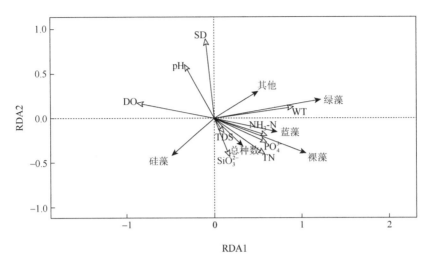

图 4-10　浮游植物物种丰富度与环境因子的 RDA 二维排序图

ANOVA 结果显示，第一排序轴（$P = 0.001$）和第二排序轴（$P = 0.001$）对关联性的影响显著（$R^2 = 0.44$），RDA 二维排序图如图 4-11 所示。第一排序轴和第二排序轴的特征值分别为 0.673 和 0.130，分别可解释所有环境因子影响的 73.11% 和 14.10%。基于第一排序轴的关联性结果显示，硅藻与其余 4 个类群分布在第一排序轴的两侧，硅藻与 DO 存在一定的正相关关系，与 WT 及营养盐存在一定的负相关关系；其余 4 个类群则与硅藻恰恰相反。基于第二排序轴的关联性结果显示，裸藻与 PO_4^{3-} 存在一定的正相关关系，与 SD 和 pH 存在一定的负相关关系。

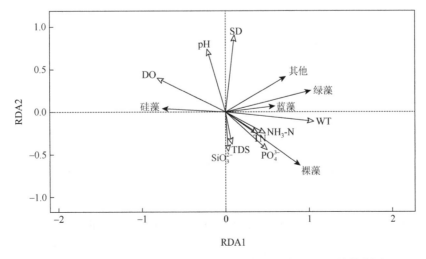

图 4-11　浮游植物各类群相对组成与环境因子的 RDA 二维排序图

六、浮游植物物种丰富度和相对组成的时空分布特征分析

研究结果显示，硅藻和绿藻是珠江三角洲河网浮游植物群落组成的最主要类群，裸藻和蓝藻次之。这不仅体现在物种丰富度的相对组成上，也体现在不同类群相对组成的时空分布特征上。这与国内外江河的浮游植物群落组成模式相符。

浮游植物物种丰富度的时间分布特征显示，丰水期的物种丰富度差异较小，而枯水期的物种丰富度差异较大。丰水期期间降雨频率较高及降雨量较大，因此，径流量成为丰水期物种丰富度变动的最重要影响因素，8 月（丰水期）常见种的物种多样性明显高于枯水期（表 4-3），总种数与 SD 存在一定程度的负相关关系也说明了这一点（图 4-10）。参考珠江三角洲上游西江肇庆段 2009 年的径流量数据，5 月和 8 月的径流量均值分别为 8694 m^3/s 和 8019 m^3/s，差异不大，这也导致丰水期物种丰富度的差异较小。Santana 等（2016）指出气候和水文变化对浮游植物结构有很大影响。Bilous 等（2015）在南布格河以及 Sharma 等（2015）在讷尔默达河的研究中也都发现，丰水期的藻类物种丰富度差异较小。相反，枯水期由于径流量小，水位较低，沿江静水水体如湖泊和水库中的蓝藻和绿藻的外源补充明显减少，使得硅藻成为最主要类群。RDA 结果显示，硅藻与 SD 存在一定的负相关关系（图 4-10）。原因在于，硅藻的细胞壁是硅质壳，质量大，在水体稳定的时候极易下沉。枯水期由于水位较低，加之风力、运行船舶等引起的水体搅动，有助于沉降到底层的硅藻再悬浮，补充到表层水体中，增加物种丰富度，这应该是枯水期物种丰富度差异较大的主要原因。3 月和 12 月的水体 SD 相差近 20 cm，常见种组成存在明显差异（表 4-3），且 3 月硅藻占绝对优势，最高占比可达 96%，也印证了以上观点。此外，3 月的总种数为全年最高，分析原因有以下两点：① 3 月（枯水期）虽然没有因径流量增大而引起的物种丰富度的外源补充，但是水体搅动造成底层硅藻的悬浮从而补充了物种丰富度，这从图 4-6 中硅藻所占比例明显高于其他类群可以看出。而 12 月（枯水期）的水体 SD 明显偏高，硅藻沉降，加之没有外源补充，所以物种丰富度最低。②丰水期径流量增大引起的河流外源补充，虽然增加了物种丰富度，但是对浮游植物群落也有稀释作用，因此丰水期的物种丰富度是外源补充和稀释减少作用的中和结果。

浮游植物物种丰富度的空间分布特征显示，广州周边站位及河网中部个别站位的物种丰富度明显偏高，河网中部少数站位呈现低于西江沿线站位的趋势。分析原因有以下两点：①水体营养状况是影响物种丰富度空间分布的重要因素。RDA 结果显示，总种数与营养盐含量关系紧密，存在正相关关系。距离广州较近的珠江桥和莲花山受生产和生

活污水的影响较大，营养盐含量极其丰富，明显高于其他站位（表 4-2），因而这两个站位的物种丰富度明显高于其他站位。河网中部个别站位，例如北滘，拥有两家世界 500 强企业，制造业发达，污染严重，水体 TN 含量高（表 4-2），导致此类站位的物种丰富度也明显偏高。El-Karim（2015）在尼罗河水域发现，营养盐含量丰富的地区，物种丰富度偏高。②水体交换能力是影响物种丰富度空间分布的另一重要因素。从河宽的数据（表 4-2）可以看出，珠江三角洲河网两侧站位的径流量大，水体交换能力明显优于河网中部站位，这更有利于浮游植物物种丰富度的外源补充。Bovo-Scomparin 等（2013）研究发现水体交换能力强的水域浮游植物多样性高，水体交换时沿江静水水域中的绿藻、裸藻和蓝藻等会补充汇集到河流中。

不同水期物种丰富度的空间分布模式显示，枯水期（3 月和 12 月）的物种丰富度自西江沿线、河网中部至广州周边呈递增趋势；而丰水期（5 月和 8 月）的物种丰富度呈现珠江三角洲河网两侧站位高于河网中部站位的特征。枯水期，河水径流量小导致外源补充减少，对水体的扰动作用明显减弱，营养盐成为决定空间分布模式的最重要因素。除了营养盐自身有利于藻类的生长繁殖外，富营养化水体也可以减缓表层水体中微藻的沉降速度。因此，枯水期物种丰富度的空间分布与营养盐梯度呈正相关。在丰水期，降雨量的增加导致河水的径流量明显增大，沿江静水水体如湖泊、水库等的藻类汇入，同时水体搅动使已经沉降的藻类和底栖藻类悬浮到表层水体中，增加了物种丰富度。珠江干流的河水流经三角洲河网，分流到错综复杂的河道中。河网两侧站位的水体径流量大，水体交换能力强，有助于表层水体物种丰富度的补充和增加；河网中部站位相对闭塞，水体交换能力弱，因此物种丰富度低于河网两侧站位。

浮游植物各类群相对组成的时空分布特征显著。从时间分布特征来看，枯水期硅藻占绝对优势，尤其是 3 月，硅藻所占比例的均值高达 70%。因丰水期径流量增大引起的外源绿藻、裸藻和蓝藻的汇入导致硅藻的占比下降，5 月和 8 月常见种中的绿藻、裸藻和蓝藻种类明显增加（表 4-3）。虽然 12 月（枯水期）的绿藻、裸藻和蓝藻也占有较大优势，但并非由于径流增大所引起的外源汇入，而是由于硅藻在 SD 较高的条件下沉降损失所造成的相对弱势。从空间分布特征来看，广州周边站位的硅藻占比一般低于其他站位。这是因为这些站位处于河流交汇处，常年有外源河流带来的绿藻补充。RDA 结果显示，硅藻的占比与营养盐的含量呈负相关（图 4-11）。Komissarov 和 Korneva（2015）发现，富营养化水域中绿藻比硅藻更占优势。Reynolds 等（2002）指出，绿藻与富集环境相关并且对营养盐敏感。广州周边站位的营养盐含量明显高于其他站位（表 4-2），因此广州周边站位的硅藻占比与其他站位存在一定差异。

第三节 裸藻门的多样性特征

一、裸藻门物种组成

调查期间共采集样本 52 个，其中 49 个样本检出存在裸藻门物种，检出率为 94.23%。共鉴定裸藻门 12 属 85 种（表 4-4），占浮游植物总种类数的 22.2%。裸藻属是调查水域裸藻门的最重要组成类群，其种类数达 29 种，占裸藻门总种类数的 34.12%；平均生物量为 383.49×10^{-4} mg/L，占裸藻门平均生物量的 63.29%；此外，裸藻属的出现频率高达80.77%，以上特征数据均远高于其他属。扁裸藻属和囊裸藻属的种类数和出现频率均较为接近，分别位居第二和第三位，但是生物量差异很大，扁裸藻属的生物量均值是囊裸藻属的 2.21 倍。陀螺藻属和鳞孔藻属的特征数据均较为接近，分别位居第四和第五位。其他 7 个属均只鉴定出 1 个种，且出现频率均低于 10%。

表 4-4 裸藻门物种组成及生态特征数据

属名	物种丰富度/种	生物量/(×10^{-4} mg/L)	对裸藻门生物量贡献率/%	出现频率/%
裸藻属（Euglena）	29	383.49[①]（0~7537.50）[②]	63.29[③]（0~100）[④]	80.77
囊裸藻属（Trachelomonas）	16	54.30（0~1350）	8.96（0~100）	36.54
扁裸藻属（Phacus）	18	120.11（0~2700）	19.82（0~100）	46.15
陀螺藻属（Strombomonas）	9	18.21（0~450）	3.01（0~100）	13.46
鳞孔藻属（Lepocinclis）	6	14.75（0~300）	2.44（0~33.33）	13.46
杆胞藻属（Rhabdomonas）	1	3.46（0~90）	0.57（0~12.50）	5.77
异鞭藻属（Anisonema）	1	0.87（0~45）	0.14（0~12.50）	1.92
长梭藻属（Cyclidiopsis）	1	0.87（0~45）	0.14（0~12.50）	1.92
弦月藻属（Menoidium）	1	0.87（0~45）	0.14（0~5）	1.92
袋鞭藻属（Peranema）	1	5.12（0~75）	0.85（0~25）	9.62
双鞭藻属（Eutreptia）	1	3.03（0~112）	0.50（0~12.50）	3.85
变胞藻属（Astasia）	1	0.87（0~45）	0.14（0~6.25）	1.92

注：①此列数据为平均生物量；②此列数据为生物量范围；③此列数据为对裸藻门平均生物量贡献率；④此列数据为对裸藻门生物量贡献率范围。

二、裸藻门与浮游植物总种群的关系

将裸藻门物种丰富度与其对应的浮游植物物种丰富度进行多项式拟合分析，发现两者存在极显著（$P<0.0001$，$r^2=0.5201$）关联性，近乎单峰函数，且集中于上升区 [图 4-12 (a)]；

将裸藻门生物量与其对应的浮游植物生物量均取常用对数值后进行线性回归分析,发现两者存在极显著($P<0.0001$,$r=0.6326$)的正相关关系[图4-12(b)]。

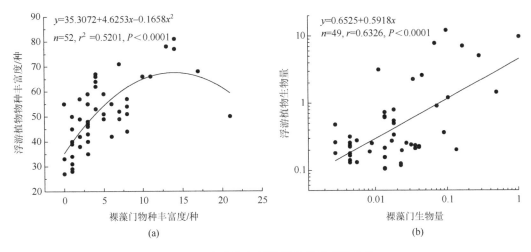

图 4-12　裸藻门与浮游植物总种群的关系

三、调查站位在裸藻门物种组成上的相似性

基于裸藻门不同属的物种组成特征的相似性,采用自组织图谱(self-organizing map, SOM)法分析不同水期各调查站位在 SOM 图谱上的聚类和分布格局。根据 Vesanto(2000)提出的方法确定本书中 SOM 图谱的输出层由 81 个神经元组成,即 9×9 个六角晶格。调查期间 13 个站位在 SOM 图谱上的分布情况如图 4-13 所示。枯水期(3 月和 12 月)站位间的聚合性优于丰水期(5 月和 8 月),说明枯水期站位间的相似性较高,在相似性最高的 3 月仅 5 个站位未与其他站位发生聚类,而在相似性最低的 8 月仅有 2 个站位发生聚类。具体到不同站位,莲花山在调查月份均未与其他站位发生聚类,表明莲花山与其他站位在裸藻门物种组成上差异明显;某些站位的聚类呈现明显的时间分布特征,如珠江桥、陈村、小塘、新围、外海和左滩仅在枯水期与其他站位发生聚类;也有个别站位如横沥,仅在丰水期与其他站位发生聚类。其他站位在裸藻门不同属的物种组成相似性上未呈现明显规律。

四、裸藻门物种丰富度与生物量的时空分布特征

调查期间,裸藻门物种丰富度呈现丰水期明显高于枯水期的特征。总物种丰富度的最大值(44 种)出现在 5 月,次大值(30 种)出现在 8 月,最小值(25 种)出现在 3 月,12 月也仅有 26 种。具体到不同站位物种丰富度的时间分布特征[图 4-14(a)],河网两侧(西江沿线为一侧,广州周边为另一侧)站位物种丰富度的时间变化模式与总物种丰富度

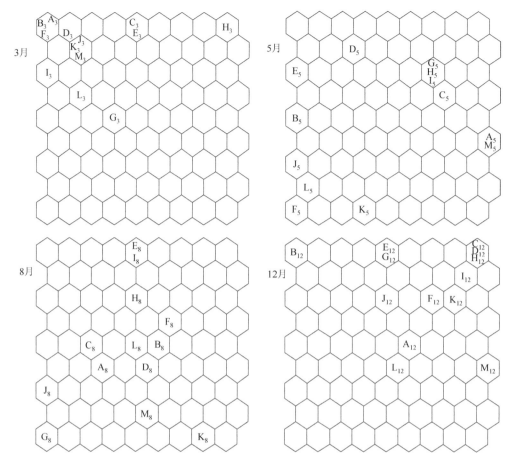

A. 青岐；B. 左滩；C. 外海；D. 新围；E. 小榄；F. 小塘；G. 北滘；H. 榄核；I. 横沥；J. 陈村；K. 珠江桥；L. 莲花山；M. 市桥

图 4-13　基于裸藻门不同属的物种组成相似性的 SOM 图谱

的时间分布特征一致，亦为丰水期高于枯水期；而河网中部站位除小塘和北滘外，其物种丰富度在不同月份间差异很小，时间分布特征不显著。

　　裸藻门物种丰富度的空间分布特征显示 [图 4-14（a）]，河网中部站位的物种丰富度一般低于河网两侧站位，但也发现个别中部站位的物种丰富度较高，如北滘的种类数达23 种。总物种丰富度的最大值（31 种）出现在珠江桥，次大值（28 种）出现在市桥，最小值（4 种）出现在小榄，次小值（7 种）出现在榄核。具体到不同水期物种丰富度的空间格局，丰水期物种丰富度的空间格局与总物种丰富度的空间分布特征一致；而枯水期的空间格局则主要表现为邻近广州的站位的物种丰富度明显偏高，其他站位的物种丰富度间差异很小，空间分布特征不显著。

　　裸藻门生物量的时间分布特征显示，丰水期的生物量明显大于枯水期。总生物量的最大值（0.142 mg/L）出现在 8 月，次大值（0.056 mg/L）出现在 5 月，最小值

（0.019 mg/L）出现在 3 月，次小值（0.026 mg/L）出现在 12 月。具体站位特征为，河网两侧站位生物量的时间变化模式与总生物量的时间分布特征一致，亦为丰水期高于枯水期；而河网中部站位除小塘和北滘外，其生物量在不同月份间差异很小，时间分布特征不明显[图 4-14（b）]。

　　裸藻门生物量的空间分布特征显示［图 4-14（b）]，河网中部站位的生物量一般小于河网两侧站位，仅个别中部站位的生物量较大，如北滘的生物量均值为 0.136 mg/L，为次大值。总生物量的最大值（0.392 mg/L）出现在珠江桥，最小值（0.004 mg/L）出现在小榄，次小值（0.009 mg/L）出现在榄核。丰水期生物量的空间格局与总生物量的空间分布特征一致，而枯水期的空间格局则表现为邻近广州的站位的生物量明显偏大，其他站位的生物量间差异很小，空间分布特征不明显。

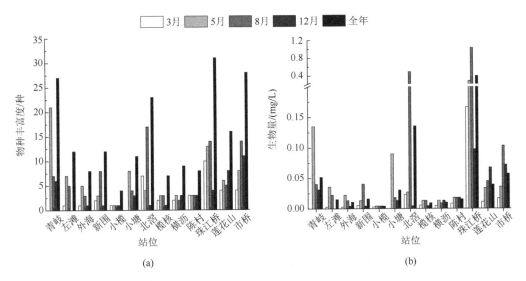

图 4-14　裸藻门物种丰富度和生物量的时空分布特征

五、裸藻门各属相对组成的时空分布特征

　　如图 4-15 所示，裸藻门各属物种丰富度的相对组成具有明显的时空分布特征。时间分布特征显示，枯水期的种类组成相对单一，其中，3 月的种类组成以裸藻属和囊裸藻属为主，而 12 月的种类组成则以裸藻属和扁裸藻属为主；丰水期的种类组成较为丰富，尤其是 5 月，除小榄为单一属组成外，其他站位均不少于 2 个属，且大多数站位不少于 3 个属。5 月和 8 月均以裸藻属为最主要类群，特别是 8 月裸藻属的相对优势更加明显，其余各属的比例较低。

　　从空间格局角度看，不同月份裸藻门各属物种丰富度相对组成的空间格局差异较大，且并未呈现明显的规律性。但是我们可以发现，枯水期裸藻属在站位间的分布波动明显较大，且呈现不连续特征，而丰水期裸藻属的空间分布则相对稳定，5 月一般不低于 40%，8 月基本不低于 70%；囊裸藻属和扁裸藻属分别在 3 月和 12 月与裸藻属呈现互补特征，尽管此二属在丰水期各站位的相对组成中占比明显下降，但仍优于除裸藻属之外其余各属，只是在站位间分布的连续性不强。其余各属在枯水期少有出现，在丰水期的空间分布也未呈现明显的规律。此外，小榄的种类组成在调查月份均为单一属，明显区别于其他站位。

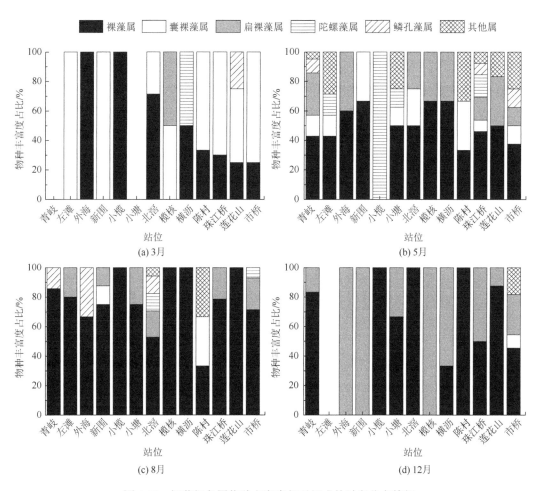

图 4-15　裸藻门各属物种丰富度相对组成的时空分布特征

如图 4-16 所示，裸藻门各属生物量相对组成与物种丰富度相对组成，二者的时空分布特征基本一致，仅在调查月份的个别站位（如 3 月的横沥、5 月的小塘、8 月的北滘及 12 月的市桥）存在较小的差异。枯水期由于种类组成贫乏，其生物量相对组成与物种丰富度相对组成的时空分布差异小于丰水期，而丰水期的差异主要集中在种类组成丰富的站位。

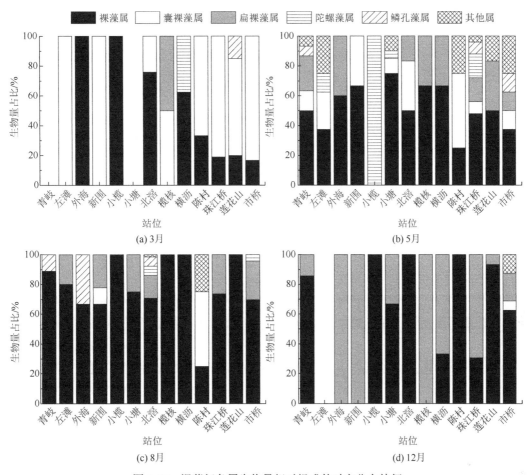

图 4-16 裸藻门各属生物量相对组成的时空分布特征

六、裸藻门及其主要属的多样性模式

如图 4-17 所示，将裸藻门、裸藻属、囊裸藻属和扁裸藻属的生物量均取常用对数值后与对应的物种丰富度进行多项式拟合分析，结果表明裸藻门及其主要属的生物量与物种丰富度均存在紧密的关联。其中，裸藻门和裸藻属的多样性拟合关系接近或呈

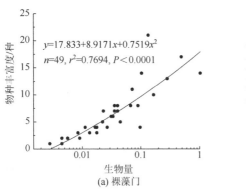

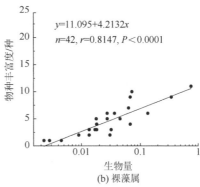

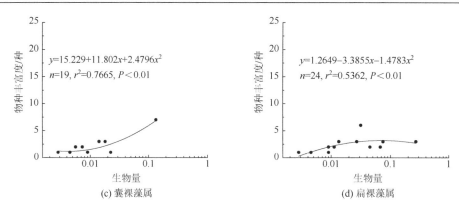

图 4-17　裸藻门及其主要属的多样性模式

直线，呈极显著（$P<0.0001$）正相关；而囊裸藻属和扁裸藻属拟合的指数曲线表明这两个属的多样性模式未呈现单一的线性正相关关系。

七、裸藻门及其各属的物种丰富度和生物量与环境因子的关系

用 Canoco 软件对裸藻门及其各属的物种丰富度和生物量数据分别进行去趋势对应分析（detrended correspondence analysis，DCA），在所得的各特征值部分发现 4 个排序轴中梯度最大值均小于 3，因此数据分析选用线性模型中的主成分分析（principal component analysis，PCA），分别获得裸藻门及其各属物种丰富度和生物量与 16 种环境因子的 PCA 二维排序图（图 4-18）。

在图 4-18（a）中，第一排序轴（PCA1）与第二排序轴（PCA2）的相关系数为 0，表明这两个轴所包含的信息是独立的；第一排序轴和第二排序轴的特征值分别为 0.626 和 0.157，分别包含了所有变量 69.2% 和 9.1% 的信息，共计含有 16 种环境因子 78.3% 的信息，所以可以用 PCA 二维排序图研究裸藻物种丰富度与 16 种环境因子间的相互关系。裸藻物种丰富度与环境因子第一排序轴的相关系数为 0.73，与环境因子第二排序轴的相关系数为 0.78，这表明PCA结果可以较好地解释裸藻物种丰富度与环境因子之间的关系。裸藻类群间物种丰富度的关联性分析显示，裸藻门与裸藻属的关系密切，鳞孔藻属和其他属的关系密切。裸藻物种丰富度与环境因子的关联性分析显示，WT、$NH_3\text{-}N$、DO 和 SD 与裸藻各类群的物种丰富度关系最大，其中 WT 和 $NH_3\text{-}N$ 与各类群均呈正相关，DO 和 SD 与各类群均呈负相关。此外，除 $NO_3^-\text{-}N$ 以外的营养盐均与各类群物种丰富度呈正相关，而 $NO_3^-\text{-}N$ 和 SD 与各类群呈负相关。

在图 4-18（b）中，第一排序轴和第二排序轴的特征值分别为 0.969 和 0.021，分别包含了所有变量 97.0% 和 2.0% 的信息，共计含有 16 种环境因子 99.0% 的信息，所以可以

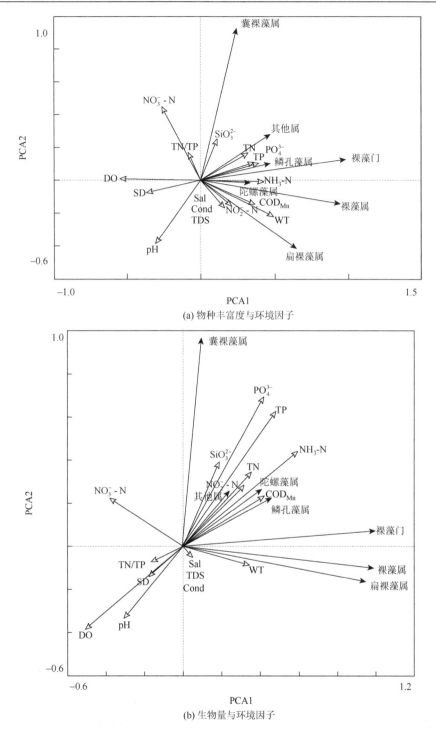

图 4-18　裸藻门及其各属的物种丰富度和生物量与环境因子的 PCA 二维排序图

用 PCA 二维排序图研究裸藻生物量与 16 种环境因子间的相互关系。裸藻生物量与环境因子第一排序轴的相关系数为 0.78，与环境因子第二排序轴的相关系数为 0.87，这表明

PCA 结果可以较好地解释裸藻生物量与环境因子之间的关系。裸藻类群间生物量的关联性分析显示，裸藻门、裸藻属和扁裸藻属的关系密切，鳞孔藻属、陀螺藻属和其他属的关系密切。裸藻生物量与环境因子的关联性分析显示，NH_3-N、COD_{Mn}、WT、NO_3^--N 和 DO 与裸藻各类群的生物量关系最大，其中 NH_3-N、COD_{Mn} 和 WT 与各类群均呈正相关，NO_3^--N 和 DO 与各类群均呈负相关。

八、珠江三角洲河网裸藻门及其各属的时空分布特征分析

结果显示，珠江三角洲河网裸藻的出现频率高，种类多样性丰富，且与浮游植物总种群的关联性高（图 4-12），因而是河网浮游植物群落中的一个重要类群。与国外其他江河的研究结果相比，珠江三角洲河网裸藻的种类多样性及其在浮游植物中的占比均明显偏高（表 4-5）。分析原因在于：其一，河网水源来自西江、北江和东江，调查结果实际上包含了珠江干流、支流、沿江水库、洼地及水田等不同水体中的裸藻物种；其二，流域中的陆源污染物也汇集到河网水域，导致营养盐含量丰富，水体富营养化程度高，是不同藻类生长的营养支撑条件，从而保障了较高的藻类物种多样性。尤其是裸藻偏好污染水体，因而河网的富营养化有利于裸藻多样性的提升。Duangjan 等（2012）在泰国农用池塘中发现囊裸藻属 49 种，Alves-da-Silva 等（2013）在巴西一个人工湖泊中发现囊裸藻属 20 种，对比本书的结果，反映出静止水体中的裸藻多样性高于流动水体。Shcherbak 和 Kuzminchuk（2005）发现，裸藻易在水库等静止水体中存在优势种，而在流动水体中较少形成优势，也说明了这一点。而裸藻在静止水体中的多样性和丰度也为流动水体中的补充供给提供了保障。此外，裸藻在浮游植物群落中的贡献及两者间的紧密关系表明，该类群在一定程度上可以反映浮游植物群落的动态变化。

作者的前期研究发现，裸藻和绿藻的种群动态变化存在紧密联系。分析原因在于，裸藻和绿藻在江河水体中的组成和丰度均主要依赖于沿江相对静止水体的外源汇入，在丰水期尤为显著。尽管如此，与珠江三角洲河网绿藻门中栅藻属物种的空间分布特征（王超等，2014）相比，裸藻在站位间分布的相似性明显偏低，丰水期甚至极少发生站位间的相似性聚合（图 4-13）。这种差异的原因在于，栅藻在珠江三角洲河网的分布主要依赖于被动的漂流；而裸藻长有鞭毛，除了水动力因素外，其自身具备游泳能力，这也是影响裸藻在表层水体中分布的重要因素，进而影响到其空间分布上的相似性。

裸藻门和裸藻属的生物量与物种丰富度基本呈线性正相关关系（图 4-17），裸藻门物种丰富度与其生物量这二者的时空分布特征非常相似（图 4-14），裸藻门各属物种丰富度相对组成与其生物量相对组成这二者的时空分布特征也非常相似（图 4-15、图 4-16）。

表 4-5　珠江三角洲河网裸藻物种丰富度与其他江河的比较

江河名称	时间	裸藻门占浮游植物总种类数的比例/%	裸藻门/种	裸藻属/种	囊裸藻属/种	扁裸藻属/种	陀螺藻属/种	鳞孔藻属/种	参考文献
Aliakmon River（希腊）	1995 年 4 月，9 月		2	1			1		（Montesanto & Tryfon, 1999）
	1995 年 2 月至 1996 年 1 月	13.1	16	2	6	5		3	（Montesanto et al.，2000）
River Seonath（印度）	1995 年 1 月至 6 月	19.4	31	10	2	13	1	5	（Unni & Pawar, 2000）
River Emajõgi（爱沙尼亚）	2001 年，2003 年至 2006 年	4.4	9						（Piirsoo et al.，2008）
River Yamuna（印度）	2002 年至 2003 年	3.3	3	2		1			（Tabasum & Trisal, 2009）
Rideau River（加拿大）	1998 年至 2000 年（每年 5 月至 9 月）	3	22						（Hamilton et al.，2011）
Po River（意大利）	2008 年 1 月至 12 月	1.5	4						（Tavernini et al.，2011）
Daly River（澳大利亚）	2000 年 6 月至 11 月	5	13						（Townsend et al.，2012）
Ponjavica River（塞尔维亚）	2001 年 12 月，2002 年 5 月至 11 月，2005 年 11 月，2008 年 3 月至 11 月	17	74						（Karadžić et al.，2013）
São João River（巴西）	2008 年 8 月至 2009 年 7 月	16.7	37	11	9	8	6	1	（Bortolini & Bueno, 2013）
Upper Paraná River（巴西）	2007 年 5 月至 2008 年 4 月	10	17						（Bovo-Scomparin et al.，2013）
Han River（韩国）	2001 年 2 月至 2002 年 2 月，2004 年 2 月至 2005 年 2 月	4	17						（Jung et al.，2014）
Bahlui River Basin（罗马尼亚）	2007 年 4 月至 11 月		20	11	3	5		1	（Costică, 2009）
珠江三角洲河网（中国）	2012 年 3 月，5 月，8 月，12 月	21.9	85	29	16	18	9	6	本书

这似乎暗示，裸藻在珠江三角洲河网的现存量主要依赖于外源汇入，在江河水体中的自主生长并不显著。仅从西江沿线的研究结果来看，肇庆江段发现裸藻 31 种，与青岐站位的 27 种比较接近。但是，两个江段的裸藻生物量差异显著，青岐的年均值（0.052 mg/L）是肇庆江段年均值（0.003 mg/L）的近 17 倍，说明裸藻群体随水流下行过程中存在明显的增长过程。至于西江沿线青岐以下的 3 个站位（左滩、外海和新围）的物种丰富度和生物量均明显低于青岐，很可能是由于江河分流的原因造成的，因为这 3 个站位的值比较接近。

时间分布特征显示，生物量和物种丰富度均是丰水期高于枯水期，这主要是由于丰水期水位上涨，流域中的静止水体（如水库、浅滩、水洼等）中的裸藻被动地涌入干流，最终汇入河网水域的原因（王超等，2013a，2013b）。Montesanto 等（2000）对希腊 Aliakmon 河的研究表明，上游水库发生溢水时，下游裸藻的浓度有所增加，这反映了泄洪所带来的有机物的供给作用。此外，丰水期对应的高温也是裸藻生长的有利条件，PCA 结果也显示，WT 与裸藻的物种丰富度和生物量均存在正相关关系。空间分布特征显示，丰水期河网两侧站位的生物量和物种丰富度高于中部站位，主要是由于两侧站位受径流量影响较大，裸藻物种丰富度和现存量的补充明显高于相对闭塞的河网中部站位的原因，因此两侧站位的水期变化模式亦表现为丰水期大于枯水期。与丰水期不同，枯水期除广州周边站位的物种丰富度和生物量明显偏高外，其他站位间差异不大。一是由于枯水期径流量对物种的补充效应明显减弱，外加低温的不利影响，河网大部分站位的物种丰富度和生物量明显偏低；二是营养盐的空间格局也是主要决定因素，PCA 结果也印证了这一点。广州周边站位除营养盐含量明显偏高有利于裸藻生长外，由于位于虎门水道一侧，即使在枯水期也会受到较强的水流和潮汐涌动的影响，保证了裸藻的外源供给。调查期间，河网中部站位小榄均由单一属组成（图 4-15、图 4-16），分析发现此站位的氮磷营养盐含量明显低于其他站位。O'Farrell 等（2002）对阿根廷 Luján 江的研究发现，裸藻的空间分布与有机污染物浓度密切相关。Wu 等（2011）对德国 Kielstau 江的研究也发现，裸藻对氮浓度的变化反应敏感。此外，河网中部个别站位（北滘）的物种丰富度和生物量明显偏高，有可能是周边水体对裸藻组成和丰度有额外供给，或是局部水域的偶然性污染所致，这一点在栅藻的空间分布特征（王超等，2014）方面也得到印证。

裸藻门不同属的相对组成结果显示，裸藻属是裸藻门的最主要类群，囊裸藻属和扁裸藻属次之，这与国外其他江河的相对组成结果大体一致（表 4-5）。PCA 结果也表明，裸藻属与裸藻门的关系最紧密，在一定程度上可以反映裸藻门的变化（图 4-18）。裸藻属在丰水期的优势更明显，在枯水期的不稳定性较高，表现为与其他属形成互补优势，这与 Wu 等（2011）在德国 Kielstau 江的研究结果一致。与裸藻属相比，囊裸藻属和扁裸藻属属于生长缓慢的 K-选择策略型，富集营养物质的能力一般，因此不利于其与裸藻属的竞争。囊裸藻属和扁裸藻属主要在枯水期呈现出明显优势，且分别在 3 月和 12 月与裸藻属形成互补优势。其中一个重要原因在于，囊裸藻属主要营底栖生活，12 月的水体 SD 明显偏高（均值为 0.58 m），不利于其悬浮在表层水体中。尽管扁裸藻属物种多为普生性种，其主要受到裸藻属和囊裸藻属的竞争影响，仅在 12 月呈现一定的优势。

　　裸藻门和裸藻属的生物量与物种丰富度基本呈线性正相关，偏向位于 Irigoien 等（2004）提出的单峰模式的上升区，这也丰富了淡水水域藻类多样性模式的区域特征和分级特征。

第五章　珠江三角洲河网浮游动物

第一节　珠江三角洲河网浮游轮虫的群落结构
及其与环境因子间的关系

本节以珠江三角洲河网为研究区域，通过 2012 年 3 月、5 月、8 月和 12 月 4 次对珠江三角洲河网浮游动物的生态调查，研究该水域浮游轮虫的群落结构，包括种类组成、优势种、现存量及多样性的时空分布，探讨浮游轮虫群落结构与环境因子的关系，阐析浮游轮虫的聚群结构，并讨论了浮游轮虫群落的演变特征、影响其结构的因素及其结构与水质的关系。

一、浮游轮虫的种类组成

调查共检出浮游轮虫 53 种，均属于单巢总目，其中臂尾轮科 22 种，晶囊轮科 5 种，椎轮科 1 种，腹尾轮科 6 种，异尾轮科 3 种，疣毛轮科 8 种，镜轮科 6 种，以及聚花轮科 2 种。具体种类如表 5-1 所示。

表 5-1　浮游轮虫种类

目	科	种
单巢总目（Monogononta）	臂尾轮科（Brachionidae）	尾突臂尾轮虫（*Brachionus caudatus*）
		角突臂尾轮虫（*Brachionus angularis*）
		萼花臂尾轮虫（*Brachionus calyciflorus*）
		剪形臂尾轮虫（*Brachionus forficula*）
		浦达臂尾轮虫（*Brachionus budapestiensis*）
		花箧臂尾轮虫（*Brachionus capsuliflorus*）
		壶状臂尾轮虫（*Brachionus urceus*）
		镰状臂尾轮虫（*Brachionus falcatus*）
		裂足轮虫（*Brachionus diversicornis*）
		四角平甲轮虫（*Platyias quadricornis*）
		十指平甲轮虫（*Platyias militaris*）
		裂痕龟纹轮虫（*Anuraeopsis fissa*）
		螺形龟甲轮虫（*Keratella cochlearis*）

续表

目	科	种
单巢总目（Monogononta）	臂尾轮科（Brachionidae）	矩形龟甲轮虫（*Keratella quadrata*）
		曲腿龟甲轮虫（*Keratella valga*）
		叶状帆叶轮虫（*Argonotholca foliacea*）
		鳞状叶轮虫（*Notholca squamula*）
		唇形叶轮虫（*Notholca labis*）
		尖削叶轮虫（*Notholca acuminata*）
		长刺盖氏轮虫（*Kellicottia longispina*）
		椎尾水轮虫（*Epiphanes senta*）
		臂尾水轮虫（*Epiphanes brachionus*）
	晶囊轮科（Asplanchnidae）	前节晶囊轮虫（*Asplanchna priodonta*）
		盖氏晶囊轮虫（*Asplanchna girodi*）
		卜氏晶囊轮虫（*Asplanchna brightwelli*）
		西氏晶囊轮虫（*Asplanchna sieboldi*）
		多突囊足轮虫（*Asplanchna multiceps*）
	椎轮科（Notommatidae）	圆盖柱头轮虫（*Eosphora thoa*）
	腹尾轮科（Gastropodidae）	柱足腹尾轮虫（*Gastropus stylifer*）
		腹足腹尾轮虫（*Gastropus hyptopus*）
		小型腹尾轮虫（*Gastropus minor*）
		舞跃无柄轮虫（*Ascomorpha saltans*）
		没尾无柄轮虫（*Ascomorpha ecaudis*）
		团藻无柄轮虫（*Ascomorpha volvocicola*）
	异尾轮科（Trichocercidae）	圆筒异尾轮虫（*Trichcoerca cylindrica*）
		刺盖异尾轮虫（*Trichcoerca capucina*）
		长刺异尾轮虫（*Trichcoerca longiseta*）
	疣毛轮科（Synchaetidae）	长肢多肢轮虫（*Polyarthra dolichoptera*）
		针簇多肢轮虫（*Polyarthra trigla*）
		尖尾疣毛轮虫（*Synchaeta stylata*）
		梳状疣毛轮虫（*Synchaeta pectinata*）
		长圆疣毛轮虫（*Synchaeta oblonga*）
		郝氏皱甲轮虫（*Ploesoma hudsoni*）
		晶体皱甲轮虫（*Ploesoma lenticulare*）
		截头皱甲轮虫（*Ploesoma truncatum*）
	镜轮科（Testudinellidae）	沟痕泡轮虫（*Pompholyx sulcata*）
		奇异巨腕轮虫（*Pedalia mira*）
		长三肢轮虫（*Filinia longiseta*）
		臂三肢轮虫（*Filinia brachiata*）

续表

目	科	种
单巢总目（Monogononta）	镜轮科（Testudinellidae）	迈氏三肢轮虫（*Filinia maior*）
		脾状四肢轮虫（*Tetramastix opoliensis*）
	聚花轮科（Conochilidae）	团状聚花轮虫（*Conochilus hippocrepis*）
		独角聚花轮虫（*Conochilus unicornis*）

二、浮游轮虫优势种的时空分布

1. 优势种的时间分布

调查发现，浮游轮虫全年出现的优势种（优势度 $Y>0.02$）共计 12 种，包括臂尾轮科 5 种、晶囊轮科 1 种、椎轮科 1 种、腹尾轮科 1 种、异尾轮科 1 种、疣毛轮科 2 种、镜轮科 1 种（表 5-2）。3 月、5 月及 8 月调查均出现 5 种优势种，12 月调查出现 6 种优势种。针簇多肢轮虫（*Polyarthra trigla*）是第一优势种，在 4 次调查中均占有最高优势度，枯水期（3 月和 12 月）调查水域的浮游轮虫优势种主要为针簇多肢轮虫、角突臂尾轮虫（*Brachionus angularis*）、萼花臂尾轮虫（*Brachionus calyciflorus*）、螺形龟甲轮虫（*Keratella cochlearis*）等种类，而到了丰水期（5 月和 8 月），除了针簇多肢轮虫，其他主要优势种被前节晶囊轮虫（*Asplanchna priodonta*）、舞跃无柄轮虫（*Ascomorpha saltans*）及圆盖柱头轮虫（*Eosphora thoa*）等种类所代替。

表 5-2　浮游轮虫优势种的时间分布

调查时间	优势种	优势度
3 月	针簇多肢轮虫（*Polyarthra trigla*）	0.035
	角突臂尾轮虫（*Brachionus angularis*）	0.031
	迈氏三肢轮虫（*Filinia maior*）	0.029
	萼花臂尾轮虫（*Brachionus calyciflorus*）	0.028
	螺形龟甲轮虫（*Keratella cochlearis*）	0.022
5 月	针簇多肢轮虫（*Polyarthra trigla*）	0.070
	圆盖柱头轮虫（*Eosphora thoa*）	0.054
	前节晶囊轮虫（*Asplanchna priodonta*）	0.029
	舞跃无柄轮虫（*Ascomorpha saltans*）	0.026
	郝氏皱甲轮虫（*Ploesoma hudsoni*）	0.024
8 月	针簇多肢轮虫（*Polyarthra trigla*）	0.071
	前节晶囊轮虫（*Asplanchna priodonta*）	0.060
	舞跃无柄轮虫（*Ascomorpha saltans*）	0.032
	裂足轮虫（*Brachionus diversicornis*）	0.024
	圆盖柱头轮虫（*Eosphora thoa*）	0.022

调查时间	优势种	优势度
	针簇多肢轮虫（*Polyarthra trigla*）	0.051
	萼花臂尾轮虫（*Brachionus calyciflorus*）	0.048
12 月	角突臂尾轮虫（*Brachionus angularis*）	0.035
	镰状臂尾轮虫（*Brachionus falcatus*）	0.030
	螺形龟甲轮虫（*Keratella cochlearis*）	0.027
	刺盖异尾轮虫（*Trichcoerca capucina*）	0.021

2. 优势种的空间分布

调查发现，浮游轮虫在各站位出现的优势种（优势度 $Y > 0.02$）共计 46 种，各站位间有较大差异。在调查期间，青岐共出现 17 种优势种，其中针簇多肢轮虫占有较大优势（$Y = 0.111$）；左滩和外海分别出现 19 种和 20 种优势种，第一优势种均为角突臂尾轮虫；新围共出现 18 种优势种，其中前 3 种优势种为螺形龟甲轮虫、四角平甲轮虫（*Platyias quadricornis*）及叶状帆叶轮虫（*Argonotholca foliacea*）；小榄共出现 16 种优势种，其中矩形龟甲轮虫（*Keratella quadrata*）为第一优势种（$Y = 0.077$）；小塘共出现 15 种优势种，前 3 种优势种分别为臂尾水轮虫（*Epiphanes brachionus*）、多突囊足轮虫（*Asplanchna multiceps*）及盖氏晶囊轮虫（*Asplanchna girodi*）；北滘共出现 20 种优势种，其中四角平甲轮虫为第一优势种（$Y = 0.062$）；榄核共出现 19 种优势种，其中曲腿龟甲轮虫（*Keratella valga*）为第一优势种（$Y = 0.068$）；横沥共出现 21 种优势种，其中萼花臂尾轮虫占有最大优势（$Y = 0.057$）；陈村共出现 20 种优势种，其中针簇多肢轮虫为第一优势种（$Y = 0.102$）；珠江桥共出现 19 种优势种，其中螺形龟甲轮虫为第一优势种（$Y = 0.063$）；莲花山共出现 16 种优势种，其中针簇多肢轮虫占有绝对优势（$Y = 0.142$）；市桥共出现 17 种优势种，其中螺形龟甲轮虫为第一优势种（$Y = 0.092$）。

三、浮游轮虫现存量的时空分布

1. 现存量的时间分布

如图 5-1 所示，浮游轮虫丰度的时间变化总体表现为 3 月 > 12 月 > 5 月 > 8 月，浮游轮虫平均丰度的波动范围为 216.9～276.9 ind./L，总体来看，枯水期平均丰度大于丰水期平均丰度。ANOVA 结果表明，浮游轮虫丰度的时间差异极显著（$P < 0.01$）。

浮游轮虫生物量的时间分布与其丰度略有不同，平均生物量的最大值出现在 3 月，为 0.437 mg/L，最小值出现在 5 月，为 0.304 mg/L。总体来看，枯水期的平均生物量大于丰水期的平均生物量。ANOVA 结果表明，浮游轮虫生物量的时间差异极显著（$P < 0.01$）。

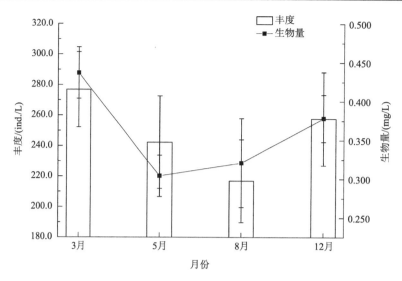

图 5-1 浮游轮虫丰度和生物量的时间分布

2. 现存量的空间分布

从空间分布来看，调查水域所有站位浮游轮虫的年平均丰度基本呈现自西南向东北方向增加的趋势，最大值出现在市桥（476.0 ind./L），次大值出现在莲花山（452.0 ind./L），最小值出现在小塘（344.0 ind./L），次小值出现在左滩和新围（均为 352.0 ind./L）。ANOVA结果表明，浮游轮虫的丰度在各站位间差异极显著（$P<0.01$）。

浮游轮虫年平均生物量的空间分布特征与其年平均丰度相似，各站位年平均生物量的波动范围为 0.317～0.400 mg/L，最大值出现在市桥（0.488 mg/L），最小值出现在青岐（0.245 mg/L）。ANOVA 结果表明，浮游轮虫的生物量在各站位间的差异不显著。

四、浮游轮虫群落多样性的时空分布

浮游轮虫群落多样性的时空分布如图 5-2 所示。可以看出，丰水期的浮游轮虫香农指数及均匀度指数均高于枯水期。香农指数及均匀度指数的年平均值的空间格局与各个月份一致，基本呈现自西南向东北方向降低的趋势。

浮游轮虫香农指数年平均值的波动范围为 1.255～1.729。3 月，香农指数的最高值（1.375）和最低值（1.004）分别出现在青岐和莲花山；5 月，香农指数的最高值（1.969）和最低值（1.315）分别出现在青岐和市桥；8 月，香农指数的最高值（2.119）和最低值（1.439）分别出现在青岐和莲花山；12 月，香农指数的最高值（1.510）和最低值（1.204）分别出现在左滩和市桥。

浮游轮虫均匀度指数年平均值的波动范围为 0.291～0.424。3 月，均匀度指数的均值为

0.259，最高值（0.324）和最低值（0.219）分别出现在青岐和莲花山；5 月，均匀度指数的均值为 0.396，最高值（0.482）和最低值（0.310）分别出现在青岐和市桥；8 月，均匀度指数的均值为 0.445，最高值（0.542）和最低值（0.356）分别出现在青岐和市桥；12 月，均匀度指数的均值为 0.303，最高值（0.349）和最低值（0.270）分别出现在青岐和市桥。

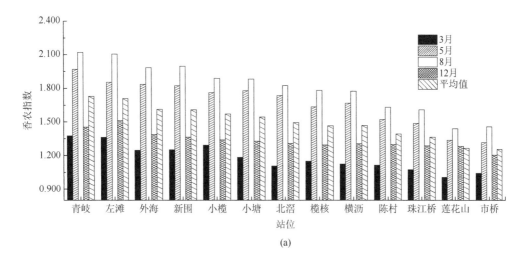

(a)

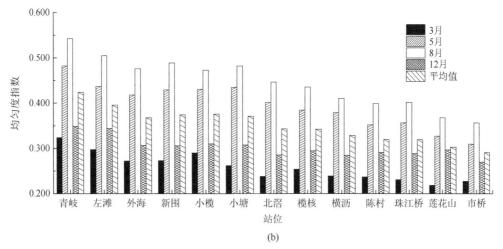

(b)

图 5-2　浮游轮虫群落多样性的时空分布

ANOVA 结果表明，浮游轮虫的香农指数和均匀度指数在不同月份间的差异极显著（$P<0.01$），而各站位间的差异不显著。

将浮游轮虫群落多样性指标（香农指数和均匀度指数）与其现存量指标（丰度和生物量）进行相关性分析（表 5-3），结果显示，浮游轮虫的丰度与生物量呈极显著正相关，香农指数与均匀度指数的正相关关系也达到极显著水平，多样性与现存量呈极显著负相关——香农指数和均匀度指数随着丰度及生物量的增加而明显降低。

表 5-3　浮游轮虫群落多样性与其现存量的相关性分析

	丰度	生物量	香农指数
生物量	0.805**		
香农指数	−0.849**	−0.867**	
均匀度指数	−0.843**	−0.871**	0.990**

注：**表示极显著相关（$P < 0.01$）。

五、浮游轮虫群落结构与环境因子间的关系

根据珠江三角洲河网浮游轮虫的出现频率，选取多种浮游轮虫的优势种（表 5-2），应用 Canoco 软件分不同月份对浮游轮虫优势种的丰度与 pH、DO、TN、TP、COD$_{Mn}$ 及 Chl a 等环境因子进行 PCA 二维排序分析，结果如图 5-3 所示。

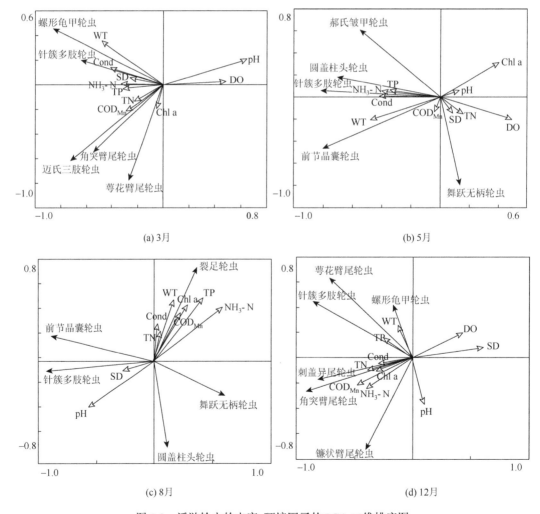

图 5-3　浮游轮虫的丰度-环境因子的 PCA 二维排序图

结果显示，3 月、5 月、8 月及 12 月 PCA 二维排序的前两个排序轴对丰度变量的解释率分别达到 78%、71.5%、72.3%及 80.2%，可以认为前两个排序轴为主成分轴。4 次调查结果中环境因子与 PCA 主成分轴间的相关系数如表 5-4 所示。

表 5-4　浮游轮虫的丰度–环境因子的 PCA 主成分轴与环境因子间的相关系数

环境因子	3 月		5 月		8 月		12 月	
	SPAX1	SPAX2	SPAX1	SPAX2	SPAX1	SPAX2	SPAX1	SPAX2
水温（WT）	−0.495*	0.361*	−0.505*	−0.220	0.177	0.487*	−0.134	0.275
透明度（SD）	−0.262	0.058	0.081	−0.141	−0.295	−0.074	0.610*	0.080
pH	0.642*	0.204	0.140	0.070	−0.568*	−0.360*	0.090	−0.345*
电导率（Cond）	−0.444*	0.150	−0.431*	0.008	0.022	0.313*	−0.327*	−0.061
溶解氧（DO）	0.510*	0.025	0.498*	−0.203	—	—	0.420*	0.193
总磷（TP）	−0.308*	−0.022	−0.389*	0.063	0.417*	0.502*	−0.226	0.142
总氮（TN）	−0.234	−0.137	0.142	−0.149	0.050	0.231	−0.448*	−0.107
氨氮（NH_3-N）	−0.350*	0.008	−0.413*	0.060	0.552*	0.401*	−0.411*	−0.249
高锰酸盐指数（COD_{Mn}）	−0.281	−0.213	−0.034	−0.110	0.255	0.414*	−0.514*	−0.220
叶绿素 a（Chl a）	−0.056	−0.178	0.403*	0.317*	0.291	0.459*	−0.354*	−0.097

注：*表示显著相关（$P<0.05$）；SPAX1：物种主成分轴 1；SPAX2：物种主成分轴 2。

从图 5-3 和表 5-4 可以看出，3 月，针簇多肢轮虫、角突臂尾轮虫等浮游轮虫的丰度与 pH 和溶解氧呈显著正相关，而与水温、电导率、总磷及氨氮等环境因子呈明显负相关；5 月，针簇多肢轮虫、圆盖柱头轮虫等浮游轮虫的丰度与溶解氧及叶绿素 a 有较好的相关性，与水温、电导率、总磷及氨氮等环境因子呈明显负相关；8 月，针簇多肢轮虫、前节晶囊轮虫等浮游轮虫的丰度与 pH 呈明显负相关，与水温、电导率、总磷、氨氮、高锰酸盐指数、叶绿素 a 等环境因子呈明显正相关；12 月，针簇多肢轮虫、萼花臂尾轮虫等浮游轮虫的丰度与透明度呈显著正相关，与溶解氧有较为明显的正相关关系，与 pH、电导率、总氮、氨氮、高锰酸盐指数及叶绿素 a 等环境因子呈明显负相关。

六、浮游轮虫聚群结构

根据浮游轮虫的丰度，通过 SOM 图谱揭示珠江三角洲各站位的分布格局，36 个分布单元在 SOM 图谱上的分布情况如图 5-4 所示。根据不同神经元间浮游轮虫群落组成的相似性，可明显分成两大类（Ⅰ和Ⅱ），其中Ⅰ又可分为Ⅰa 和Ⅰb 两个聚群，Ⅱ可分为Ⅱa、Ⅱb 和Ⅱc 三个聚群。这 5 个聚群（Ⅰa、Ⅰb、Ⅱa、Ⅱb 和Ⅱc）分别由 5 个、9 个、7 个、

6 个和 9 个分布单元组成。聚群 I a 由陈村和横沥组成，聚群 I b 由珠江桥、莲花山和市桥组成，聚群 II a 由榄核组成，聚群 II b 由左滩和外海组成，聚群 II c 由青岐、新围、小榄、小塘和北滘组成。

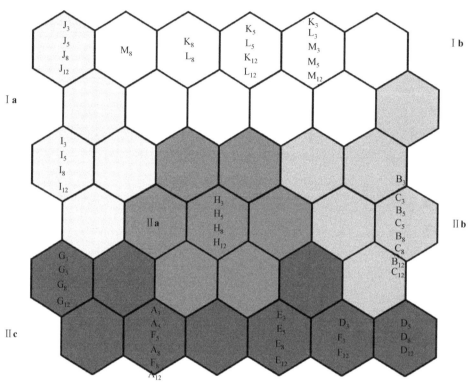

A. 青岐；B. 左滩；C. 外海；D. 新围；E. 小榄；F. 小塘；G. 北滘；H. 榄核；I. 横沥；J. 陈村；K. 珠江桥；L. 莲花山；M. 市桥

图 5-4　分布单元在 SOM 图谱上的分布

七、浮游轮虫群落演变分析

　　与历史资料对比研究发现，珠江三角洲河网浮游轮虫的群落结构发生明显变化，主要表现为以下特征：①种类数减少。1981～1982 年调查珠江三角洲河网共检出轮虫 78 种，本书调查共检出浮游轮虫 53 种，比 1981～1982 年调查结果减少了 25 种。②现存量增加。1981～1982 年调查轮虫的丰度均值为 27.44 ind./L，生物量均值为 0.090 mg/L，本书调查浮游轮虫的丰度和生物量年度均值分别为 248.46 ind./L 和 0.360 mg/L，相比之下，浮游轮虫的丰度和生物量明显增加。③优势种有所更替。1981～1982 年调查珠江三角洲河网轮虫的优势种主要为萼花臂尾轮虫、螺形龟甲轮虫、曲腿龟甲轮虫及月形腔轮虫（*Lecane luna*）等，而本书调查发现浮游轮虫的优势种主要有针簇多肢轮虫、

角突臂尾轮虫、圆盖柱头轮虫、前节晶囊轮虫等，萼花臂尾轮虫和螺形龟甲轮虫的优
势度虽然也较高，但已非珠江三角洲河网最主要优势种。

八、浮游轮虫群落结构的影响因素

1. 非生物因素

调查结果显示（图 5-3、表 5-4），在 3 月、5 月及 8 月的调查中水温与浮游轮虫丰度
均呈明显的相关性，这与国内外已有的研究结果一致。诸多研究发现，随着水温上升，
轮虫卵的发育时间缩短，种群周转速度加快，导致种群丰度的迅速增加。由此可见，温
度是非生物因素中影响浮游轮虫群落结构的一个重要因素，对浮游轮虫的繁殖、生长发
育及时空分布均起着关键性作用。

在 3 月、5 月及 12 月的调查中溶解氧含量与浮游轮虫丰度有较好的相关性，在 3 月、
8 月及 12 月的调查中发现 pH 与浮游轮虫的丰度密切相关。国内外许多学者证实，溶解
氧和 pH 也是影响轮虫丰度的主要非生物因素。在许多分层的富营养化水体中，溶解氧
的不足可以限制轮虫的发生，而且不同种属的轮虫均有其适宜的 pH 范围。

影响浮游轮虫群落结构的非生物因素还有很多，其中较为重要的包括氮、磷等营养
盐水平及水流量等。本书结果显示，浮游轮虫的丰度在某些季节与总氮、总磷等营养盐
因子有明显的相关关系，这与国内外诸多研究结论相符。许多轮虫种类对某种营养范围
或极端营养条件有偏好，这种偏好与食物的大小与性质有关。例如，寡营养指示种如聚
花轮虫，主要以微藻为食；富营养指示种如臂尾轮虫，则主要以微藻和有机碎屑等为食；
营养水平介于寡营养和富营养之间的指示种以粒径相对比较大的颗粒物为食。水体营养
水平的变化改变了轮虫食物的大小与性质，从而影响轮虫的种类组成。Ferrari 等（1989）
认为，在水流量低的条件下，浮游动物趋向建立并维持稳定的群落结构，包括物种的组
成、丰度和生物多样性在时空上的稳定性；但在洪水之后，群落结构会发生重建。遗憾
的是在本书调查期间未对水流量进行测定，所以无法进行相关分析，希望在后续的相关
调查研究中能够补充改进。

2. 生物因素

国内外学者还对影响浮游轮虫群落结构的生物因素进行了较多的研究。一是食物因
素。轮虫主要以真核藻类、细菌和原生动物为食。依食性，轮虫可分为滤食水体中 1～
15 μm 悬浮颗粒物的种类——泛化种（generalist）和能劫掠粒径较大食物的种类——特化
种（specialist）。不同种类的轮虫首选的食物也不相同，具体哪种食性轮虫占优势取决于水
体中食物的性质。汇入珠江三角洲河网的周边城市生活污水和工业废水，为细菌和原生动

物等的繁殖提供了条件，进而为轮虫的生长及发育提供了充足的食物。在本书的 PCA 结果中，5 月、8 月及 12 月的调查结果显示叶绿素 a 与浮游轮虫丰度有密切关系，也在一定程度上反映了该水域浮游轮虫的食物状况。Zimmermann（1997）研究表明，低浓度的叶绿素 a 会降低轮虫的丰度。温新利等（2004）在研究长江支流青弋江芜湖段轮虫群落结构和物种多样性时也发现，叶绿素 a 浓度极大地影响该水域轮虫的丰度。

二是大型浮游甲壳动物对轮虫的抑制作用。Couch 等（1999）研究发现，大型浮游甲壳动物对轮虫的抑制有两种形式：一是通过食物竞争，枝角类中的溞属（*Daphnia*）对食物的滤食能力比轮虫强，轮虫在竞争中处于劣势；二是通过机械损伤或捕食，当轮虫进入溞属的胸肢之间后会受到损伤，有些桡足类甚至会直接摄食轮虫。Iglesias 等（2011）认为在热带亚热带水体中，捕食是影响浮游动物群落结构的决定性因素，鱼类和一些肉食性或杂食性的浮游动物是轮虫的主要捕食者。由于食物生态位的重叠，轮虫与枝角类之间存在食物竞争关系。在珠江三角洲河网，枝角类及桡足类的丰度及生物多样性较高，所以大型浮游甲壳动物对轮虫的抑制作用可能也是影响该水域浮游轮虫群落结构的重要原因。

九、浮游轮虫群落结构与水质的关系

轮虫个体小，繁殖快，生命周期短，且每种轮虫均有特定的生态位，对不同生态因子（如水体营养水平）有一定的耐受范围和偏好，因而经常被用作水体营养水平的指示种。轮虫可作为有效的水体污染指示生物，并能直接、真实地反映水体质量优劣对生物群落本身的影响程度。

根据浮游轮虫丰度对珠江三角洲各站位进行聚群分析所得出的结果（图 5-4），由陈村和横沥组成了聚群 I a，由珠江桥、莲花山和市桥组成了聚群 I b，由榄核组成了聚群 II a，由左滩和外海组成了聚群 II b，以及由青岐、新围、小榄、小塘和北滘组成了聚群 II c，这显然说明了组成 5 种聚群结构的各个分布单元（即相应站位的水质状况）有显著差异，这与王超等（2013b）对珠江三角洲相应水域的水质分析评价有较好的一致性。

本书结果显示，各站位浮游轮虫的年平均丰度及年平均生物量均呈现自西南向东北增加的趋势，分析原因可能是珠江三角洲河网东北方向的站位比较靠近广州等城市，水域内有较多的营养输入，浮游植物的现存量增大，为浮游轮虫提供了更多的食物，使得东北方向的站位浮游轮虫的现存量明显高于西南方向的站位。

第二节　珠江三角洲河网桡足类群落结构及其与环境因子间的关系

本节于 2012 年 3 月、5 月、8 月和 12 月对珠江三角洲河网进行采样调查，对桡足类的群落组成、现存量及多样性等指标进行了分析。

一、桡足类群落组成

调查共鉴定桡足类 9 科 24 属 31 种。其中，剑水蚤科（Cyclopidae）占较大优势，共检出 15 种，其次是镖水蚤科（Diaptomidae）和胸刺水蚤科（Centropagidae），分别检出 7 种和 3 种，伪镖水蚤科（Pseudodiaptomidae）、纺锤水蚤科（Acartiidae）、异足猛水蚤科（Canthocamptidae）、老丰猛水蚤科（Laophontidae）、长腹剑水蚤科（Oithonidae）、镖剑水蚤科（Cyclopinidae）各检出 1 种，出现频率较低。

二、桡足类优势种的时空分布

1. 优势种的时间分布

调查发现，桡足类全年出现的优势种（优势度 $Y > 0.02$）共计 13 种（表 5-5），占桡足类总种数的 41.94%。4 次调查均出现的优势种有 6 种，包括广布中剑水蚤（*Mesocyclops leuckarti*）、跨立小剑水蚤（*Microcyclops varicans*）、透明温剑水蚤（*Thermocyclops hyalinus*）、右突新镖水蚤（*Neodiaptomus schmackeri*）、锥肢蒙镖水蚤（*Mongolodiaptomus birulai*）和舌状叶镖水蚤（*Phyllodiaptomus tunguidus*）。桡足类在 3 月的优势种最多，为 13 种，12 月和 5 月次之，分别检出 10 种和 9 种，8 月最少，仅 7 种，优势种随季节更替变化比较明显。从表 5-5 可以看出，广布中剑水蚤是第一优势种，在 4 次调查中均占有最高优势度；其次为跨立小剑水蚤，在 4 次调查中也占有较高优势度。与枯水期（3 月和 12 月）调查水域出现的优势种数量（13 种）相比，丰水期（5 月和 8 月）检出的优势种要少些（10 种），英勇剑水蚤（*Cyclops strenuus*）、镰钩明镖水蚤（*Heliodiaptomus falxus*）和钩指复镖水蚤（*Allodiaptomus specillodactylus*）等种类在丰水期的优势不再明显。

表 5-5　优势种的时间分布

调查时间	优势种	优势度
	广布中剑水蚤（*Mesocyclops leuckarti*）	0.141
	跨立小剑水蚤（*Microcyclops varicans*）	0.109
	透明温剑水蚤（*Thermocyclops hyalinus*）	0.070
3 月	右突新镖水蚤（*Neodiaptomus schmackeri*）	0.064
	短尾温剑水蚤（*Thermocyclops brevifurcatus*）	0.051
	毛饰拟剑水蚤（*Paracyclops fimbriatus*）	0.033
	英勇剑水蚤（*Cyclops strenuus*）	0.033

续表

调查时间	优势种	优势度
3月	胸饰外剑水蚤（*Ectocyclops phaleratus*）	0.032
	锥肢蒙镖水蚤（*Mongolodiaptomus birulai*）	0.026
	镰钩明镖水蚤（*Heliodiaptomus falxus*）	0.024
	舌状叶镖水蚤（*Phyllodiaptomus tunguidus*）	0.024
	汤匙华哲水蚤（*Sinocalanus dorrii*）	0.023
	钩指复镖水蚤（*Allodiaptomus specillodactylus*）	0.020
5月	广布中剑水蚤（*Mesocyclops leuckarti*）	0.147
	跨立小剑水蚤（*Microcyclops varicans*）	0.125
	右突新镖水蚤（*Neodiaptomus schmackeri*）	0.089
	透明温剑水蚤（*Thermocyclops hyalinus*）	0.078
	毛饰拟剑水蚤（*Paracyclops fimbriatus*）	0.038
	胸饰外剑水蚤（*Ectocyclops phaleratus*）	0.036
	舌状叶镖水蚤（*Phyllodiaptomus tunguidus*）	0.034
	锥肢蒙镖水蚤（*Mongolodiaptomus birulai*）	0.033
	汤匙华哲水蚤（*Sinocalanus dorrii*）	0.023
8月	广布中剑水蚤（*Mesocyclops leuckarti*）	0.124
	右突新镖水蚤（*Neodiaptomus schmackeri*）	0.111
	跨立小剑水蚤（*Microcyclops varicans*）	0.108
	透明温剑水蚤（*Thermocyclops hyalinus*）	0.081
	短尾温剑水蚤（*Thermocyclops brevifurcatus*）	0.042
	锥肢蒙镖水蚤（*Mongolodiaptomus birulai*）	0.037
	舌状叶镖水蚤（*Phyllodiaptomus tunguidus*）	0.027
12月	广布中剑水蚤（*Mesocyclops leuckarti*）	0.143
	跨立小剑水蚤（*Microcyclops varicans*）	0.119
	右突新镖水蚤（*Neodiaptomus schmackeri*）	0.083
	透明温剑水蚤（*Thermocyclops hyalinus*）	0.074
	胸饰外剑水蚤（*Ectocyclops phaleratus*）	0.040
	毛饰拟剑水蚤（*Paracyclops fimbriatus*）	0.036
	英勇剑水蚤（*Cyclops strenuus*）	0.031
	锥肢蒙镖水蚤（*Mongolodiaptomus birulai*）	0.031
	舌状叶镖水蚤（*Phyllodiaptomus tunguidus*）	0.029
	汤匙华哲水蚤（*Sinocalanus dorrii*）	0.025

2. 优势种的空间分布

选取桡足类的主要优势种，利用其丰度做聚类分析（图 5-5）。从图 5-5 可以看出，13 个站位大致可以分成 4 组。其中，青岐、左滩、北滘、新围和小塘的优势种组成相近，广布中剑水蚤、右突新镖水蚤、透明温剑水蚤、舌状叶镖水蚤和胸饰外剑水蚤（*Ectocyclops phaleratus*）等种类的丰度较高。榄核和陈村的优势种组成相近，跨立小剑水蚤和毛饰拟剑水蚤（*Paracyclops fimbriatus*）的丰度最高。横沥、市桥、外海、小榄和珠江桥的优势种组成相近，锥肢蒙镖水蚤等种类具有较高丰度。莲花山单独为一组，短尾温剑水蚤（*Thermocyclops brevifurcatus*）在此站位具有较高丰度，广布中剑水蚤、跨立小剑水蚤、右突新镖水蚤等种类丰度较低。

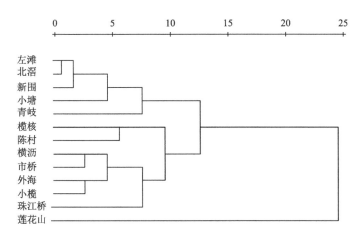

图 5-5　桡足类优势种丰度的空间聚类图

三、桡足类现存量的时空分布

1. 现存量的时间分布

桡足类成体年平均丰度为 6.63 ind./L，如图 5-6（a）所示，全年最高峰（8.96 ind./L）出现在 8 月，次高峰（6.47 ind./L）出现在 5 月，最低值（5.32 ind./L）出现在 3 月。总体来看，丰水期桡足类成体的平均丰度大于枯水期。

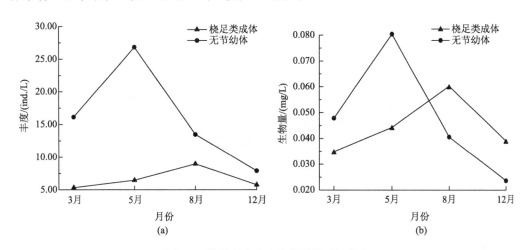

图 5-6　桡足类丰度和生物量的时间分布

无节幼体①的丰度分布具有明显的时间变化特征，最高峰出现在 5 月，平均丰度为
26.84 ind./L，最低值（7.91 ind./L）出现在 12 月。

如图 5-6（b）所示，桡足类成体生物量的时间变化总体表现为 8 月＞5 月＞12 月＞
3 月，桡足类成体平均生物量的波动范围为 0.035～0.060 mg/L，年平均生物量为
0.045 mg/L。总体来看，丰水期桡足类成体的平均生物量大于枯水期。

无节幼体生物量的时间分布特征与其丰度相似，最高值出现在 5 月，平均生物量为
0.080 mg/L，最低值出现在 12 月，平均生物量为 0.024 mg/L。

2. 现存量的空间分布

如图 5-7（a）所示，桡足类成体数量的密集区出现在横沥，年平均丰度为 7.66 ind./L，
其次为莲花山，年平均丰度为 7.56 ind./L，次小值（5.04 ind./L）出现在珠江桥，最小值
（4.54 ind./L）出现在市桥。

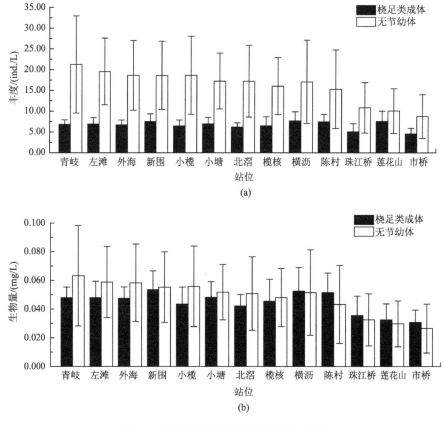

图 5-7　桡足类丰度和生物量的空间分布

---

① 桡足类的发育经过无节幼体、桡足幼体两个阶段，本书未统计桡足幼体数量。

调查水域所有站位无节幼体的年平均丰度基本呈现自西南向东北方向减小的趋势。最大值（21.24 ind./L）出现在青岐，最小值（8.72 ind./L）出现在市桥。

如图 5-7（b）所示，桡足类成体年平均生物量的空间分布较为均匀，最大值（0.054 mg/L）出现在新围，最小值（0.031 ind./L）出现在市桥。

无节幼体年平均生物量的空间分布特征与其年平均丰度相似，各站位年平均生物量的波动范围为 0.027～0.063 mg/L，最大值和最小值分别出现在青岐和市桥。

四、桡足类多样性的时空分布

调查水域桡足类香农指数和均匀度指数的时空分布如图 5-8 所示。桡足类香农指数年平均值的波动范围为 1.455～2.011，8 月最高，3 月最低，总体来看，丰水期桡足类的平均香农指数高于枯水期。3 月，平均香农指数的最高值（1.723）和最低值（1.104）分别出现在青岐和市桥；5 月，平均香农指数的最高值（2.224）和最低值（1.311）分别出现在青岐和市桥；8 月，平均香农指数的最高值（2.298）和最低值（1.534）分别出现在青岐和市桥；12 月，平均香农指数的最高值（1.885）和最低值（1.330）分别出现在左滩和市桥。从年平均值来看，香农指数的空间格局基本呈现自西南向东北方向降低的趋势。

桡足类均匀度指数年平均值的波动范围为 0.335～0.517，平均均匀度指数的时间变化总体表现为 8 月＞5 月＞12 月＞3 月，丰水期桡足类的平均均匀度指数高于枯水期。3 月，

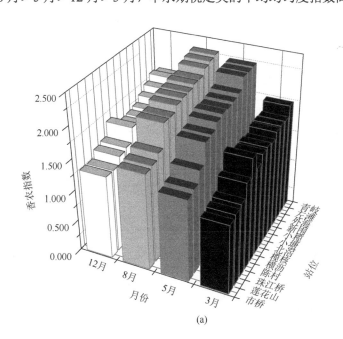

(a)

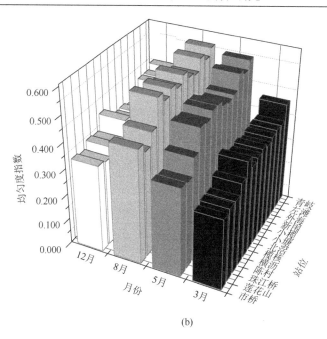

图 5-8　桡足类香农指数和均匀度指数的时空分布

平均均匀度指数最高值（0.408）和最低值（0.271）分别出现在青岐和市桥；5 月，平均均匀度指数的最高值（0.544）和最低值（0.339）分别出现在青岐和莲花山；8 月，平均均匀度指数的最高值（0.562）和最低值（0.409）分别出现在青岐和莲花山；12 月，平均均匀度指数的最高值（0.491）和最低值（0.342）分别出现在青岐和莲花山。

ANOVA 结果表明，桡足类的香农指数和均匀度指数在时间上及各站位间的差异不显著。

五、桡足类群落结构与环境因子间的关系

选取珠江三角洲河网多种桡足类的优势种（表 5-5），应用 Canoco 软件对桡足类优势种的丰度与水温（WT）、透明度（SD）、pH、总磷（TP）、总氮（TN）、氨氮（NH_3-N）、高锰酸盐指数（COD_{Mn}）及叶绿素 a（Chl a）等环境因子进行 PCA 二维排序分析，结果如图 5-9 所示。

分析结果显示，PCA 二维排序的前两个排序轴对丰度变量的解释率达到 60%，可以认为前两个排序轴为主成分轴。环境因子与 PCA 主成分轴间的相关系数如表 5-6 所示，珠江三角洲河网桡足类群落结构与 WT、TP、TN、NH_3-N、COD_{Mn} 以及 Chl a 呈显著正相关，与 SD 和 pH 呈显著负相关。

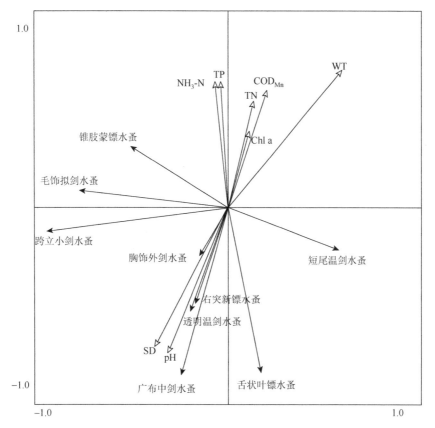

图 5-9 桡足类的丰度-环境因子的 PCA 二维排序图

表 5-6 桡足类的丰度-环境因子的 PCA 主成分轴与环境因子间的相关系数

环境因子	SPAX1	SPAX2
WT	0.569*	0.680*
SD	-0.367*	-0.681*
pH	-0.303*	-0.711*
TP	-0.038	0.635*
TN	0.130	0.540*
NH_3-N	-0.065	0.636*
COD_{Mn}	0.205	0.604*
Chl a	0.092	0.370*

注：*表示显著相关（$P<0.05$）；SPAX1：物种主成分轴 1；SPAX2：物种主成分轴 2。

六、珠江三角洲河网桡足类生态特征分析

鉴于珠江三角洲河网独特的水生态条件，桡足类在群落组成及多样性上具有其相应的生态特征。调查期间共记录桡足类 9 科 24 属 31 种。4 次调查均出现的优势种有 6 种，

其中，除跨立小剑水蚤为广温性种类之外，其他大多数优势种均为暖温性种类，这反映了珠江三角洲河网的气候特征。此外，优势种锥肢蒙镖水蚤的出现，说明在某些季节调查水域可能还受到外海水的较强影响。

从图 5-6 可以看出，桡足类无节幼体的现存量分布具有较为明显的时间变化特征，最高值出现在 5 月，最低值出现在 12 月，呈现单峰型变化特征。这表明调查水域全年皆有桡足类生长繁殖，且繁殖高峰期为 5 月。

珠江三角洲河网桡足类优势种以中小型桡足类为主，与历史数据对比分析发现，珠江三角洲河网桡足类的群落结构发生较为明显的变化，主要表现为以下特征：①种类数大大减少。1981～1982 年调查珠江三角洲河网共检出桡足类 49 种，本书调查共检出桡足类 31 种，比 1981～1982 年调查结果减少了 18 种。②现存量降低。1981～1982 年调查桡足类的平均丰度为 23.80 ind./L，平均生物量为 1.525 mg/L，本书调查桡足类的丰度和生物量年平均值分别为 6.63 ind./L 和 0.045 mg/L，相比之下，桡足类的丰度和生物量明显降低。这可能是桡足类长期以来受气候变化及人类活动双重影响的结果。③优势种有所更替。1981～1982 年调查珠江三角洲河网桡足类的优势种主要为毛饰拟剑水蚤和广布中剑水蚤等，本书调查发现桡足类的优势种主要有广布中剑水蚤、跨立小剑水蚤及透明温剑水蚤等种类，广布中剑水蚤在调查水域已经占据第一优势种的地位，在 4 次调查中均占有最高优势度，跨立小剑水蚤在 4 次调查中也占有较高优势度，相比之下，毛饰拟剑水蚤的优势度较低。

调查河网桡足类生态特征的国内外研究资料较少，与国内黄河三角洲水域（21 种）（田家怡和高霞，2001）及国外的尼日利亚尼日尔三角洲的 Sombreiro 河（5 种）（Ezekiel et al.，2011）相比较，珠江三角洲河网桡足类的物种丰富度及现存量相对较高。陈立婧等（2012）指出，海拔较低、两岸平坦、河床宽阔、水流平缓的水生态环境较适于桡足类的生长繁殖。珠江三角洲地区地势总体由北向南倾斜，地面坡降约为 0.01‰～0.32‰，这种平缓的地形决定了地表水系水动力条件较差，水体径流迟缓，加上网络状的水系分布特点，珠江三角洲这样特殊的地形地貌格局及水文特征为桡足类的生长繁殖提供了良好的水域环境。

七、桡足类群落结构影响因素分析

研究表明，生境是影响桡足类的种类组成、丰度和多样性的重要因素。这里的生境包括影响桡足类分布的一些理化和生物因子，如扰动、pH、透明度等以及作为桡足类重要食物来源的浮游藻类。

张才学等（2011）在研究湛江港湾桡足类群落结构的季节变化和影响因素时发现，桡足类丰度与水温、叶绿素 a 和浮游植物细胞丰度呈极显著的正相关，与 pH 的相关性不明显。李共国和虞左明（2002）在对浙江千岛湖的桡足类群落结构进行调查时发现，桡足类群落多样性随着水体透明度的增大呈下降的趋势。本书调查发现，珠江三角洲河网桡足类群落结构与水温、总磷、总氮、氨氮、高锰酸盐指数以及叶绿素 a 呈显著正相关，与透明度和 pH 呈显著负相关。这与其他水域的研究结果有同有异，毕竟在不同的水域环境下，影响桡足类群落结构的主导生态因子是不同的。

有研究（Dussart et al.，1984）表明，温度是影响桡足类生命活动的重要环境因子之一，尤其对其生长、发育、繁殖的影响极为显著。在适温范围内，桡足类的生长率随温度升高而增加，但温度过高会引起桡足类新陈代谢加快，耗氧量增加，蛋白质消耗过多，又会导致其存活率下降。另外，桡足类卵的孵化受温度影响较为明显，较高的温度有利于卵的孵化。桡足类群落受温度的影响显著体现了珠江三角洲河网桡足类分布的季节性特征。

营养盐主要通过直接影响水体浮游植物的生长来间接影响浮游动物的多样性和数量分布。珠江三角洲河网桡足类群落结构与总磷、总氮、氨氮等，以及与浮游植物生物量的代表参数——叶绿素 a 呈显著正相关，是调查水域浮游植物对浮游桡足类群落饵料调控的间接反映。

珠江三角洲河网桡足类群落结构与透明度呈显著负相关，分析其原因：一方面，水体透明度会影响浮游植物进行光合作用，可通过克藻效应来影响作为桡足类重要食物来源的浮游植物的丰度；另一方面，水体透明度大小可影响桡足类被滤食性鱼类捕食的概率。

广布中剑水蚤、跨立小剑水蚤及透明温剑水蚤等优势种对酸碱度的适应范围有一定要求（中国科学院动物研究所甲壳动物研究组，1979），所以桡足类群落结构与 pH 也有较高的相关性。

第六章　珠江三角洲河网重金属含量分布及其风险评价

第一节　珠江水系及珠江三角洲河网重金属污染历史状况

关于珠江水系及珠江三角洲河网重金属的分布及污染状况，可查证且较为完整的数据来自 20 世纪 80 年代农牧渔业部水产局的全国水产科研重点项目"珠江水系渔业资源调查"。该项目由中国水产科学研究院珠江水产研究所主持，会同其他 8 家科研单位和高校共同对珠江水系的 15 条江河、9 个水库和 2 个湖泊的自然概况、水文、水域污染、水生生物、初级生产力、鱼类区系、经济鱼类生物学及渔业经济等开展了全面系统的调查研究。此后，陆续有少量涉及珠江三角洲河网重金属风险评价的调查研究（窦明等，2007；谢文平等，2010）。

珠江水系水体的重金属污染有着广泛的污染来源。除来自电镀、机械等工业废水和生活污水外，在珠江水系流经的云、黔、桂、粤四省（区），有蕴藏极为丰富的有色金属矿产，采矿和冶金工业的发展，向珠江水系下游珠江三角洲河网的重金属污染贡献了更多的污染源。本节主要介绍珠江三角洲河网水体、沉积物和水生动物的重金属含量和残留的历史状况。

一、水体重金属污染状况

水质的好坏直接关系到水生生物群落和渔业资源状况。水体的重金属含量是水质的重要指标。20 世纪 80 年代，珠江三角洲河网水体广州江段、番禺江段、九江江段和新会江段四个江段铬、铜、镉、锌含量的调查结果显示：铬含量范围为 0.0001～0.0178 mg/L（均值为 0.0107 mg/L），铜含量范围为 0.0020～0.0074 mg/L（均值为 0.0058 mg/L），镉含量范围为 0.0014～0.0170 mg/L（均值为 0.0074 mg/L），锌含量范围为 0.013～0.258 mg/L（均值为 0.159 mg/L）。其中，铜的检出率为 75.9%，超标率为 3.7%；镉的检出率为 97%，超标率为 8.95%；锌的检出率为 98.5%，超标率为 50.2%[①]。可见，该时期锌和镉的超标情况较为严重。

---

① 参照 TJ 35—1979《渔业水质标准（试行）》，水体重金属的标准限值分别为铜 0.01 mg/L，镉 0.005 mg/L，铬 1.0 mg/L，锌 0.1 mg/L。

各江段锌、镉平均含量及超标情况如下。广州江段广纸断面锌含量均值为 0.123 mg/L，超标 0.23 倍；番禺江段锌含量均值为 0.257 mg/L，超标 1.6 倍；九江江段锌含量均值为 0.115 mg/L，超标 0.15 倍，最高检出值为 0.174 mg/L，超标 0.74 倍；新会江段锌含量均值为 0.103 mg/L，超标 0.03 倍。番禺江段镉含量均值为 0.017 mg/L，超标 2.4 倍；九江江段镉含量均值为 0.0062 mg/L，超标 0.24 倍，最高检出值为 0.01 mg/L，超标 1.0 倍。

二、沉积物重金属污染状况

沉积物对重金属的蓄积，既对底栖生物具有毒害影响，又可能造成水质的二次污染。20 世纪 80 年代，珠江三角洲河网表层沉积物铅、铜、镉、锌含量调查的结果显示：铅含量范围为 70.63～218.00 mg/kg（均值为 131.00 mg/kg），铜含量范围为 12.50～177.50 mg/kg（均值为 68.27 mg/kg），镉含量范围为 0.13～4.16 mg/kg（均值为 1.23 mg/kg），锌含量范围为 78.75～526.75 mg/kg（均值为 232.20 mg/kg）。可见，该时期珠江三角洲河网表层沉积物中上述重金属的污染十分严重[①]。

三、水生动物重金属残留及风险状况

水生动物等水产品是人类重要的食用蛋白来源，其对重金属的蓄积残留，可通过食物链传递对高营养级水生生物和人类产生潜在的毒害和健康风险。水生动物体内各重金属的参考标准限值为铬 0.5 mg/kg，铜 7.0 mg/kg，镉 1.0 mg/kg，锌 10.0 mg/kg（陆奎贤，1990）。20 世纪 80 年代，珠江三角洲河网鱼类 89～114 个样品中重金属残留情况调查的结果显示：铬含量范围为 2.20～27.00 mg/kg（均值为 5.30 mg/kg），铜含量范围为 ND[②]～27.18 mg/kg（均值为 1.53 mg/kg），镉含量范围为 ND～1.00 mg/kg（均值为 0.112 mg/kg），锌含量范围为 ND～1.50 mg/kg（均值为 0.284 mg/kg）。其中，铬的检出率为 100%，超标率为 81.6%；铜的检出率为 99.1%，超标率为 6.42%；镉的检出率为 94.9%，超标率为 4.08%；锌的检出率为 86.5%，无超标。可见，该时期珠江三角洲河网鱼类的重金属残留及其食用健康风险非常高。

---

① 评价依据：沉积物中重金属参考标准限值为铅 10 mg/kg，铜 10 mg/kg，镉 1.0 mg/kg，锌 20 mg/kg（陆奎贤，1990）。
② ND 表示未检出。

第二节　珠江三角洲河网水体重金属含量分布及污染特征

一、水体重金属含量空间分布特征

（一）不同站位水体重金属含量及超标情况

对珠江三角洲河网 13 个调查站位 3 月、5 月、8 月和 12 月水体的重金属含量进行均值分析，其空间分布特征如下。

1. 铜

铜（Cu）是珠江三角洲河网水体中主要的重金属污染元素之一。调查期间珠江三角洲河网不同站位水体铜含量的均值范围为 0.003～0.022 mg/L（图 6-1），其中外海、珠江桥、莲花山和市桥 4 个站位的均值超出 GB 11607—1989《渔业水质标准》中的铜限量值（0.01 mg/L），最大超标倍数（1.2 倍）出现在珠江桥，其他超标站位依次为莲花山、外海和市桥。

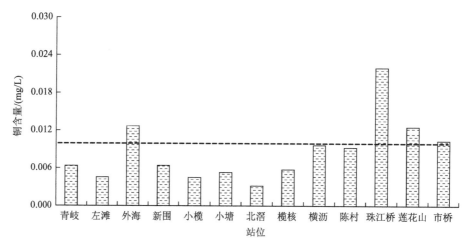

图 6-1　珠江三角洲河网不同站位水体铜含量（虚线为铜限量值）

2. 镉

镉（Cd）是珠江三角洲河网水体中另一主要的重金属污染元素。调查期间珠江三角洲河网不同站位水体镉含量的均值范围为 0.0019～0.0054 mg/L（图 6-2），其中莲花山的均值超出 GB 11607—1989 中的镉限量值（0.005 mg/L），超标倍数为 0.1 倍，其他站位镉含量均值在 0.0030 mg/L 以下。在调查期内所调查区域未发现其他镉污染热点。

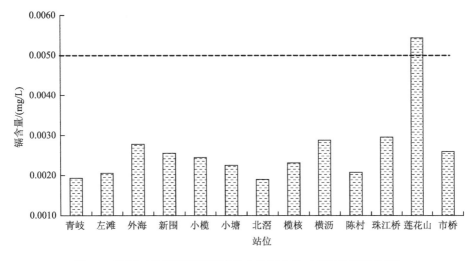

图 6-2　珠江三角洲河网不同站位水体镉含量（虚线为镉限量值）

3. 铅

调查期间珠江三角洲河网不同站位水体铅（Pb）含量的均值范围为 0.010～0.041 mg/L（图 6-3），所有站位的铅含量均值均未超出 GB 11607—1989 中的铅限量值（0.05 mg/L），最大铅含量均值（0.041 mg/L）出现在莲花山，其他站位铅含量均值在0.025 mg/L 以下。在调查期内所调查区域未发现铅污染热点。

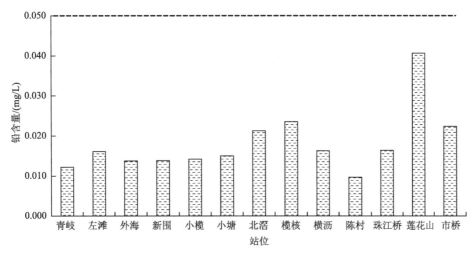

图 6-3　珠江三角洲河网不同站位水体铅含量（虚线为铅限量值）

4. 锌

调查期间珠江三角洲河网不同站位水体锌（Zn）含量的均值范围为 0.007～0.041 mg/L（图 6-4），所有站位的锌含量均值均未超出 GB 11607—1989 中的锌限量值

（0.1 mg/L），最大锌含量均值（0.041 mg/L）出现在陈村和珠江桥，其他站位锌含量均值在 0.025 mg/L 以下。在调查期内所调查区域未发现锌污染热点。

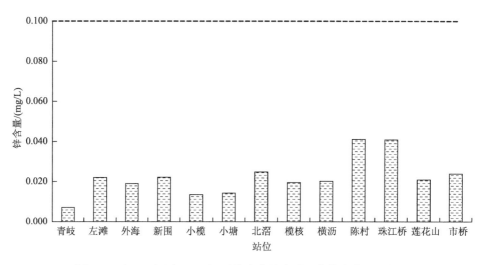

图 6-4　珠江三角洲河网不同站位水体锌含量（虚线为锌限量值）

5. 镍

调查期间珠江三角洲河网不同站位水体镍(Ni)含量的均值范围为0.007～0.045 mg/L（图 6-5），所有站位的镍含量均值均未超出 GB 11607—1989 中的镍限量值（0.05 mg/L），最大镍含量均值（0.045 mg/L）出现在珠江桥，其他站位的镍含量均值（除莲花山为0.026 mg/L 外）均未超过 0.020 mg/L。

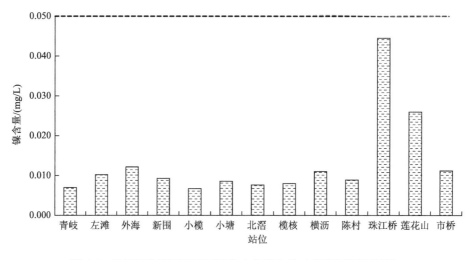

图 6-5　珠江三角洲河网不同站位水体镍含量（虚线为镍限量值）

6. 铬

调查期间珠江三角洲河网不同站位水体铬(Cr)含量的均值范围为 0.001～0.009 mg/L（图 6-6），所有站位的铬含量均值均未超出 GB 11607—1989 中的铬限量值（0.1 mg/L），最大铬含量均值（0.009 mg/L）出现在珠江桥。在调查期内所调查区域未发现铬污染热点。

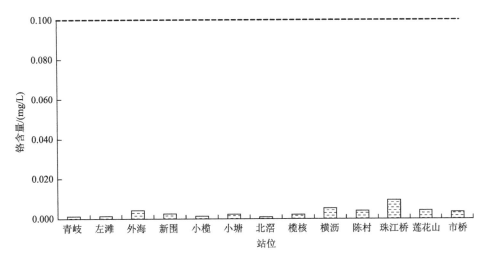

图 6-6　珠江三角洲河网不同站位水体铬含量（虚线为铬限量值）

7. 铁

铁（Fe）不是 GB 11607—1989 关注的重金属元素，但在 GB 3838—2002《地表水环境质量标准》中铁作为补充项目，其限量值为 0.3 mg/L。调查期内珠江三角洲河网不同站位水体铁含量的均值范围为 0.22～0.90 mg/L（图 6-7），除北滘以外，所有站位的铁

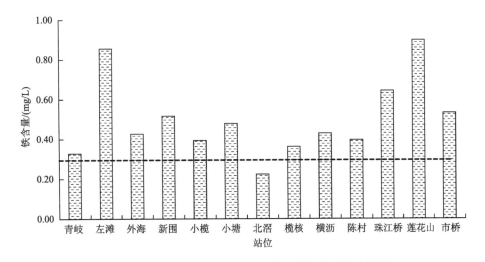

图 6-7　珠江三角洲河网不同站位水体铁含量（虚线为铁限量值）

含量均值均超出铁限量值，最大铁含量均值（0.90 mg/L）出现在莲花山，次大值（0.85 mg/L）出现在左滩。其他站位的铁含量均值由大到小依次为珠江桥、市桥、新围、小塘、横沥、外海、陈村、小榄、榄核、青岐、北滘。

8. 锰

锰（Mn）不是 GB 11607—1989 关注的重金属元素，但在 GB 3838—2002 中锰亦作为补充项目，其限量值为 0.1 mg/L。调查期内珠江三角洲河网不同站位水体锰含量的均值范围为 0.06～0.34 mg/L（图 6-8），其中小塘、陈村、珠江桥、莲花山和市桥 5 个站位的均值超出锰限量值，最大超标倍数（2.4 倍）出现在莲花山。

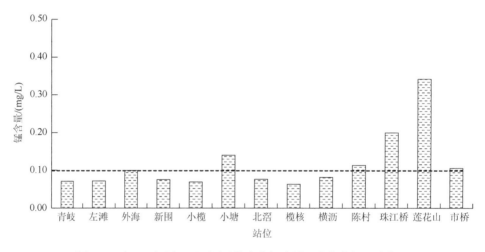

图 6-8　珠江三角洲河网不同站位水体锰含量（虚线为锰限量值）

（二）不同站位水体重金属含量特征聚类分析

对珠江三角洲河网不同站位水体 8 种重金属含量矩阵进行层次聚类分析，其结果如图 6-9 所示，珠江桥和莲花山聚为一类，而其余 11 个站位聚为一类。珠江桥和莲花山属于人类活动较为频繁、废水和城市生活污水较为集中排放的区域，这与珠江桥和莲花山的多种重金属含量均远高于其他站位的结果一致。

二、水体重金属含量时间分布特征

（一）不同月份水体重金属含量及超标情况

对珠江三角洲河网 13 个调查站位 3 月、5 月、8 月和 12 月水体的重金属含量进行均值分析，其时间分布如图 6-10 所示。

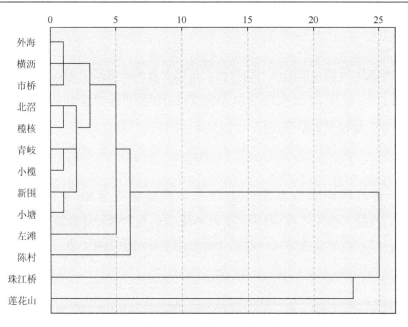

图 6-9　珠江三角洲河网水体重金属含量的空间聚类图

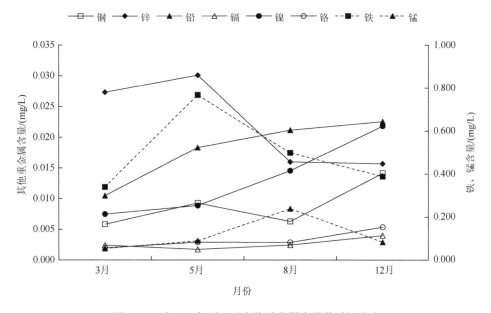

图 6-10　珠江三角洲河网水体重金属含量的时间分布

1. 铜

珠江三角洲河网调查范围内不同月份水体铜含量的均值范围为 0.006～0.014 mg/L，均值大小为 3 月＜8 月＜5 月＜12 月，其中 12 月的均值超标（0.01 mg/L），最大超标倍数为 0.4 倍。

2. 镉

珠江三角洲河网调查范围内不同月份水体镉含量的均值范围为 0.002～0.004 mg/L，均值大小为 5 月<8 月<3 月<12 月，4 个调查月份镉的平均含量均未超标（0.005 mg/L），枯水期水体镉含量较丰水期高。

3. 铅

珠江三角洲河网调查范围内不同月份水体铅含量的均值范围为 0.010～0.023 mg/L，均值大小为 3 月<5 月<8 月<12 月，4 个调查月份铅的平均含量均未超标（0.05 mg/L），随着调查时间往后铅含量呈逐渐升高的趋势，在 12 月达到最高。

4. 锌

珠江三角洲河网调查范围内不同月份水体锌含量的均值范围为 0.016～0.030 mg/L，均值大小为 12 月≈8 月<3 月<5 月，4 个调查月份锌的平均含量均未超标（0.1 mg/L），随着调查时间往后锌含量呈先升高后下降的趋势。

5. 镍

珠江三角洲河网调查范围内不同月份水体镍含量的均值范围为 0.007～0.021 mg/L，均值大小为 3 月<5 月<8 月<12 月，4 个调查月份镍的平均含量均未超标（0.05 mg/L），随着调查时间往后镍含量呈逐渐升高的趋势。

6. 铬

珠江三角洲河网调查范围内不同月份水体铬含量的均值范围为 0.002～0.005 mg/L，均值大小为 3 月<8 月<5 月<12 月，4 个调查月份铬的平均含量均未超标（0.1 mg/L），随着调查时间往后铬含量呈升高的趋势。

7. 铁

珠江三角洲河网调查范围内不同月份水体铁含量的均值范围为 0.34～0.77 mg/L，均值大小为 3 月<12 月<8 月<5 月，丰水期铁含量高于枯水期，4 个调查月份铁的平均含量均超标（0.3 mg/L），5 月出现最大超标倍数，接近 1.6 倍。

8. 锰

珠江三角洲河网调查范围内不同月份水体锰含量的均值范围为 0.053～0.239 mg/L，

均值大小为 3 月＜12 月＜5 月＜8 月，丰水期锰含量较枯水期高，其中 8 月锰的平均含量超标（0.1 mg/L），超标近 1.4 倍。

（二）不同月份水体重金属含量特征聚类分析

对珠江三角洲河网不同月份水体 8 种重金属含量矩阵进行层次聚类分析，其结果如图 6-11 所示，12 月单独为一类，而 3 月、5 月、8 月聚为一类。珠江三角洲河网水体重金属含量呈明显时间分布特征，可能与 12 月珠江三角洲河网全面进入冬季枯水期，河流径流量最低有关。12 月，水体中铜、镉、镍、铬等重金属含量受水体稀释作用及沉积物中重金属解吸再悬浮等作用过程影响较大，呈现出与其他月份较大的差异。

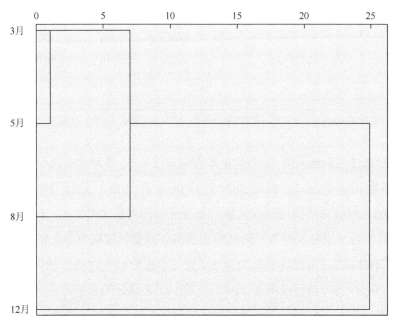

图 6-11 珠江三角洲河网水体重金属含量的时间聚类图

三、水体重金属污染特征及生态风险评估

（一）水体不同重金属含量间的相关性

对珠江三角洲河网 13 个站位 4 次调查（共 52 个样本）水体中 8 种重金属含量进行斯皮尔曼（Spearman）相关分析，其结果如表 6-1 所示。其中，铜含量分别与锌、镉、镍、铬、铁的含量呈极显著正相关（$P<0.01$），与锰含量呈显著正相关（$P<0.05$），仅与铅含量的相关性不显著（$P>0.05$）；锌与铬、铁均呈极显著正相关（$P<0.01$），与铅、

镉、镍、锰的相关性均不显著（$P>0.05$）；铅与镉呈极显著正相关（$P<0.01$），与镍、铬、锰均呈显著正相关（$P<0.05$），仅与铁的相关性不显著（$P>0.05$）；镉与镍、铬均呈极显著正相关（$P<0.01$），与铁、锰的相关性不显著（$P>0.05$）；镍与铬、铁、锰均呈极显著正相关（$P<0.01$）；铬与铁、锰均呈极显著正相关（$P<0.01$）；铁与锰呈极显著正相关（$P<0.01$）。珠江三角洲河网水体众多重金属含量间存在极显著正相关关系，表明它们可能具有相似或共同来源。

表 6-1　珠江三角洲河网水体重金属含量 Spearman 相关矩阵（$n=52$）

	锌	铅	镉	镍	铬	铁	锰
铜	0.501**	0.253	0.457**	0.535**	0.800**	0.521**	0.346*
锌		0.035	0.258	0.170	0.398**	0.464**	0.189
铅			0.477**	0.337*	0.329*	0.244	0.334*
镉				0.466**	0.408**	0.089	0.180
镍					0.616**	0.356**	0.649**
铬						0.619**	0.459**
铁							0.574**

注：**表示在置信度（双侧）为 0.01 时，相关性是显著的；*表示在置信度（双侧）为 0.05 时，相关性是显著的。

　　进一步对珠江三角洲河网 13 个站位 4 次调查（共 52 个样本）水体中 8 种重金属含量取均值的数据矩阵（13 列站位×8 行重金属元素）进行 PCA 分析。KMO（Kaiser-Meyer-Olkin）检验的值为 0.656，Bartlett 球形检验 $P<0.01$，表明主成分提取公因子效果较好，各主成分及其方差贡献率和累积方差贡献率如表 6-2 所示。旋转成分后第一主成分（PC1）的方差贡献率为 35.07%，第二主成分（PC2）的方差贡献率为 22.89%，第三主成分（PC3）的方差贡献率为 15.92%，前三个主成分的累积方差贡献率为 73.88%。其中，铜、铬、镍、镉在第一主成分（PC1）上具有较高的空间载荷，铅、锰、铁在第二主成分（PC2）上具有较高的空间载荷（图 6-12）；锌、铁在第三主成分（PC3）上具有较高的空间载荷（图 6-13）。这在空间上进一步显示珠江三角洲河网水体 8 种重金属在来源上的关系。

表 6-2　珠江三角洲河网水体重金属的各主成分方差和累积方差统计表

成分	初始特征值			提取平方和载入			旋转平方和载入		
	合计	方差贡献率/%	累积方差贡献率/%	合计	方差贡献率/%	累积方差贡献率/%	合计	方差贡献率/%	累积方差贡献率/%
PC1	3.44	42.98	42.98	3.44	42.98	42.98	2.81	35.07	35.07
PC2	1.34	16.69	59.67	1.34	16.69	59.67	1.83	22.89	57.96
PC3	1.14	14.21	73.88	1.14	14.21	73.88	1.27	15.92	73.88

续表

成分	初始特征值			提取平方和载入			旋转平方和载入		
	合计	方差贡献率/%	累积方差贡献率/%	合计	方差贡献率/%	累积方差贡献率/%	合计	方差贡献率/%	累积方差贡献率/%
PC4	0.761	9.52	83.40						
PC5	0.59	7.39	90.78						
PC6	0.47	5.87	96.66						
PC7	0.15	1.89	98.55						
PC8	0.12	1.45	100						

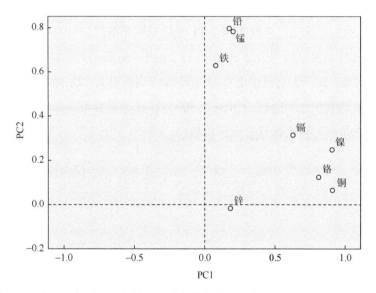

图 6-12　珠江三角洲河网水体不同重金属在第一、第二主成分上的空间载荷图

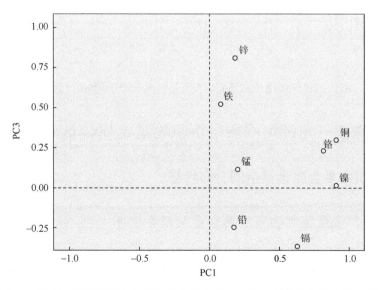

图 6-13　珠江三角洲河网水体不同重金属在第一、第三主成分上的空间载荷图

（二）水体重金属风险指数与评价

参照 GB 11607—1989《渔业水质标准》对铜、锌、铅、镉、镍、铬的限值规定，以该 6 种金属元素为基准采用金属污染指数（mental pollution index，MPI）来计算并评价珠江三角洲河网水体重金属污染时空分布情况。其中，MPI 的计算公式为

$$MPI=(c_1 \cdot c_2 \cdot c_3 \cdots c_n)^{\frac{1}{n}}$$

式中，c_n 表示样品中第 n 种重金属的浓度（μg/L）。

如图 6-14 所示，珠江三角洲河网 MPI 呈现较明显的时空分布特征。空间上，珠江桥和莲花山的 MPI 均值分别为 15.5 μg/L 和 12.2 μg/L，远超出其他站位的均值，表现为重金属污染热点区域；而从调查月份上看，12 月 MPI 均值最大，达 10.5 μg/L，3 月、5 月和 8 月的 MPI 均值分别为 5.4 μg/L、6.6 μg/L 和 6.9 μg/L，差异不大。因此，在枯水期更要密切关注珠江三角洲河网水体重金属污染情况。

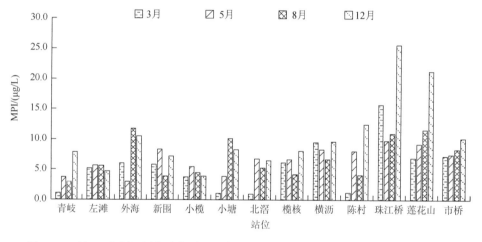

图 6-14　珠江三角洲河网各站位不同调查月份水体金属污染指数（MPI）的时空分布

第三节　珠江三角洲河网表层沉积物重金属含量分布及污染特征

一、表层沉积物重金属含量空间分布特征

（一）不同站位表层沉积物重金属含量及超标情况

对珠江三角洲河网 13 个调查站位 3 月、5 月、8 月和 12 月表层沉积物的重金属含量进行均值分析，其空间分布特征如下。

1. 铜

铜是珠江三角洲河网表层沉积物中主要的重金属污染元素之一。调查期间珠江三角洲河网不同站位表层沉积物铜含量的均值范围为 41~213 mg/kg（图 6-15），远远超出中国环境监测总站（1990）给出的广东省土壤元素铜背景值（17 mg/kg）。其中珠江桥的表层沉积物铜含量最高，左滩则最低。

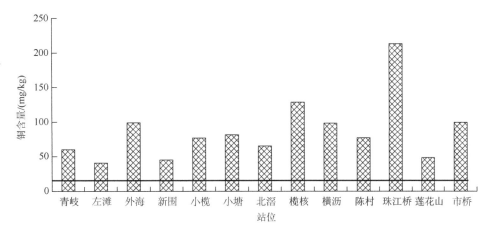

图 6-15　珠江三角洲河网不同站位表层沉积物铜含量（实线为广东省土壤元素铜背景值）

2. 镉

镉一度为珠江三角洲河网重点关注的重金属污染元素。调查期间珠江三角洲河网不同站位表层沉积物镉含量的均值范围为 0.23~0.68 mg/kg（图 6-16），所有调查站位表层沉积物的镉含量均超出广东省土壤元素镉背景值（0.056 mg/kg）。与水体镉含量的空间分

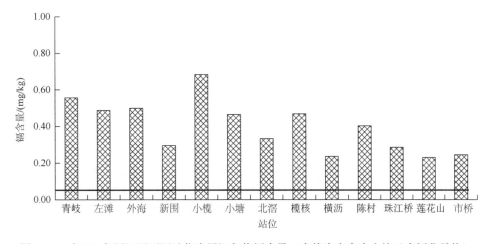

图 6-16　珠江三角洲河网不同站位表层沉积物镉含量（实线为广东省土壤元素镉背景值）

布特征不同的是，小榄、青岐等站位表层沉积物的镉含量反而较高，而珠江桥、莲花山、市桥等水体镉含量较高的站位，其表层沉积物的镉含量反而较低（在 0.30 mg/kg 以下）。珠江三角洲河网从上游站位向下游站位，其表层沉积物镉含量呈下降趋势。

3. 铅

调查期间珠江三角洲河网不同站位表层沉积物铅含量的均值范围为 30～135 mg/kg（图 6-17），除新围外，所有站位的表层沉积物铅含量均值均超出广东省土壤元素铅背景值（36 mg/kg）。铅含量最大值出现在陈村，陈村成为铅污染热点。

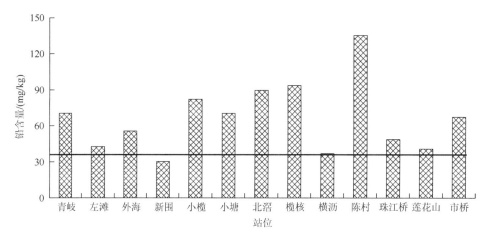

图 6-17　珠江三角洲河网不同站位表层沉积物铅含量（实线为广东省土壤元素铅背景值）

4. 锌

调查期间珠江三角洲河网不同站位表层沉积物锌含量的均值范围为 155～563 mg/kg（图 6-18），所有站位的表层沉积物锌含量均值均超出广东省土壤元素锌背景值

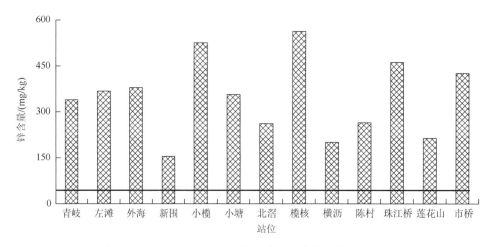

图 6-18　珠江三角洲河网不同站位表层沉积物锌含量（实线为广东省土壤元素锌背景值）

（47.3 mg/kg）。锌最大含量出现在榄核和小榄，均值含量超出 500 mg/kg，珠江桥、市桥等站位锌含量也超出 400 mg/kg，这些站位是锌污染热点。

5. 镍

调查期间珠江三角洲河网不同站位表层沉积物镍含量的均值范围为 28～68 mg/kg（图 6-19），所有站位的表层沉积物镍含量均值均超出广东省土壤元素镍背景值（14.4 mg/kg）。镍最大含量出现在珠江桥和榄核，这两个站位成为镍污染热点。

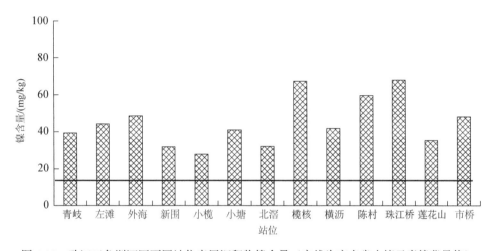

图 6-19　珠江三角洲河网不同站位表层沉积物镍含量（实线为广东省土壤元素镍背景值）

6. 铬

调查期间珠江三角洲河网不同站位表层沉积物铬含量的均值范围为 76～319 mg/kg（图 6-20），所有站位的表层沉积物铬含量均值均超出广东省土壤元素铬背景值（50.5 mg/kg）。

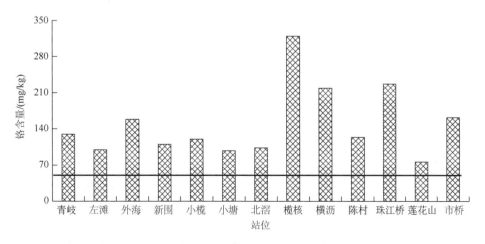

图 6-20　珠江三角洲河网不同站位表层沉积物铬含量（实线为广东省土壤元素铬背景值）

铬最大含量出现在榄核，其次是珠江桥和横沥，均值含量均超过 200 mg/kg，这 3 个站位成为铬污染热点。

7. 铁

铁是地壳的主要组成元素，也是生物必需元素，广东省土壤元素背景值中铁的含量为 2.42%。在调查期间珠江三角洲河网不同站位表层沉积物铁含量的均值范围为 3.06%～4.62%（图 6-21），与其他重金属元素的空间分布特征不同，珠江桥的铁含量最低，其他站位的铁含量均不低于 3.50%。

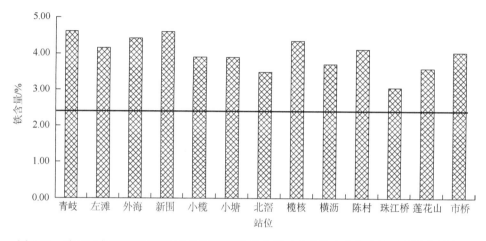

图 6-21　珠江三角洲河网不同站位表层沉积物铁含量（实线为广东省土壤元素铁背景值）

8. 锰

广东省土壤元素背景值中锰的含量为 0.028%。在调查期间珠江三角洲河网不同站位表层沉积物锰含量的均值范围为 0.040%～0.165%（图 6-22），与铁相同，锰在珠江桥的含量亦最低。

（二）不同站位表层沉积物重金属含量特征聚类分析

对珠江三角洲河网不同站位表层沉积物 8 种重金属含量矩阵进行层次聚类分析，其结果如图 6-23 所示。所有站位比较明显地聚为 4 类，其中左滩、小塘、青岐、外海、小榄和陈村聚为一类，这些站位主要位于珠江三角洲上游区域；榄核独自聚为一类；横沥、市桥、北滘、莲花山和新围聚为一类；珠江桥独自聚为一类。就表层沉积物重金属含量而言，榄核与珠江桥存在十分显著的差异，珠江桥以高铜、锌、镍、铬，低铅、镉、铁、锰为特点；榄核则所有表层沉积物重金属含量均位于高值之列，而这与水体相应重金属含量的空间分布特征存在显著差异。

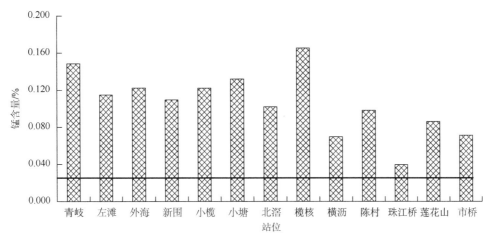

图 6-22　珠江三角洲河网不同站位表层沉积物锰含量（实线为广东省土壤元素锰背景值）

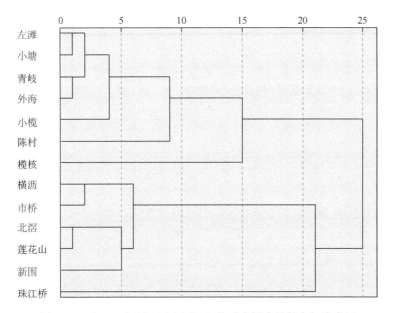

图 6-23　珠江三角洲河网表层沉积物重金属含量的空间聚类图

二、表层沉积物重金属含量时间分布特征

（一）不同月份表层沉积物重金属含量及超标情况

对珠江三角洲河网 13 个调查站位 3 月、5 月、8 月和 12 月表层沉积物的重金属含量进行均值分析，其时间分布如图 6-24、图 6-25 所示。

1. 铜

珠江三角洲河网调查范围内不同月份表层沉积物铜含量的均值范围为 60～

109 mg/kg，均值大小为 12 月＜8 月＜3 月＜5 月。

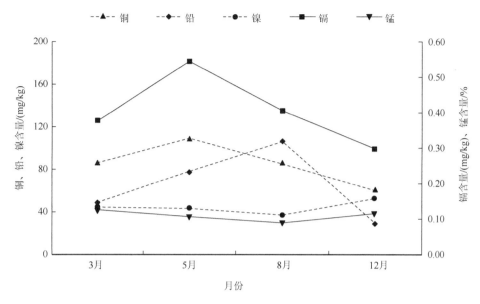

图 6-24　珠江三角洲河网表层沉积物铜、铅、镍、镉、锰含量的时间分布

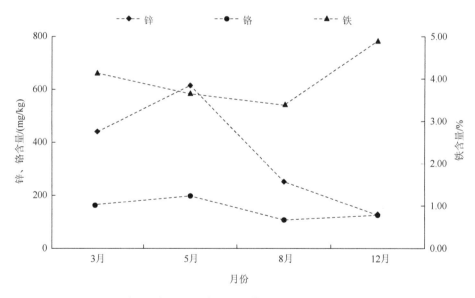

图 6-25　珠江三角洲河网表层沉积物锌、铬、铁含量的时间分布

2. 镉

珠江三角洲河网调查范围内不同月份表层沉积物镉含量的均值范围为 0.30～
0.54 mg/kg，均值大小为 12 月＜3 月＜8 月＜5 月，呈丰水期高于枯水期的特征。这与水
体镉含量枯水期较丰水期高的趋势相反。

3. 铅

珠江三角洲河网调查范围内不同月份表层沉积物铅含量的均值范围为 29～106 mg/kg，均值大小为 12 月<3 月<5 月<8 月，呈现枯水期低、丰水期高的时间分布特征。

4. 锌

珠江三角洲河网调查范围内不同月份表层沉积物锌含量的均值范围为 125～615 mg/kg，均值大小为 12 月<8 月<3 月<5 月，这与水体锌含量的时间分布特征大体一致。

5. 镍

珠江三角洲河网调查范围内不同月份表层沉积物镍含量的均值范围为 37～53 mg/kg，均值大小为 8 月<5 月<3 月<12 月，呈现枯水期高、丰水期低的时间分布特征。

6. 铬

珠江三角洲河网调查范围内不同月份表层沉积物铬含量的均值范围为 107～198 mg/kg，均值大小为 8 月<12 月<3 月<5 月。

7. 铁

珠江三角洲河网调查范围内不同月份表层沉积物铁含量的均值范围为 3.38%～4.90%，均值大小为 8 月<5 月<3 月<12 月，呈现枯水期高、丰水期低的时间分布特征。这与水体铁含量的时间分布特征相反。

8. 锰

珠江三角洲河网调查范围内不同月份表层沉积物锰含量的均值范围为 0.09%～0.13%，均值大小为 8 月<5 月<12 月<3 月，呈现枯水期高于丰水期的时间分布特征。这与水体锰含量的时间分布特征相反。

（二）不同月份表层沉积物重金属含量特征聚类分析

对珠江三角洲河网不同月份表层沉积物 8 种重金属含量矩阵进行层次聚类分析，其结果如图 6-26 所示，12 月单独为一类，而 3 月、5 月、8 月聚为一类。珠江三角洲河网表层沉积物重金属含量呈明显时间分布特征，12 月河网全面进入冬季枯水期，河流径流量最低，大多数重金属种类通过径流的输入量减少，加上重金属的再悬浮等作用，故呈现出与其他月份较大的差异。

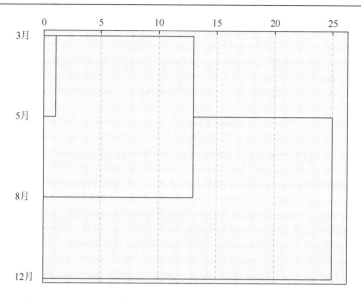

图 6-26　珠江三角洲河网表层沉积物重金属含量的时间聚类图

三、表层沉积物重金属污染特征及生态风险评估

（一）表层沉积物不同重金属含量间的相关性

对珠江三角洲河网 13 个站位 4 次调查（共 50 个样本）表层沉积物中 8 种重金属含量进行 Spearman 相关分析，其结果如表 6-3 所示。其中，铜含量除了与铁、锰含量的相关性均不显著（$P>0.05$）外，与其他元素含量均呈极显著正相关（$P<0.01$）；锌与铅、镉、铬均呈极显著正相关（$P<0.01$），与铁呈显著负相关（$P<0.05$），与镍、锰的相关性均不显著（$P>0.05$）；铅与镉呈极显著正相关（$P<0.01$），与铁呈极显著负相关（$P<0.01$），与镍、铬、锰的相关性均不显著（$P>0.05$）；镉与锰呈极显著正相关（$P<0.01$），与铬呈显著正相关（$P<0.05$），与镍、铁的相关性均不显著（$P>0.05$）；镍与铬、铁均呈极显著正相关（$P<0.01$），与锰的相关性不显著（$P>0.05$）；铬与锰呈显著正相关（$P<0.05$），与铁的相关性不显著（$P>0.05$）；铁与锰呈极显著正相关（$P<0.01$）。珠江三角洲河网表层沉积物众多重金属含量间存在极显著正相关关系，表明它们可能具有相似或共同来源。

表 6-3　珠江三角洲河网表层沉积物重金属含量 Spearman 相关矩阵（$n=50$）

	锌	铅	镉	镍	铬	铁	锰
铜	0.565**	0.568**	0.452**	0.460**	0.508**	−0.131	0.157
锌		0.499**	0.551**	−0.027	0.358**	−0.316*	0.203
铅			0.483**	−0.036	0.048	−0.359**	0.120
镉				0.045	0.307*	0.141	0.678**

续表

	锌	铅	镉	镍	铬	铁	锰
镍					0.551**	0.392**	0.158
铬						0.217	0.283*
铁							0.615**

注：**表示在置信度（双侧）为 0.01 时，相关性是显著的；*表示在置信度（双侧）为 0.05 时，相关性是显著的。

进一步对珠江三角洲河网 13 个站位 4 次调查（共 50 个样本）表层沉积物中 8 种重金属含量取均值的数据矩阵（13 列站位×8 行重金属元素）进行 PCA 分析。KMO 检验的值为 0.595，Bartlett 球形检验 $P<0.01$，表明主成分提取公因子效果较好，各主成分及其方差贡献率和累积方差贡献率如表 6-4 所示。旋转成分后第一主成分（PC1）的方差贡献率为 34.52%，第二主成分（PC2）的方差贡献率为 27.50%，第三主成分（PC3）的方差贡献率为 20.24%，前三个主成分的累积方差贡献率为 82.26%。其中，铜、铬、镍、锌在第一主成分（PC1）上具有较高的空间载荷，锰、铁、镉在第二主成分（PC2）上具有较高的空间载荷（图 6-27）；铅、镉、锌在第三主成分（PC3）上具有较高的空间载荷（图 6-28）。这在空间上进一步显示珠江三角洲河网表层沉积物 8 种重金属在来源上的关系。

表 6-4　珠江三角洲河网表层沉积物重金属的各主成分方差和累积方差统计表

成分	初始特征值			提取平方和载入			旋转平方和载入		
	合计	方差贡献率/%	累积方差贡献率/%	合计	方差贡献率/%	累积方差贡献率/%	合计	方差贡献率/%	累积方差贡献率/%
PC1	3.04	37.99	37.99	3.04	37.99	37.99	2.76	34.52	34.52
PC2	2.62	32.81	70.80	2.63	32.81	70.80	2.20	27.50	62.02
PC3	0.92	11.47	82.26	0.92	11.47	82.26	1.62	20.24	82.26
PC4	0.80	10.03	92.29						
PC5	0.26	3.28	95.57						
PC6	0.15	1.90	97.47						
PC7	0.14	1.72	99.19						
PC8	0.06	0.81	100						

（二）表层沉积物重金属风险指数与评价

1. 评价方法

采用 Hakanson 潜在生态风险指数（potential ecological risk index）法对沉积物重金属生态风险进行评价（Hakanson，1980）。其计算公式为

$$RI = \sum_{i=1}^{n} E_r^i = \sum_{i=1}^{n} T_r^i (C_m^i / C_n^i)$$

式中，RI 为多种重金属的综合潜在生态风险指数，E_r^i 为重金属 i 的潜在生态风险指数，C_m^i 为沉积物中重金属 i 含量的实测值（mg/kg），C_n^i 为环境背景值（mg/kg），T_r^i 为重金属 i 的毒性系数。

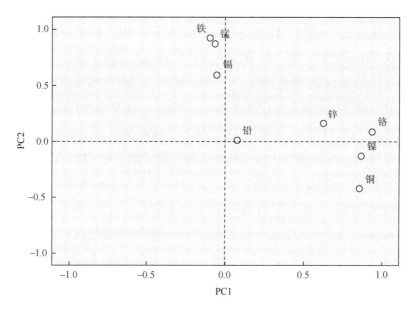

图 6-27　珠江三角洲河网表层沉积物重金属在第一、第二主成分上的空间载荷图

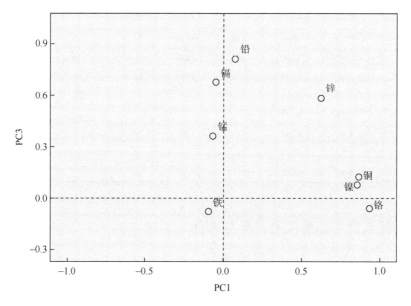

图 6-28　珠江三角洲河网表层沉积物重金属在第一、第三主成分上的空间载荷图

本节计算评价铜、锌、铅、镉和铬共 5 种重金属的潜在生态风险，其中 C_n^i 为相应的广东省土壤元素背景值（单位：mg/kg），分别为铜（17）、锌（47.3）、铅（36）、镉（0.056）、铬（50.5）（中国环境监测总站，1990）；T_r^i 分别为铜（5）、锌（1）、铅（5）、镉（30）、铬（2）（Hakanson，1980）。当 RI<150 时，为轻微生态风险等级；150≤RI<300 时，为中等生态风险等级；300≤RI<600 时，为强生态风险等级；RI≥600 时，为极强生态风险等级。

同时采用基于一致性的沉积物质量基准（sediment quality guidelines，SQGs）比较法对沉积物重金属生态风险进行评价（MacDonald et al.，2000）。当沉积物样品中某重金属物质浓度低于临界效应浓度（threshold effect concentration，TEC）时，意味着该重金属对底栖生物基本无毒害；当高于必然效应浓度（probable effect concentration，PEC）时，意味着该重金属对底栖生物的毒害极有可能发生；而介于两者之间时，会偶发毒性危害。该评价方法以计算样品必然效应浓度比值均值（$\overline{PEC}$）进行评价，以 $\overline{PEC}$ 为 0.5 界定某区域沉积物重金属生态风险情况，$\overline{PEC}$ >0.5 的样品数所占比例越高，风险越大（Varol，2011）。$\overline{PEC}$ 计算公式为

$$\overline{PEC} = \sum_{i=1}^{n}(PEC_r^i)/n = \sum_{i=1}^{n}C_m^i/(PEC^i)/n$$

其中，PEC_r^i 为重金属 i 的 PEC 比值，PEC^i 为重金属 i 对应的必然效应浓度（mg/kg），C_m^i 为沉积物中重金属 i 含量的实测值（mg/kg）。

本节计算铜、锌、铅、镉、铬和镍共 6 种重金属的 $\overline{PEC}$，各重金属 PEC^i（单位：mg/kg）分别为铜（149）、锌（459）、铅（128）、镉（4.98）、铬（111.0）和镍（48.6）。

2. 结果

对珠江三角洲河网 13 个站位 4 次调查表层沉积物中 5 种重金属铜、锌、铅、镉、铬的含量均值进行 E_r^i 和 RI 计算，其结果如表 6-5 所示。由各站位的 RI 可知，青岐、外海、小榄和榄核的风险等级为强生态风险，而其余站位均为中等生态风险。在各重金属的 E_r^i 中，镉所占比例最大，因此 RI 评价时主要呈现的是镉的潜在生态风险，其他重金属的潜在生态风险被弱化了。

表 6-5　珠江三角洲河网各站位表层沉积物重金属 E_r^i、RI 及风险等级

站位	E_r^i					RI	风险等级
	铜	锌	铅	镉	铬		
青岐	18	7	10	298	5	338	强生态风险
左滩	12	8	6	261	4	291	中等生态风险

续表

站位	E_r^i					RI	风险等级
	铜	锌	铅	镉	铬		
外海	29	8	8	267	6	318	强生态风险
新围	13	3	4	159	4	183	中等生态风险
小榄	23	11	11	366	5	416	强生态风险
小塘	24	8	10	249	4	295	中等生态风险
北滘	19	6	12	178	4	219	中等生态风险
榄核	38	12	13	251	13	327	强生态风险
横沥	29	4	5	126	9	173	中等生态风险
陈村	23	6	18	216	5	268	中等生态风险
珠江桥	63	10	7	153	9	242	中等生态风险
莲花山	14	5	6	123	3	151	中等生态风险
市桥	29	9	9	131	6	184	中等生态风险

对珠江三角洲河网 13 个站位 4 次调查表层沉积物中 6 种重金属铜、锌、铅、镉、铬、镍的含量均值进行 PEC_r^i 和 $\overline{PEC}$ 计算，其结果如表 6-6 所示。由各站位的 $\overline{PEC}$ 可知，除莲花山和新围的 $\overline{PEC}$ <0.5 外，其余站位的 $\overline{PEC}$ >0.5，表明珠江三角洲河网表层沉积物重金属对底栖生物的毒害极有可能发生。6 种重金属中，铬、镍对底栖生物的毒害风险发生概率最高，锌、铜、铅次之，镉最低。

表 6-6　珠江三角洲河网各站位表层沉积物重金属 PEC_r^i、$\overline{PEC}$ 及毒害风险发生概率

站位	PEC_r^i						$\overline{PEC}$	毒害风险发生概率
	铜	锌	铅	镉	铬	镍		
青岐	0.40	0.74	0.55	0.11	1.17	0.81	0.63	极有可能发生
左滩	0.27	0.80	0.33	0.10	0.90	0.91	0.55	极有可能发生
外海	0.67	0.83	0.43	0.10	1.42	1.00	0.74	极有可能发生
新围	0.30	0.34	0.24	0.06	0.99	0.66	0.43	偶发
小榄	0.51	1.15	0.64	0.14	1.08	0.57	0.68	极有可能发生
小塘	0.55	0.78	0.55	0.09	0.88	0.84	0.62	极有可能发生
北滘	0.44	0.57	0.70	0.07	0.93	0.66	0.56	极有可能发生
榄核	0.86	1.23	0.73	0.09	2.88	1.38	1.20	极有可能发生
横沥	0.66	0.44	0.29	0.05	1.97	0.86	0.71	极有可能发生
陈村	0.52	0.58	1.06	0.08	1.12	1.23	0.77	极有可能发生
珠江桥	1.43	1.01	0.38	0.06	2.04	1.40	1.05	极有可能发生
莲花山	0.32	0.46	0.32	0.05	0.69	0.73	0.43	偶发
市桥	0.67	0.93	0.53	0.05	1.46	0.99	0.77	极有可能发生

综合两种表层沉积物重金属风险评价方法，其结果差异较大，主要是两种方法的评价侧重点不同。SQGs 法侧重于考察毒性物质对底栖生物产生生态风险的概率，而 RI 法侧重于考察毒性物质对生物毒性风险强度。RI 法对区域土壤元素背景值的准确性要求更高，但随着人类活动强度增加，环境土壤变迁更大、更快，区域土壤元素背景值越来越难以准确掌握，因此 RI 法的评价结果与实际风险情况之间可能存在较大误差。近年来，SQGs 法的使用越来越广泛。

第四节　珠江三角洲河网主要渔业种类重金属累积及风险评估

一、主要渔业种类重金属残留检测及风险评估方法

从当地渔船购买、收集主要渔业种类样品，采用原子吸收分光光度法测定样品（鱼类的肌肉、甲壳类的肌肉、贝螺类的软体部）中铜、锌、铅、镉、镍和铬的含量，根据 NY 5073—2006《无公害食品　水产品中有毒有害物质限量》的相关规定对渔业种类重金属残留进行超标情况评价。该标准仅对 6 种重金属中的铜、铅和镉有限量规定，其中 $w(Cu) \leqslant 50$ mg/kg；$w(Pb) \leqslant 0.5$ mg/kg（鱼类、甲壳类），$w(Pb) \leqslant 1.0$ mg/kg（贝类）[①]；$w(Cd) \leqslant 0.1$ mg/kg（鱼类），$w(Cd) \leqslant 0.5$ mg/kg（甲壳类），$w(Cd) \leqslant 1.0$ mg/kg（贝类）[②]。对于其余 3 种重金属，其风险暂不予以评估。

此外，国内外对食品中重金属的健康风险评估采用健康风险评价模型——危害商数（hazard quotient, HQ），该方法对对象中的可检测重金属均进行评价。

HQ 计算公式为

$$HQ = \frac{C \times IR \times ED \times EF}{BW \times AT \times 365 \times RfD}$$

式中，C 为每种重金属的实测平均含量（mg/kg）；IR 为摄取速率（kg/d，广东普通人群人均对水产品的摄入量为 0.033 kg/d，渔民为 0.079 kg/d）；ED 为暴露持续时间（a，成人以 30 a 计，儿童以 70 a 计）；EF 为暴露频率（d/a，以 365 d/a 计）；BW 为评价对象体重（kg，成人以 60 kg 计，儿童以 30 kg 计）；AT 为平均暴露时间（a，以平均寿命 70 a 计）；RfD 为口服参考剂量（reference dose），各重金属的 RfD[单位：mg/(kg·d)]分别为铜（0.04）、锌（0.3）、铬（0.003）、镍（0.011）、铅（0.004）、镉（0.001）（USEPA, 2000；Yu et al., 2012；Zeng et al., 2014）。

对于某种渔业种类，其各种重金属 HQ 的加和为 THQ，如果 THQ < 1，说明因食用

---

① 本书螺类的铅限量值参照贝类。

② 本书螺类的镉限量值参照贝类。

相应水产品而发生重金属毒害进而造成等效死亡的终生危险低，反之，相关暴露人群就会有健康风险。

二、主要渔业种类重金属残留特征

（一）主要渔业种类的重金属残留及超标情况

1. 铜

铜是 NY 5073—2006 中具有限量规定的 3 种重金属之一。珠江三角洲河网调查范围内不同渔业种类的铜残留量差异较大，如图 6-29 所示，鱼类的铜残留量范围为 0.315～1.165 mg/kg（均值为 0.52 mg/kg），甲壳类的铜残留量范围为 8.95～9.75 mg/kg（均值为 9.35 mg/kg），贝螺类的铜残留量范围为 5.94～14.61 mg/kg（均值为 8.84 mg/kg），基本呈现甲壳类≈贝螺类＞鱼类的特征，所有种类的铜残留量均未超出铜限量值。

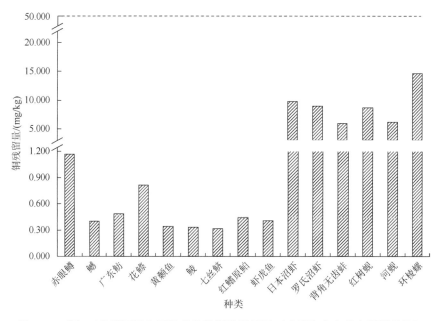

图 6-29　珠江三角洲河网主要渔业种类铜残留情况（虚线为水产品中铜限量值）

2. 铅

铅是 NY 5073—2006 中具有限量规定的 3 种重金属之一。珠江三角洲河网调查范围内不同渔业种类的铅残留量差异不大，如图 6-30 所示，所有种类的铅残留量范围为 0.12～0.77 mg/kg，鱼类的均值为 0.48 mg/kg，甲壳类的均值为 0.46 mg/kg，贝螺类的均值为 0.32 mg/kg。其中，赤眼鳟、广东鲂、花鰶、七丝鲚、红鳍原鲌、日本沼虾等种类的铅残留量超标，最大超标情况出现在花鰶和红鳍原鲌，其超标倍数均为 0.54 倍。

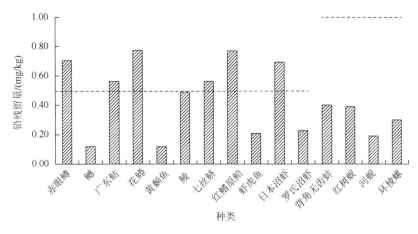

图 6-30　珠江三角洲河网主要渔业种类铅残留情况（虚线为水产品中铅限量值）

3. 镉

镉是 NY 5073—2006 中具有限量规定的 3 种重金属之一。珠江三角洲河网调查范围内不同渔业种类的镉残留量差异较大，如图 6-31 所示，鱼类的镉残留量范围为 0.001～0.016 mg/kg（均值为 0.008 mg/kg），甲壳类的镉残留量范围为 0.044～0.051 mg/kg（均值为 0.048 mg/kg），贝螺类的镉残留量范围为 0.034～0.084 mg/kg（均值为 0.049 mg/kg），所有种类的镉残留量均未超出镉限量值。

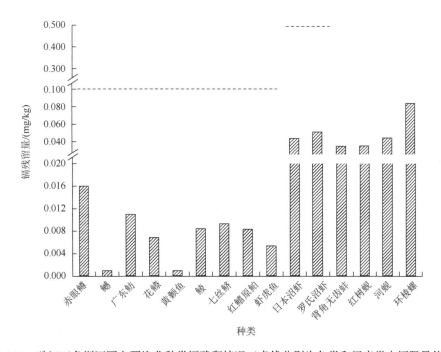

图 6-31　珠江三角洲河网主要渔业种类镉残留情况（虚线分别为鱼类和甲壳类中镉限量值）

4. 锌

虽然锌不是 NY 5073—2006 中具有限量规定的重金属，但水产品中锌残留量高同样会带来健康风险。珠江三角洲河网调查范围内不同渔业种类的锌残留量差异较大，如图 6-32 所示，鱼类的锌残留量范围为 3.94～10.38 mg/kg（均值为 6.93 mg/kg），甲壳类的锌残留量范围为 18.88～20.93 mg/kg（均值为 19.90 mg/kg），贝螺类的锌残留量范围为 32.31～67.71 mg/kg（均值为 55.32 mg/kg），呈现鱼类＜甲壳类＜贝螺类的特征。

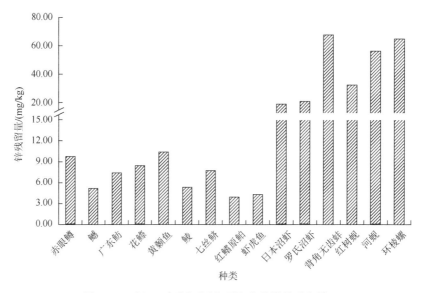

图 6-32　珠江三角洲河网主要渔业种类锌残留情况

5. 镍

虽然镍不是 NY 5073—2006 中具有限量规定的重金属，且镍也不是必需元素，但水产品中镍残留量高同样会带来健康风险。珠江三角洲河网调查范围内不同渔业种类的镍残留量存在一定差异，如图 6-33 所示，鱼类的镍残留量范围为 0.09～0.54 mg/kg（均值为 0.22 mg/kg），甲壳类的镍残留量范围为 0.13～0.20 mg/kg（均值为 0.16 mg/kg），贝螺类的镍残留量范围为 0.31～0.71 mg/kg（均值为 0.54 mg/kg），基本呈现甲壳类≈鱼类＜贝螺类的特征。

6. 铬

虽然铬不是 NY 5073—2006 中具有限量规定的重金属，但水产品中铬残留量高同样会带来健康风险。如图 6-34 所示，珠江三角洲河网调查范围内不同渔业种类的铬残留量范围为 0.02～0.93 mg/kg，鱼类的均值为 0.18 mg/kg，甲壳类的均值为 0.21 mg/kg，贝螺类的均值为 0.48 mg/kg。其中，环棱螺、河蚬等种类的铬残留量较高。

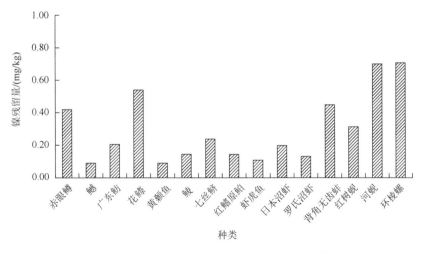

图 6-33　珠江三角洲河网主要渔业种类镍残留情况

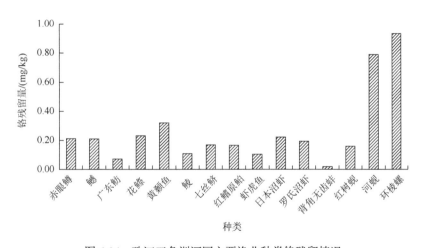

图 6-34　珠江三角洲河网主要渔业种类铬残留情况

（二）主要渔业种类重金属残留量间的相关性

对珠江三角洲河网 15 种主要渔业种类中 6 种重金属残留量进行 Spearman 相关分析，其结果如表 6-7 所示。其中，铜残留量分别与锌、镉残留量呈极显著正相关（$P<0.01$），与镍残留量呈显著正相关（$P<0.05$），与铅、铬残留量的相关性均不显著（$P>0.05$）；锌残留量与镉残留量呈极显著正相关（$P<0.01$），与镍残留量呈显著正相关（$P<0.05$），与铅、铬残留量的相关性均不显著（$P>0.05$）；铅残留量与其他重金属残留量的相关性均不显著（$P>0.05$）；镉残留量与镍残留量呈显著正相关（$P<0.05$），与铬残留量的相关性不显著（$P>0.05$）；镍残留量与铬残留量的相关性不显著（$P>0.05$）。残留量存在极显著正相关关系的重金属之间可能具有相似或共同的累积特征。

表 6-7　珠江三角洲河网主要渔业种类重金属残留量 Spearman 相关矩阵（$n = 15$）

	锌	铅	镉	镍	铬
铜	0.721**	0.038	0.849**	0.517*	0.314
锌		−0.204	0.741**	0.615*	0.332
铅			0.077	0.356	−0.147
镉				0.593*	0.195
镍					0.261

注：**表示在置信度（双侧）为 0.01 时，相关性是显著的；*表示在置信度（双侧）为 0.05 时，相关性是显著的。

　　进一步对珠江三角洲河网 15 种主要渔业种类中 6 种重金属残留量取均值的数据矩阵进行 PCA 分析。KMO 检验的值为 0.555，Bartlett 球形检验 $P < 0.01$，各变量的公因子方差提取范围为 0.66～0.97，提取公因子效果较好。其中，第一主成分的方差贡献率为 63%，第二主成分的方差贡献率为 18%，前两个主成分的累积方差贡献率为 81%。如图 6-35 所示，铜、锌、镉、镍、铬的残留量在第一主成分（PC1）上具有较高的空间载荷，铅残留量则在第二主成分（PC2）上具有较高的空间载荷，这在空间上进一步显示除铅以外的 5 种重金属具有相似或相同的累积特征。

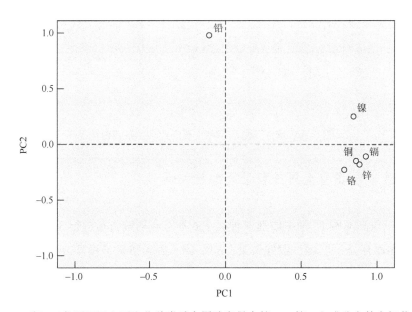

图 6-35　珠江三角洲河网主要渔业种类重金属残留量在第一、第二主成分上的空间载荷图

　　对珠江三角洲 15 种主要渔业种类中 6 种重金属残留量进行层次聚类分析，其结果如图 6-36 所示，所有的鱼类单独聚为一类，而罗氏沼虾、日本沼虾与红树蚬、背角无齿蚌聚为一类，河蚬与环棱螺则聚为另一类。

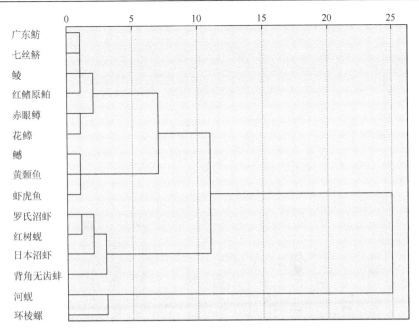

图 6-36　珠江三角洲河网主要渔业种类重金属残留聚类图

三、主要渔业种类重金属残留风险评估

对珠江三角洲河网 15 种主要渔业种类中 6 种重金属残留采用健康风险评价模型进行评价。这些渔业种类重金属残留对广东成人（普通人群）的健康风险如图 6-37 所示，所有渔业种类的 THQ 均远远低于 1，其中鱼类的 THQ 普遍低于 0.1，相对而言，食用甲壳类和贝螺类的风险略高，但整体上成人（普通人群）因食用这些水产品而受到重金属毒害，进而造成等效死亡的终生危险较低。

渔民是一类频繁食用水产品的人群，这类人群对水产品的摄入量较大。不同渔业种类重金属残留对广东渔民的健康风险如图 6-38 所示，所有种类中单种重金属的 HQ 均低于 1，表明不存在单独风险高的重金属残留；甲壳类和贝螺类的 THQ 普遍高于鱼类，渔民食用甲壳类和贝螺类的风险高于食用鱼类，但整体上若按渔民平均每天 0.079 kg 的水产品摄入量，渔民因食用这些水产品而受到重金属毒害，进而造成等效死亡的终生危险亦不高。

对于儿童这一类暴露时间长的人群，其因食用水产品而摄入重金属的累积年限也大大增加，不同渔业种类重金属残留对广东儿童（普通人群）的健康风险如图 6-39 所示，所有种类中单种重金属的 HQ 均低于 1，表明不存在单独风险高的重金属残留；甲壳类和贝螺类的 THQ 普遍高于鱼类，因此，儿童食用甲壳类和贝螺类的风险较高，尤其是食用环棱螺，若按儿童平均每天 0.033 kg 的环棱螺摄入量，儿童极有可能由于摄食这类水产品而受到重金属毒害。

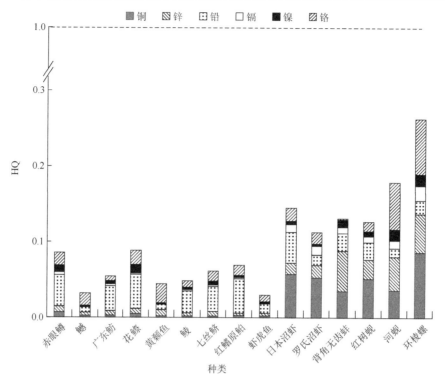

图 6-37　不同渔业种类重金属残留对广东成人（普通人群）的健康风险（虚线为产生风险的 HQ 限量值）

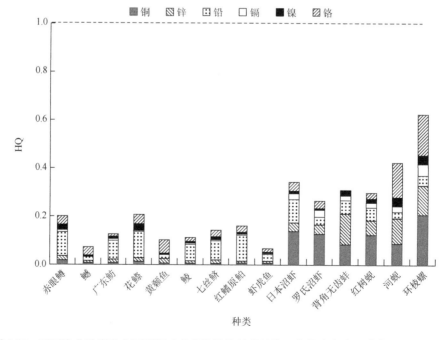

图 6-38　不同渔业种类重金属残留对广东渔民的健康风险（虚线为产生风险的 HQ 限量值）

　　值得注意的是，上述健康风险评价模型是以 10 年前的水产品摄入量（普通人群为每人每天摄入 0.033 kg，渔民为每人每天摄入 0.079 kg）计算，实际上随着经济发展，人们对水产品的摄入量已大大增加，日常摄入量也已大于该模型计算值，因此，该模型计算结果可能低估了这些渔业种类重金属残留的毒害风险，尤其是儿童要注意控制水产品的摄入量。

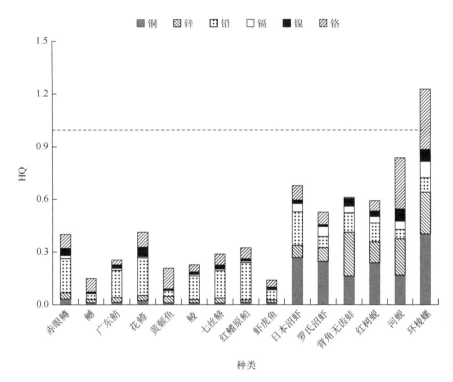

图 6-39　不同渔业种类重金属残留对广东儿童（普通人群）的健康风险（虚线为产生风险的 HQ 限量值）

第七章 珠江三角洲河网拟除虫菊酯类
农药含量与风险评估

随着我国经济社会的快速发展，人们的物质生活水平得到了明显的改善和提高。然而现代物质文明的快速发展，也引起了严重的环境污染问题，比如大气污染、水污染和固体废弃物污染等，环境污染已经严重威胁到人类自身的生存。

拟除虫菊酯类农药是一类仿生合成的杀虫剂，是改变天然除虫菊酯的化学结构而衍生的合成酯类。拟除虫菊酯类农药分为第一代拟除虫菊酯和第二代拟除虫菊酯。第一代拟除虫菊酯开发于二十世纪五六十年代，这些早期品种与天然除虫菊酯类似，在光照下易于分解失效，比如丙烯菊酯；第二代拟除虫菊酯出现在 70 年代以后，是适用于农林害虫防治的光稳定性产品，比如氯菊酯。此后拟除虫菊酯类农药的开发应用有了迅猛发展，已成为农用及卫生杀虫剂的主要支柱之一（胡志强等，2002）。

拟除虫菊酯类农药主要用于杀虫剂方面，由于其成本低、用量少、杀虫谱广及使用安全等优点，自投放市场以来，获得了广泛的应用。随着高毒性的有机氯（滴滴涕和六六六等）和有机磷农药（对硫磷和甲基对硫磷等）在我国禁止生产和使用，拟除虫菊酯类农药逐渐发展为未来几十年内我国最主要和最有前途的杀虫剂之一。

拟除虫菊酯类农药已在全球范围内使用，随着其用量和使用时间的增加，拟除虫菊酯类有机污染物在自然界中大量残留。与有机磷农药类有机物相比，拟除虫菊酯类有机物往往具有较高的沉积物-水分配系数和有机质-水分配系数，更容易在沉积物和生物体内累积和放大。已有的关于水体和沉积物中拟除虫菊酯类有机物的研究也发现，拟除虫菊酯类有机物更易于在沉积物中赋存，并且对水生浮游生物有明显的毒理性，特别是氯氰菊酯，其预测毒性当量为 1.03，需引起大家的关注（Li H Z et al.，2013，2014a，2014b）。因此，拟除虫菊酯类有机物在自然环境中的残留逐渐受到人们的关注。

第一节 拟除虫菊酯类农药研究进展

一、拟除虫菊酯类农药概述

拟除虫菊酯是继有机氯、有机磷和氨基甲酸酯之后的一类含有苯氧烷基的环丙烷酯类杀虫剂，它包括甲氰菊酯、溴氰菊酯、联苯菊酯、氯氰菊酯、氰戊菊酯、氯菊酯、高效氯氟氰菊酯等，在农业中得到广泛应用。拟除虫菊酯类农药是第三代农药，归属高效、低毒、低残留农药，但其对昆虫杀伤力强，作用速度快。拟除虫菊酯类农药主要用于防治农林业病虫害，以及用作家用杀虫剂来防治蚊蝇、蟑螂等害虫，除此之外，还广泛用于防治水产养殖中的敌害生物，已成为我国现阶段杀虫剂的主要类型之一（龚得春，2013）。

（一）拟除虫菊酯的结构和性质

拟除虫菊酯的化学结构复杂，大部分属于手性分子（Wong，2006），因此存在许多异构体，各异构体在生物活性及降解稳定性方面均存在显著差异（任路路等，2009）。联苯菊酯的分子式为 $C_{23}H_{22}ClF_3O_2$，甲氰菊酯的分子式为 $C_{22}H_{23}NO_3$，氯菊酯的分子式为 $C_{21}H_{20}Cl_2O_3$，溴氰菊酯的分子式为 $C_{22}H_{19}Br_2NO_3$，氯氰菊酯的分子式为 $C_{22}H_{19}Cl_2NO_3$，氰戊菊酯的分子式为 $C_{25}H_{22}ClNO_3$，高效氯氟氰菊酯的分子式为 $C_{23}H_{19}ClF_3NO_3$。

拟除虫菊酯类农药如果被哺乳动物摄入体内，其生殖系统、内分泌系统、免疫系统及中枢神经系统等都会受到毒害。其中，溴氰菊酯还有可能使哺乳动物的遗传基因发生突变从而对其遗传性能产生影响，影响持续到下一代，有"三致"（致畸、致癌、致突变）的风险。近年来由拟除虫菊酯类农药引起的中毒事件屡见不鲜，严重威胁到人类健康和生态环境安全（孔晔等，2009）。

（二）拟除虫菊酯的用途

拟除虫菊酯类农药具有触杀、胃毒和一定的驱避作用，无内吸性，主要用于防治农作物病虫害，特别是作为高毒禁用农药的替代品为我国作物病虫害防治做出了重要贡献（宋玉峰等，2010）。此外，拟除虫菊酯类农药在防治蔬菜、果树害虫等方面也具有较好的效果，并且被用来灭杀蚊、蟑螂、头虱、螨虫等，效果显著。

（三）水环境中拟除虫菊酯类农药的来源及其危害

拟除虫菊酯类农药主要作为农业生产的杀虫剂，可通过农田排水、降雨淋洗等途径进入水体（Erlanger et al.，2004）；若作为蚊、蟑螂、头虱等的灭杀剂，则会随生活污水排入城市水道；也会因在渔业养殖中的大量使用（主要用于清塘，毒杀杂鱼和有害生物等）而残留在水体中。进入水体中的拟除虫菊酯类农药不仅会对地表水造成污染，也会在水生生物体内富集，最终通过食物链进入鱼类和人体中，从而威胁鱼类生存，造成水生生态系统的破坏，并且危害人类的身体健康。

有研究表明，通过食物链进入机体的拟除虫菊酯对哺乳动物的生殖、免疫和心血管等多方面具有明显的毒副作用（胡春容和李君，2005）。拟除虫菊酯对鱼类的毒性是哺乳动物和鸟类的 1000 倍（Edwards et al.，1986；Bradbury & Coats，1989）。对虾、龙虾、青虾、河蟹等甲壳类对拟除虫菊酯尤其敏感，如溴氰菊酯对日本对虾 96 h 的半致死浓度（LC_{50}）是 0.000 12 mg/L（陈宇锋等，2010）。拟除虫菊酯类农药的某些品种有致癌、致畸、致突变作用，对鱼类等水生生物具有高毒性，直接或间接进入水体后难溶于水，易被颗粒物或油滴吸附并沉降到沉积物中，沉积物中的农药降解速度相对比较缓慢，从而危害底栖生物的栖息环境（杨琳等，2010）。氯氰菊酯、氰戊菊酯还被作为环境激素类污染物列入 2001 年世界环境激素类化学品名录（马承铸和顾真荣，2003）。

二、拟除虫菊酯类农药国内外研究现状

（一）水体中的拟除虫菊酯类农药

拟除虫菊酯难溶于水，属于亲脂性有机物，其在水中的浓度极低，对检测方法的灵敏度和准确性要求较高。国内外关于拟除虫菊酯类农药残留分析方法的研究很多，主要集中在样品前处理方法和仪器分析方法两个方面。样品前处理方法的优化可为测定结果的准确性奠定基础，测定方法也有很多种，包括分光光度法、色谱法、免疫分析法以及多种分析技术联用等，其中色谱法在国内外均比较常用，特别是气相色谱测定法（Esteve-Turrillas et al.，2006；李永波和张荣超，2009；刘金峰等，2011）。近年来，有研究人员对某些河口地区拟除虫菊酯类农药残留及其分布特征开展了相关研究。研究表明，埃布罗河三角洲水体中拟除虫菊酯类农药(12 种)浓度的变化范围为 0.03～35.8 ng/L（Feo et al.，2010），萨克拉门托废水中拟除虫菊酯类农药浓度的变化范围为 200～500 ng/L（Weston et al.，2013），九龙江河口及厦门西海域表层水中拟除虫菊酯类农药浓度的变化范围为 ND～158.8 ng/L（孙广大，2009），官厅水库水体中拟除虫菊酯类农药浓度的变化范围为 ND～11.39 ng/L（Xue et al.，2005）。

目前，除长期暴露于农药生产和农药使用环境中的群体，人类接触的农药绝大部分来源于被污染的水体和动植物性食品。尽管珠江三角洲拟除虫菊酯类农药含量水平较低，但由于其蓄积性、对水生生物的高毒性，即使低浓度也会危害水生生物。珠江三角洲河网渔业资源丰富，是鱼类的重要产卵场和繁育场所，残留的拟除虫菊酯类农药可能会影响到珠江渔业资源和水产养殖，因此对于拟除虫菊酯类农药的残留监测要予以重视。

（二）沉积物中的拟除虫菊酯类农药

拟除虫菊酯的亲脂性决定了其易随水体中悬浮颗粒物沉积到底泥中，在水体和沉积物之间存在"沉降—悬浮—再沉降"的动态分配平衡过程。国内外已有大量关于拟除虫菊酯类农药在沉积物中残留的报道，国外主要集中于美国的加利福尼亚州（Weston et al.，2004，2005；Amweg et al.，2006；Holmes et al.，2008；You et al.，2008；Trimble et al.，2009）、得克萨斯州（Hintzen et al.，2009）、伊利诺伊州（Ding et al.，2010）等地区；在中国的九龙江河口（孙广大，2009）、广州溪流（Li et al.，2010）、太湖和辽河流域（方淑红等，2012）及珠江三角洲（Li et al.，2011）等地区，同样有较高浓度的拟除虫菊酯类农药检出。珠江三角洲河网拟除虫菊酯类农药的含量与国内其他流域相比处于较低水平，且远远低于国外报道的拟除虫菊酯类农药含量。这可能是由于国外河口附近往往是旱地，拟除虫菊酯类农药随雨水冲刷排入河口中；而珠江三角洲河网附近农田主要以水田为主，拟除虫菊酯类农药是被禁止应用于水田害虫防治的（姜辉等，2005），故珠江三角洲河网拟除虫菊酯类农药的污染相对较小。

（三）生物体中的拟除虫菊酯类农药

目前，拟除虫菊酯类农药在水产品中的残留问题已引起许多国家的高度重视。欧盟规定水产品中溴氰菊酯为 10 μg/kg（European Commission，2001）；日本"肯定列表制度"中规定了鲑形目（大马哈鱼、虹鳟等）中氯氰菊酯、溴氰菊酯的最高残留量为 30 μg/kg，其他鱼及水生动物均为 10 μg/kg（《食品中农业化学品残留限量》编委会，2006）。GB 31650—2019《食品安全国家标准　食品中兽药最大残留限量》规定，鱼的皮和肉中溴氰菊酯的最高残留量为 30 μg/kg。

（四）拟除虫菊酯类农药的急性毒性

尽管拟除虫菊酯类农药常常被认为是环境安全的农药，但是一直以来，人们对其是否可以应用于水田害虫防治的问题争论不休。在我国，拟除虫菊酯类农药一直被禁止登记和应用于水田害虫防治，依据就是该类农药对于鱼虾等水生生物表现出的高毒特性（姜辉等，2005）。鱼类的毒性试验能够在一定程度上综合地反映出此类农药对水体的污染状况，对保护渔业生产和水环境有着积极的意义（谢涛等，2005）。目前国内外关于拟除虫菊酯类农药对水生动物的急性毒性报告有很多，但关于甲氰菊酯对广东鲂的急性毒性试验尚未有报道。

近年来拟除虫菊酯类农药在农业领域得到了广泛使用，在给农业带来一定积极作用的同时，也带来了农业残留问题。生态环境安全对渔业生产和人类健康都起着非常重要的作用，因此对珠江三角洲水环境（包括水体、沉积物和水产品）中拟除虫菊酯类农药的残留进行检测及风险评价具有十分重要的意义。

第二节　珠江三角洲河网水体中拟除虫菊酯类农药的含量与污染现状

拟除虫菊酯类农药的亲脂性使其易在沉积物和水生生物体内富集，水体中的拟除虫菊酯类农药含量较低，但由于拟除虫菊酯类农药会发生悬浮/溶出而造成水体污染，因此对水体中拟除虫菊酯类农药的残留量进行检测也是很有必要的。为了解珠江三角洲河网水体中拟除虫菊酯类农药污染状况，本书作者团队于 2012 年 5 月、8 月、12 月采集珠江三角洲河网表层水样品，测定其中 7 种拟除虫菊酯类农药的含量。

一、水体中拟除虫菊酯类农药含量

如图 7-1 所示，珠江三角洲河网表层水体中拟除虫菊酯类农药的浓度为 ND～0.75 μg/L，其中在珠江桥的浓度最高，市桥次之，陈村最低。从时间分布来看，5 月河网表层水体中拟除虫菊酯类农药浓度的变化范围为 0.01～0.73 μg/L，平均值为 0.14 μg/L；8 月河网表层水体中拟除虫菊酯类农药浓度的变化范围为 ND～0.43 μg/L，平均值为 0.07 μg/L；12 月河网表层水体中拟除虫菊酯类农药浓度的变化范围为 0.07～0.75 μg/L，平均值为 0.20 μg/L。对 3 个月份河网表层水体中拟除虫菊酯类农药的浓度进行单因素方差分析可知，5 月河网表层水体中拟除虫菊酯类农药浓度与 8 月和 12 月均无显著性差异（$P>0.05$），8 月河网表层水体中拟除虫菊酯类农药浓度与 12 月存在显著性差异（$P<0.05$）。结果表明，珠江三角洲河网表层水体中拟除虫菊酯类农药的浓度在枯水期显著高于丰水期（$P<0.05$），可能是由于丰水期大量的雨水使拟除虫菊酯类农药因稀释而浓度降低。

对表层水体中各种拟除虫菊酯类农药的组成比例进行分析，发现 7 种拟除虫菊酯类农药在所有站位均有不同程度的检出，其中氯菊酯占 7 种拟除虫菊酯类农药总量的 60.3%，检出率为 80.9%，为珠江三角洲河网表层水体中拟除虫菊酯类农药的主要成分；其次是甲氰菊酯，其占 7 种拟除虫菊酯类农药总量的 15.7%，检出率为 33.3%；其他拟除虫菊酯类农药在水体中的含量较低，其组成比例均低于 10%，检出率也较低。从空间上来看，在所有站位中，氯菊酯也是拟除虫菊酯类农药的主要成分，其在珠江桥的浓度为 0.45 μg/L。

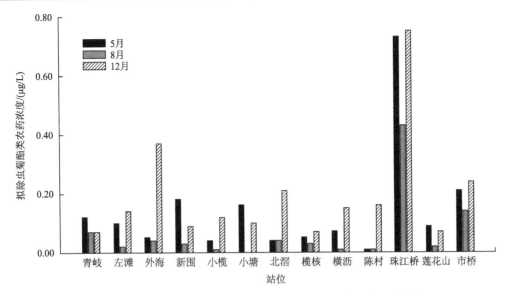

图 7-1　珠江三角洲河网表层水体中拟除虫菊酯类农药的时空分布

　　氯菊酯较高的含量和检出率，可能与其在日常生活中的广泛应用有关。氯菊酯是治疗人类头虱和疥疮药物的主要成分，在药物的使用过程中，残留的氯菊酯会进入生活污水，进而通过地表径流进入野外河流；多数控制宠物跳蚤和壁虱的产品中也包含氯菊酯，并在宠物洗澡中会进入废水系统；氯菊酯还被用来处理衣物以驱除蚊虫，洗涤衣物的废水也终将进入各种河流。以上都导致河流水体受到氯菊酯的污染（Weston et al.，2013）。

　　珠江三角洲河网表层水体中拟除虫菊酯类农药的浓度为 ND～0.75 μg/L，与国内外其他地区相比（表 7-1），处于较高污染水平。对珠江三角洲河网水体中拟除虫菊酯类农药污染的来源分析表明，靠近广州等发达城市的站位拟除虫菊酯类农药污染较高，远离城市的站位拟除虫菊酯类农药污染较低。究其原因，一方面可能是大城市人口密集，拟除虫菊酯类农药在居民的日常生活中使用广泛，如控制蚊虫、跳蚤和壁虱等，而残留的拟除虫菊酯类农药会随生活污水进入城市水道，最终进入河网水环境中；另一方面，由于大城市的绿化养护比较普遍，需要使用大量的拟除虫菊酯类农药，部分残留的拟除虫菊酯类农药会随着城市雨水径流排入河道中，因而导致水体中拟除虫菊酯类农药含量增加（Li et al.，2011）。

表 7-1　国内外水体中拟除虫菊酯类农药污染状况比较

水体	拟除虫菊酯类农药种类数/种	拟除虫菊酯类农药浓度	参考文献
九龙江河口及厦门西海域	9	ND～158.8 ng/L	（孙广大，2009）
官厅水库	3	ND～11.39 ng/L	（Xue et al.，2005）

续表

水体	拟除虫菊酯类农药种类数/种	拟除虫菊酯类农药浓度	参考文献
萨克拉门托废水	4	200～500 ng/L	(Weston et al.，2013)
埃布罗河三角洲	12	0.03～35.8 ng/L	(Feo et al.，2010)
珠江三角洲河网	7	ND～0.75 μg/L	本书

二、拟除虫菊酯类农药污染的水质量评价

根据 GB 3838—2002《地表水环境质量标准》、GB 3097—1997《海水水质标准》和 CJ/T 206—2005《城市供水水质标准》中的农药控制标准，对珠江三角洲河网水环境的质量进行评价。水样中溴氰菊酯有检出，其浓度的变化范围为 ND～0.03 μg/L，根据标准，水中溴氰菊酯的最高浓度不能超过 20 μg/L，故水样中溴氰菊酯的浓度未超标。

《欧盟饮用水水质指令》规定，单个农药最高可容许浓度（maximum allowable concentration，MAC）和总浓度最高可容许浓度分别为 0.10 μg/L 和 0.50 μg/L。如表 7-2 所示，在珠江桥，单个农药（甲氰菊酯、氯菊酯和联苯菊酯）的浓度超标，且总浓度也超标，可能与此站位靠近广州有关。

表 7-2 珠江三角洲河网表层水体质量评价

拟除虫菊酯类农药种类	MAC/（μg/L）	浓度范围（平均值）/（μg/L）	超标百分率/%	超标站位
甲氰菊酯	0.10	ND～0.23（0.05）	4.76	珠江桥
氯菊酯	0.10	ND～0.45（0.07）	14.29	青岐、小塘、珠江桥
联苯菊酯	0.10	ND～0.16（0.03）	4.76	珠江桥
高效氯氟氰菊酯	0.10	ND～0.03（0.01）	0	
氯氰菊酯	0.10	ND～0.05（0.01）	0	
氰戊菊酯	0.10	ND～0.07（0.01）	0	
溴氰菊酯	0.10	ND～0.03（0.01）	0	
检出总量	0.50	ND～0.75（0.13）	4.76	珠江桥

王朝晖等（2000）、谭娟等（2010）等报道拟除虫菊酯类农药对水生生物具有高毒性，其对水生生物的 LC_{50} 通常小于 10 μg/L。珠江三角洲河网采样站位检测出的表层水体中拟除虫菊酯类农药最高浓度为 0.75 μg/L，平均值为 0.13 μg/L；沉积物中拟除虫菊酯类农药的检出浓度为 ND～22.78 μg/kg（见本章第三节）。尽管表层水体中拟除虫菊酯类农药含量低，但由于沉积物对拟除虫菊酯类农药具有富集作用，且拟除虫菊酯类农药可以在水体和沉积物中发生沉淀和再悬浮过程，因而会给水生生物带来不良影响。

三、水体中拟除虫菊酯类农药的食用暴露风险评价

根据世界卫生组织（World Health Organization，WHO）和国际癌症研究机构（International Agency for Research on Cancer，IARC）编制的权衡化学物质致癌性可靠程度的分类体系，农业农村部珠江流域渔业生态环境监测中心监测的 7 种拟除虫菊酯类农药均属于非化学致癌物范畴，因此选取非化学致癌物健康危害风险评价模型进行评价，其参考剂量（reference dose，RfD）（通常为终生）均根据美国环境保护署（United States Environmental Protection Agency，USEPA）公布的多种有毒物质有关暴露途径参考剂量值确定。

非化学致癌物健康危害风险评价模型（罗固源等，2009）如下：

$$D_{ig} = C_R \times c_i / W_B$$
$$R_{ig}^n = \left(D_{ig} / \mathrm{RfD}_{ig} \right) \times 10^{-6} / t$$
$$R^n = \sum_{i=1}^{l} R_{ig}^n$$

式中，D_{ig} 为非化学致癌物 i 经食入（饮水）途径的单位体重日均暴露剂量，mg/(kg·d)；C_R 为成人平均每日饮水量，L/d，此处为 2.2 L/d；c_i 为非化学致癌物 i 的实际浓度，mg/L；W_B 为人均体重，取 60 kg；R_{ig}^n 为非化学致癌物 i（共 l 种非化学致癌物）经食入（饮水）途径所致健康危害的个人年风险水平，a^{-1}；R^n 为 l 种非化学致癌物经食入（饮水）途径所致健康危害的个人年总风险水平，a^{-1}；t 为人均寿命，取 70 a；RfD_{ig} 为非化学致癌物 i 经食入（饮水）途径的参考剂量，mg/(kg·d)。此处的参考剂量表示在 70 a 暴露时间内，非化学致癌物进入人体且不会对人体造成不利影响的最高剂量。7 种拟除虫菊酯类农药经食入（饮水）途径的参考剂量如表 7-3 所示。

表 7-3　7 种拟除虫菊酯类农药的参考剂量（食入或饮水途径）

拟除虫菊酯类农药种类	RfD_{ig}/[mg/(kg·d)]
联苯菊酯	—
甲氰菊酯	2.5×10^{-2}
高效氯氟氰菊酯	5.0×10^{-3}
氯菊酯	5.0×10^{-2}
氯氰菊酯	1.0×10^{-2}
氰戊菊酯	2.5×10^{-2}
溴氰菊酯	—

注：—表示 USEPA 未指定此物质的 RfD_{ig}。

本书以 5 月珠江三角洲河网 13 个站位 5 种拟除虫菊酯类农药的含量作为它们在河网

的污染水平，将相关值代入公式，得出 5 种拟除虫菊酯类农药饮水途径健康危害风险评价情况如表 7-4 所示。甲氰菊酯、高效氯氟氰菊酯、氯菊酯、氯氰菊酯和氰戊菊酯由饮水途径所致健康危害的个人年风险平均值分别为 $3.52 \times 10^{-13} a^{-1}$，$4.35 \times 10^{-15} a^{-1}$，$4.74 \times 10^{-13} a^{-1}$，$2.56 \times 10^{-13} a^{-1}$，$1.30 \times 10^{-13} a^{-1}$，其中氯菊酯的个人年风险水平最大，高效氯氟氰菊酯的个人年风险水平最小。在所有站位中，珠江桥的拟除虫菊酯类农药的个人年总风险水平最大，其次是市桥、新围、小塘。珠江三角洲河网水体中拟除虫菊酯类农药的个人年总风险水平在 $2.61 \times 10^{-13} \sim 6.00 \times 10^{-12} a^{-1}$，此风险水平远远低于化学污染物对人体健康危害的最大可接受风险水平（$10^{-6} a^{-1}$，即每年每百万人口中因饮用水中含拟除虫菊酯类农药而受到健康危害或死亡的人数为 1 人）（USEPA，1989），即珠江三角洲河网水体中拟除虫菊酯类农药健康危害风险水平在可接受范围内，但水体中拟除虫菊酯类农药的污染水平在现实中可能受很多条件影响，因此可能会存在一定的误差。

表 7-4　5 种拟除虫菊酯类农药饮水途径健康危害风险评价（个人年风险及个人年总风险）（单位：a^{-1}）

站位	R_{ig}^{n}					R^{n}
	甲氰菊酯	高效氯氟氰菊酯	氯菊酯	氯氰菊酯	氰戊菊酯	
青岐	1.03×10^{-13}	2.57×10^{-15}	5.65×10^{-13}	1.28×10^{-13}	5.13×10^{-14}	8.50×10^{-13}
左滩	5.13×10^{-14}	2.57×10^{-15}	4.62×10^{-13}	1.28×10^{-13}	5.13×10^{-14}	6.95×10^{-13}
外海	5.13×10^{-14}	2.57×10^{-15}	1.54×10^{-13}	1.28×10^{-13}	2.05×10^{-13}	5.41×10^{-13}
新围	4.11×10^{-13}	2.57×10^{-15}	4.11×10^{-13}	5.13×10^{-13}	5.13×10^{-14}	1.39×10^{-12}
小榄	1.03×10^{-13}	1.54×10^{-14}	5.13×10^{-13}	1.28×10^{-13}	5.13×10^{-14}	8.11×10^{-13}
小塘	4.11×10^{-13}	2.57×10^{-15}	7.70×10^{-13}	1.28×10^{-13}	5.13×10^{-14}	1.36×10^{-12}
北滘	1.03×10^{-13}	2.57×10^{-15}	1.54×10^{-13}	1.28×10^{-13}	5.13×10^{-14}	4.39×10^{-13}
榄核	4.11×10^{-13}	2.57×10^{-15}	2.57×10^{-14}	2.57×10^{-13}	5.13×10^{-14}	7.48×10^{-13}
横沥	5.13×10^{-14}	2.57×10^{-15}	2.57×10^{-14}	1.28×10^{-13}	7.19×10^{-13}	9.27×10^{-13}
陈村	5.13×10^{-14}	5.13×10^{-15}	2.57×10^{-14}	1.28×10^{-13}	5.13×10^{-14}	2.61×10^{-13}
珠江桥	2.36×10^{-12}	2.57×10^{-15}	2.31×10^{-12}	1.28×10^{-13}	5.13×10^{-14}	6.00×10^{-12}
莲花山	5.13×10^{-14}	1.03×10^{-14}	2.57×10^{-14}	1.28×10^{-13}	1.03×10^{-13}	3.18×10^{-13}
市桥	4.11×10^{-13}	2.57×10^{-15}	7.19×10^{-13}	1.28×10^{-13}	2.05×10^{-13}	1.47×10^{-12}
平均值	3.52×10^{-13}	4.35×10^{-15}	4.74×10^{-13}	2.56×10^{-13}	1.30×10^{-13}	1.22×10^{-12}

第三节　珠江三角洲河网沉积物中拟除虫菊酯类农药的含量与污染现状

近年来，有不少地区沉积物中残留拟除虫菊酯类杀虫剂的情况已引起关注，如 Weston 等（2005）、Amweg 等（2006）、Gilliom（2007）、Holmes 等（2008）、Wong 等

（2009）等的研究；美国地质调查局的相关报道表明，在美国地区 97% 的溪流中，至少有一种杀虫剂能被检测到。拟除虫菊酯类杀虫剂在中国也被广泛使用，2010 年中国农药的需求量是 302 700 t，其中包括杀虫剂 129 500 t，而拟除虫菊酯类杀虫剂占杀虫剂总量的 2.8%。珠江三角洲处于亚热带地区，气候温和，降雨量丰富，全年气候潮湿，农业用地使用的杀虫剂占较高的比例。为了解珠江三角洲河网沉积物中拟除虫菊酯类农药污染状况，本书作者团队于 2012 年 5 月、8 月、12 月采集珠江三角洲河网表层沉积物样品，测定其中 7 种拟除虫菊酯类农药的含量。

一、表层沉积物中拟除虫菊酯类农药含量

珠江三角洲河网表层沉积物中拟除虫菊酯类农药总量检出范围为 ND～22.78 μg/kg，平均值为 1.21 μg/kg，其中北滘的总量最大。表层沉积物中拟除虫菊酯类农药的质量分数，5 月为 ND～6.59 μg/kg，8 月为 ND～0.05 μg/kg，12 月为 0.09～22.78 μg/kg。

大量研究（Yang，2000；Ran et al.，2002，2007）表明，沉积物中有机碳含量对有机污染物的分布起到非常重要的决定作用，因此本书也测定了调查站位沉积物样品中总有机碳（total organic carbon，TOC）的含量，并将其与拟除虫菊酯类农药含量进行线性回归分析。

结果发现，2012 年 3 个月份沉积物中 TOC 的质量分数为 1.20%～4.48%，5 月、8 月和 12 月 TOC 的质量分数分别为 1.20%～4.48%、1.24%～2.76% 和 1.51%～4.31%。沉积物中拟除虫菊酯类农药在 5 月时与 TOC 呈极显著的线性正相关关系（$r = 0.84$，$P < 0.01$），在 8 月（$r = 0.61$，$P < 0.05$）和 12 月（$r = 0.56$，$P < 0.05$）时也存在线性正相关关系，但不若 5 月时显著。可见沉积物中拟除虫菊酯类农药的含量除受有机碳含量的影响外，还受其他因素的影响。这一结果与 Sun 等（2008）的研究结果相类似，他们发现沉积物中有机污染物的含量与炭黑（black carbon，BC）含量的相关性远远高于其与有机碳含量的相关性。BC 源自化石燃料的不完全燃烧和森林大火，对有机污染物有很强的吸附性，它是有机质中的重要组分，高则可占 TOC 的 80%（Song et al.，2002）。

二、表层沉积物中拟除虫菊酯类农药含量的季节分布

对 5 月、8 月和 12 月珠江三角洲河网表层沉积物中拟除虫菊酯类农药含量分别进行单因素方差分析。结果发现，表层沉积物中拟除虫菊酯类农药含量在 5 月和 8 月存在显著差异（$P < 0.05$），在 5 月和 12 月无显著差异（$P > 0.05$），在 8 月和 12 月也无显著差异（$P > 0.05$）。表层沉积物中拟除虫菊酯类农药含量在 5 月和 8 月存在显著差异，可能

是由于 5 月水环境受到外界干扰较小，而 8 月雨量充沛，雨水冲刷引起沉积物再悬浮，使部分拟除虫菊酯类农药由沉积相迁移至水相中，同时大量雨水对水环境中拟除虫菊酯类农药起到一定的稀释作用，导致 8 月沉积物中拟除虫菊酯类农药含量较低。

表层沉积物中拟除虫菊酯类农药含量在 5 月和 12 月无显著差异，8 月和 12 月亦然。这一方面可能是由于珠江三角洲是亚热带气候，果蔬种植、花卉栽培和盆景修剪一年四季都有，因此拟除虫菊酯类农药在珠江三角洲地区全年都会使用，且有机污染物（如氯氰菊酯）会持久性存在；另一方面，珠江三角洲年平均降水量高达 160 cm，夏季的暴雨会将拟除虫菊酯类农药从周边地区冲刷到三角洲河道中（Hintzen et al.，2009），而在冬季低流量调节下，潮汇驱动泥沙运输和再悬浮/沉积，这样周期变化慢慢将累积的细粒沉积物运送到河道中，再到站位中（Lao et al.，2010）。

三、表层沉积物中拟除虫菊酯类农药的组成

氯菊酯在珠江三角洲河网多数表层沉积物中都有检出，检出率为 61.90%，对拟除虫菊酯类农药总量贡献最大，占总量的 57.63%，氯菊酯质量分数的最大值在外海站位检出，为 2.91 μg/kg；甲氰菊酯次之，占总量的 16.39%，检出率为 28.57%，其质量分数的最大值在珠江桥检出，为 2.43 μg/kg；其他 5 种拟除虫菊酯类农药虽然也有检出，检出率约 50%，但含量较低。

氯菊酯为珠江三角洲河网表层沉积物中拟除虫菊酯类农药的最主要成分，这与已有的研究报道相一致。方淑红等（2012）报道的太湖和辽河流域表层沉积物中拟除虫菊酯类农药组成显示，氯菊酯为主要成分，约占 30%，氯菊酯质量分数的最大值是 10.12 μg/kg，在福建省罗源湾（9.50 μg/kg）（杨琳等，2010），美国的伊利诺伊州以农田为中心的地区（约占 33%）（Ding et al.，2010）、加利福尼亚州巴略纳河口（190 μg/kg）（Lao et al.，2010）、加利福尼亚州中心河谷（Weston et al.，2004）、田纳西州城市溪流（Amweg et al.，2006）等地区的沉积物中氯菊酯同样是最主要的成分。Li H Z 等（2011，2013）报道的珠江三角洲和车陂涌沉积物中拟除虫菊酯类农药的组成中，氯氰菊酯检出率均最高（100%），并且均为最主要成分，分别占两个研究区域表层沉积物中拟除虫菊酯类农药检测总量的 55.7% 和 48.0%；氯菊酯检出量次之，分别占 16.7% 和 24.0%。本书表层沉积物中氯菊酯较高的检出率和检出量与水体中氯菊酯的检出情况一致。

四、表层沉积物中拟除虫菊酯类农药的毒性评估

毒性单元（toxic unit，TU）常用来评价拟除虫菊酯类农药在沉积物中的潜在毒性，

TU 是沉积物中目标物的含量与所选生物的毒性数据 LC_{50} 的比值，即

$$TU = \frac{c}{LC_{50}}$$

$$\Sigma TU = \sum_{i=1}^{n} \frac{c_i}{LC_{50i}}$$

式中，c 为沉积物中拟除虫菊酯类农药质量分数（经总有机碳标准化），μg/kg；LC_{50} 为沉积物中拟除虫菊酯类农药对钩虾的半致死浓度（经总有机碳标准化），μg/kg。钩虾（*Hyalella azteca*）是较常用于测试沉积物中拟除虫菊酯类农药潜在毒性的淡水底栖动物，已有文献（Laskowski，2002）指出，沉积物中拟除虫菊酯类农药含量的大小并不能完全反映它们对生物的毒性大小，用钩虾等底栖生物的 TU 值来评价沉积物中拟除虫菊酯类农药的毒性大小比较科学。国外对钩虾的毒性数据已有比较全面的研究（Laskowski，2002；Weston et al.，2004；Amweg et al.，2006；Ding et al.，2010）。

沉积物中拟除虫菊酯类农药含量及其对钩虾 10 d 的 LC_{50}（均经总有机碳标准化）如表 7-5 所示，氯菊酯的残留量最高，质量分数范围为 0~94.00 μg/kg，平均值是 13.74 μg/kg，其他拟除虫菊酯类农药的残留量较低。

表 7-5　沉积物中拟除虫菊酯类农药含量及其对钩虾 10 d 的 LC_{50}（均经总有机碳标准化）

拟除虫菊酯类农药种类	LC_{50}/(μg/kg)	残留量/(μg/kg)	平均值/(μg/kg)
联苯菊酯	180	0~4.94	0.59
甲氰菊酯	—[①]	0~54.26	2.89
高效氯氟氰菊酯	450	0~12.48	1.75
氯菊酯	4870	0~94.00	13.74
氯氰菊酯	380[②]	0~17.34	2.07
氰戊菊酯	890	0~4.42	0.45
溴氰菊酯	790	0~4.90	1.08

注：①没有收集到相关数据；②该值参考文献（Amweg et al.，2006）；其他 LC_{50} 数据均参考文献（Amweg et al.，2005）。

当 TU<1 时，说明拟除虫菊酯类农药对钩虾的毒性很小。对珠江三角洲河网各站位表层沉积物中拟除虫菊酯类农药对钩虾的毒性单元进行计算，发现各个站位 ΣTU 值范围为 0~0.09，平均值为 0.02，ΣTU 值均远远小于 1，表明珠江三角洲河网表层沉积物中拟除虫菊酯类农药对钩虾暂时没有明显的毒性作用，拟除虫菊酯类农药含量处于安全范围。

经计算得知，氯氰菊酯的 TU 值最大，占拟除虫菊酯类农药 ΣTU 值的 31.76%，对

沉积物的毒性贡献最大；高效氯氟氰菊酯次之，占 22.66%。6 种拟除虫菊酯类农药对钩虾的毒性大小顺序为氯氰菊酯＞高效氯氟氰菊酯＞联苯菊酯＞氯菊酯＞溴氰菊酯＞氰戊菊酯。

对比国内外研究中沉积物中拟除虫菊酯类农药的 ΣTU 值，在我国太湖 ΣTU 值为 0～0.40，平均值为 0.13，在辽河流域 ΣTU 值为 0.10～1.73，平均值为 0.61（方淑红等，2012）；在美国得克萨斯州中心城镇河流 ΣTU 值为 0.03～7.99，平均值为 2.23（Hintzen et al.，2009）。在珠江三角洲河网 ΣTU 值远远低于以上地区，说明珠江三角洲河网表层沉积物中拟除虫菊酯类农药的污染程度较低。

氯菊酯是珠江三角洲河网表层沉积物中的最主要组成部分，但氯菊酯的 TU 值只占拟除虫菊酯类农药 ΣTU 值的 15.66%，说明尽管氯菊酯在河网表层沉积物中的比例最高，但其对钩虾毒性较小（LC_{50} 为 4870 μg/kg），因而其对沉积物的毒性贡献并不大。相反，尽管氯氰菊酯在沉积物中的含量仅占总量的 9.95%，但由于其本身对钩虾的高毒性（LC_{50} 为 380 μg/kg），其对沉积物的毒性贡献较大。Mehler 等（2011）和 Wang J Z 等（2012）报道氯氰菊酯是沉积物毒性的主要贡献者，与本书结果一致；Trimble 等（2009）和 Weston 等（2005）则报道联苯菊酯是沉积物毒性的主要贡献者。

第四节　生物体中拟除虫菊酯类农药残留及风险评估

拟除虫菊酯类农药的亲脂性使其易吸附于悬浮颗粒物继而沉积到底泥中，底泥中的拟除虫菊酯类农药又可通过食物链富集到水生生物中，水生生物作为水产品被人类食用，进而对人类的身体健康造成危害，因此对珠江三角洲水产品中残留的拟除虫菊酯类农药进行检测，并对其进行风险评价是十分必要的。在珠江三角洲河网采集鱼类 13 种，包括鲮（*Cirrhinus molitorella*）、花鰶（*Clupanodon thrissa*）、赤眼鳟（*Squaliobarbus curriculus*）、鲬（*Platycephalus indicus*）、广东鲂（*Megalobrama terminalis*）、鲤（*Cyprinus carpio*）、鲻（*Mugil cephalus*）、花鲈（*Lateolabrax japonicus*）、七丝鲚（*Coilia grayii*）、棘头梅童鱼（*Collichthys lucidus*）、日本鳗鲡（*Anguilla japonica*）、黄鳍鲷（*Acanthopagrus latus*）、红鳍原鲌（*Cultrichthys erythropterus*）；虾类 4 种，包括脊尾白虾（*Exopalaemon carinicauda*）、罗氏沼虾（*Macrobrachium rosenbergii*）、近缘新对虾（*Metapenaeus affinis*）和斑节对虾（*Penaeus monodon*）；以及贝类 2 种，包括文蛤（*Meretrix meretrix*）、背角无齿蚌（*Anodonta woodiana woodiana*）。以 7 种拟除虫菊酯类农药为目标化合物，采用超声波提取-气相色谱法对珠江三角洲河网水产品中残留的拟除虫菊酯类农药进行检测分析，并对人体中拟除虫菊酯类农药暴露水平进行健康风险评价。

一、拟除虫菊酯类农药的含量分布及组成特征

（一）鱼类肌肉中拟除虫菊酯类农药残留分析

珠江三角洲河网所采集的 13 种鱼类肌肉中拟除虫菊酯类农药含量如表 7-6 所示。鱼类肌肉中拟除虫菊酯类农药检出率为 81.5%，质量分数为 ND～3.03 μg/kg，平均值为 0.90 μg/kg。所检测的鱼类中，鲻对拟除虫菊酯类农药的富集量最大，最大值为 3.03 μg/kg，其次是花鲈，为 2.24 μg/kg。

表 7-6　不同食性鱼类肌肉中拟除虫菊酯类农药含量

种类	体长/cm	体重/g	食性	拟除虫菊酯类农药质量分数/(μg/kg)	平均值/(μg/kg)
鲮	19.0～26.5	164～445	杂食	ND～1.67	0.72
花鳊	17.0	79～84	杂食	0.49～2.00	1.24
赤眼鳟	21.5～26.4	211～370	杂食	0.12～1.73	0.71
鲬	27.5	194	杂食	0.05	
广东鲂	19.5～29.5	140～470	杂食	ND～1.04	0.43
鲤	31.0	703	杂食	0.31	
鲻	12.3～35.0	35～550	杂食	ND～3.03	1.23
花鲈	18.0～30.5	117～620	肉食	1.53～2.24	1.89
七丝鲚	17.0～21.0	25～48	肉食	1.39～2.03	1.71
棘头梅童鱼	9.8～10.0	23～24	肉食	0.48	
日本鳗鲡	61.0	279	肉食	0.81	
黄鳍鲷	17.0	171	肉食	0.08	
红鳍原鲌	30.3	383	肉食	0.38	

注：ND 为未检出，最低检出限为 0.01 μg/kg，以湿重计。

珠江三角洲河网肉食性鱼类肌肉中拟除虫菊酯类农药的质量分数范围为 0.08～2.24 μg/kg，平均值为 0.89 μg/kg，杂食性鱼类肌肉中拟除虫菊酯类农药的质量分数范围为 ND～3.03 μg/kg，平均值为 0.67 μg/kg。对珠江三角洲河网杂食性鱼类和肉食性鱼类肌肉中拟除虫菊酯类农药的残留分析比较可知，肉食性鱼类中花鲈、七丝鲚的肌肉中拟除虫菊酯类农药质量分数较大，这与它们的食性和生活习性有关，肉食性鱼类处于食物链的高端或高营养级，在食物链的物质流动和传递过程中，拟除虫菊酯类农药会通过食物链传递而被富集放大，从而对生物造成潜在危害（Johnson et al.，1996；Gunnarsson & Sköld，1999；魏泰莉等，2007）。花鲈生活在水体中下层，其体内拟除虫菊酯类农药直接受到沉积物及悬浮颗粒物影响，花鲈捕食底栖生物或有机泥沙颗粒，容易富集亲脂性

有机物。杂食性鱼类中鲻、花鲦的肌肉中拟除虫菊酯类农药质量分数也较大（最大值分别为 3.03 μg/kg 和 2.00 μg/kg），但平均水平低于肉食性鱼类。

8 月，珠江三角洲河网表层水体中拟除虫菊酯类农药质量分数范围为 ND～0.43 μg/L，平均值为 0.07 μg/L；表层沉积物中拟除虫菊酯类农药质量分数范围为 ND～0.05 μg/kg，平均值为 0.02 μg/kg；珠江三角洲河网水产品中拟除虫菊酯类农药质量分数范围为 ND～3.05 μg/kg，平均值为 0.80 μg/kg。水体、沉积物中拟除虫菊酯类农药的质量分数均低于其在水产品中的质量分数，表明水生生物可能是拟除虫菊酯类农药的最终归宿。城镇居民生活污水和工业废水大量排入三角洲河道中，致使河道中拟除虫菊酯类农药含量增高，进入水体中的拟除虫菊酯类农药通过悬浮颗粒物沉积到底泥中，底泥又可通过再悬浮作用进入水体和颗粒物中，经食物链传递最终富集在水生生物体内。

联合国粮食及农业组织（Food and Agriculture Organization of the United Nations，FAO）和世界卫生组织（WHO）对农药在食品中残留量的有关规定，其中指出拟除虫菊酯类农药在鱼体内的最大允许残留量为 3 mg/kg（干重），珠江三角洲河网检测到的鱼类肌肉样品中拟除虫菊酯类农药最高质量分数为 3.03 μg/kg（湿重），以鱼类肌肉中的含水率为 70% 计算，换算成干重，得出最高质量分数为 101 μg/kg（干重），远远低于 3 mg/kg。尽管所采集样品中拟除虫菊酯类农药均远低于有关规定，但所检测的水生生物中农药检出率很高，因此拟除虫菊酯类农药对水生生物的潜在危害需引起重视。

（二）虾、贝类体内拟除虫菊酯类农药残留检测

采集的虾类有 4 种，分别为脊尾白虾、罗氏沼虾、近缘新对虾和斑节对虾，贝类有 2 种，分别为文蛤和背角无齿蚌。虾类肌肉中拟除虫菊酯类农药的检出率为 100%，质量分数为 0.05～1.13 μg/kg，平均值为 0.41 μg/kg，其中斑节对虾对拟除虫菊酯类农药的富集量最大。贝类肌肉中拟除虫菊酯类农药平均值为 0.99 μg/kg，文蛤对拟除虫菊酯类农药的富集量大于背角无齿蚌。

由检测结果可知，不同水生生物体内拟除虫菊酯类农药质量分数由大到小依次为贝类＞鱼类＞虾类，分析原因可能是拟除虫菊酯类农药为亲脂性有机物，主要汇集在悬浮颗粒物及底泥中，贝类为底栖滤食性动物，摄取水底层的悬浮颗粒物，并且过滤大量的水，从而使体内拟除虫菊酯类农药含量增高。

二、珠江三角洲河网水产品中拟除虫菊酯类农药组成特征分析

在所采集的 13 种鱼类中，7 种拟除虫菊酯类农药中检出率最高的是氯菊酯，达到

100%；其次是高效氯氟氰菊酯和联苯菊酯，检出率分别为 76.9% 和 69.2%；氰戊菊酯和溴氰菊酯的检出率最低，为 15.4%。检出量最高的是氯菊酯，占拟除虫菊酯类农药总量的 52.2%；其次是甲氰菊酯和联苯菊酯，分别占拟除虫菊酯类农药总量的 22.2% 和 13.6%。

在所采集的 4 种虾类中，除联苯菊酯的检出率是 75% 外，其他拟除虫菊酯类农药的检出率均为 100%。溴氰菊酯的检出量最高，占拟除虫菊酯类农药总量的 33.0%，其次是甲氰菊酯和氯菊酯，分别占拟除虫菊酯类农药总量的 21.1% 和 20.7%。

在所采集的 2 种贝类中，各种拟除虫菊酯类农药的检出率均达到 100%。氯菊酯的检出量最高，占拟除虫菊酯类农药总量的 55.4%；其次是高效氯氟氰菊酯和联苯菊酯，分别占拟除虫菊酯类农药总量的 14.6% 和 12.4%。

不同拟除虫菊酯类农药在水生生物组织中的富集程度不同。分析其原因，首先是受不同生物对拟除虫菊酯类农药代谢能力的影响。其次与辛醇-水分配系数（octanol-water partition coefficient，K_{ow}）有关。氯菊酯、甲氰菊酯和溴氰菊酯的 log K_{ow} 值分别为 6.5、6.0 和 6.1（Feo et al.，2010），亲脂性强，容易富集在富含脂肪的组织中。最后是受环境中拟除虫菊酯类农药污染程度的影响。本书研究结果显示，鱼类和贝类样品中的拟除虫菊酯类农药均以氯菊酯为主，这可能与珠江三角洲河网地区周边居民将氯菊酯作为卫生杀虫剂使用有关，氯菊酯会随着雨水冲刷进入珠江三角洲水体环境中（赵李娜等，2013），最终通过迁移转化进入水产品中。

三、甲氰菊酯对广东鲂的急性毒性试验

国际上提出外来化合物的急性毒性分级（acute toxicity classification）标准，用以对化合物急性毒性的强弱及其对人类的潜在危害程度进行评价。根据有毒物质对鱼类急性毒性试验的 96 h 的半致死浓度（LC_{50}），将标准分为 5 级（表 7-7）。

表 7-7　鱼类急性毒性试验毒性分级标准

鱼类起始 LC_{50}/(mg/L)	<1	1～100	>100～1 000	>1 000～10 000	>10 000
毒性分级	剧毒性	高毒性	中等毒性	低毒性	微毒性（无毒性）

甲氰菊酯是一种神经毒性杀虫剂，它的商业名称是灭扫利，在我国南方地区使用广泛。农业中使用的甲氰菊酯农药通过喷洒、漂移或径流等方式进入水环境中，造成水体的污染（Wu et al.，1999）。甲氰菊酯对水生生物具有高毒性，如李斌等（2011）报道甲氰菊酯对斑马鱼成鱼 96 h 的 LC_{50} 为 3.38 μg/L，安全浓度是 0.338 μg/L，谭娟等（2010）报道甲氰菊酯对尼罗罗非鱼幼鱼的半致死浓度为 5.90 μg/L（96 h 的 LC_{50}），安全浓度为

0.59 µg/L，但尚未有甲氰菊酯对广东鲂的急性毒性报道。为此本书作者团队在室内模拟了甲氰菊酯对广东鲂的急性毒性试验，计算出甲氰菊酯对广东鲂的半致死浓度（LC$_{50}$）及安全浓度，为合理使用甲氰菊酯农药提供科学依据。

（一）中毒症状

对广东鲂用药并进行 8 h 连续观察，在用药 20 min 后，高浓度组（3.2 µg/L）开始出现中毒症状，鱼体失去平衡能力，开始侧游，击壁，上下游动，不时将头露出水面，鳃开合的频率变大，呼吸困难，对刺激反应不强烈。1 h 后高浓度组的鱼身体抽搐扭曲变形，沉至水底，部分鱼已经死亡。较高浓度组（如 2.4 µg/L、1.8 µg/L）在 3 h 后也出现以上相同的症状。

甲氰菊酯含有带氰基的环丙烷羧酸，是一种神经毒剂，氰基可与机体中带正电荷的基团相吸引，从而使毒性增强（何福林和向建国，2005）。广东鲂出现身体失衡、击壁、身体抽搐等症状都是鱼体中毒的表现。

（二）急性毒性试验结果与分析

不同暴露时间各浓度组的死亡数和死亡率如表 7-8 所示。随着甲氰菊酯浓度的增加，广东鲂的死亡率增加；随着用药时间的增加，广东鲂的死亡率也随之增加。参照齐军山等（2008）的方法，计算甲氰菊酯对广东鲂的半致死浓度（LC$_{50}$）及 95%置信区间，再根据经验公式计算其 96 h 的 LC$_{50}$，以其 1/10 作为安全浓度（李斌等，2011）。甲氰菊酯对广东鲂的线性回归分析如表 7-9 所示，甲氰菊酯对广东鲂 96 h 的 LC$_{50}$ 为 1.866 µg/L，由此推算出甲氰菊酯对广东鲂的安全浓度为 0.187 µg/L。

表 7-8　不同暴露时间各浓度组的死亡数和死亡率

组别	浓度/(µg/L)	24 h			48 h			72 h			96 h		
		死亡数/条		平均死亡率/%	死亡数/条		平均死亡率/%	死亡数/条		平均死亡率/%	死亡数/条		平均死亡率/%
		A组	B组		A组	B组		A组	B组		A组	B组	
Ⅰ	1.00	0	0	0	0	0	0	0	0	0	1	0	0
Ⅱ	1.35	1	0	6.25	1	0	6.25	1	1	12.50	1	2	18.75
Ⅲ	1.80	1	2	18.75	2	2	25.00	2	4	37.50	3	5	50.00
Ⅳ	2.40	2	3	31.25	2	4	37.50	3	5	50.00	5	6	68.75
Ⅴ	3.20	5	7	75.00	7	7	93.75	7	8	93.75	7	8	93.75
对照		0	0	0	0	0	0	0	0	0	0	0	0

表 7-9　甲氰菊酯对广东鲂的线性回归分析

暴露时间/h	LC$_{50}$/（μg/L）	95%置信区间	回归方程	r
24	2.620	2.285～3.241	$y = -2.514 + 6.012x$	0.954
48	2.316	2.065～2.661	$y = -2.738 + 7.506x$	0.911
72	2.124	1.879～2.442	$y = -2.184 + 6.675x$	0.928
96	1.866	1.628～2.149	$y = -1.592 + 5.875x$	0.989

甲氰菊酯对广东鲂 96 h 的 LC$_{50}$ 为 1.866 μg/L，属于剧毒级，与已有研究（王学生等，1990；Kumar et al.，2007；Wang et al.，2007；Xu et al.，2008；Bajet et al.，2012）得出的拟除虫菊酯类农药对淡水鱼类的（急性）毒性试验数据和评价指标基本一致。尽管现有研究证明拟除虫菊酯类农药在田间能发生较快的降解和迁移，其残留不会对地下水及周围环境造成长久危害，但由于其对鱼类是有剧毒的，会破坏水生生态系统（苏大水和樊德方，1989；王朝晖等，2000），在农田使用中仍需控制用量。

四、珠江三角洲河网水产品中拟除虫菊酯类农药的食用暴露风险评价

对于普通人来说，饮食是环境中的拟除虫菊酯类农药暴露的最主要途径（Koch et al.，2011）。对珠江三角洲河网水产品中拟除虫菊酯类农药的食用暴露风险评价，可采用前面介绍的非化学致癌物健康危害风险评价模型，除 C_R 改为水产品的消费速率（g/d）[广东省沿海地区居民每人每天水产品的平均消费量约为 66.6 g（唐洪磊等，2009）]，其他参数相同。根据珠江三角洲河网水产品中拟除虫菊酯类农药的残留量和水产品的消费量，可计算出珠江三角洲河网居民通过饮食暴露于拟除虫菊酯类农药的程度。

珠江三角洲河网水产品中拟除虫菊酯类农药的浓度范围为 ND～3.03μg/kg，以检出限 0.01 μg/kg 和最高浓度 3.03 μg/kg 计算得到人类每天通过食用该地区水产品暴露于拟除虫菊酯类农药的剂量分别为 $1.11×10^{-8}$ mg/(kg·d)和 $3.36×10^{-6}$ mg/(kg·d)。

FAO 和 WHO 提出的拟除虫菊酯类农药的 RfD$_{ig}$ 为 0.04 mg/(kg·d)，根据上述模型计算得到珠江三角洲河网水产品中拟除虫菊酯类农药的年总暴露风险水平为 $3.96×10^{-13}$～$1.21×10^{-10}$a^{-1}，此风险水平远低于化学污染物对人体健康危害的最大可接受风险水平（10^{-6}a^{-1}），因此，成年人因日均摄入 66.6 g 水产品而暴露于拟除虫菊酯类农药中且其健康受到威胁的风险很小。反过来计算水产品的安全消费量，以珠江三角洲河网水产品中拟除虫菊酯类农药的最高浓度来计算，当成年人进食水产品的量小于 $5.54×10^4$ kg/d 时，水产品中的拟除虫菊酯类农药不会对成年人造成健康威胁，显然成年人每天的水产品消

费量远远小于安全消费量（5.54×10^4 kg/d），故仅考虑拟除虫菊酯类农药时，珠江三角洲河网地区周边居民因食用水产品所致健康危害的风险较小。

第五节 小 结

珠江三角洲城市化和经济的高速发展，导致珠江三角洲生态系统受到严重破坏，工业废水、生活污水和大气沉降等是造成珠江三角洲城市水环境破坏的主要原因。对珠江三角洲河网水域生态环境进行监测和质量评价研究已迫在眉睫，它是一项基础性和社会公益性研究任务。因此，综合研究珠江三角洲河网水体、沉积物和水产品中拟除虫菊酯类农药的残留状况及其风险评估，对于了解珠江三角洲河网水环境农药残留现状，保护渔业生态环境及渔业可持续发展都具有重要意义。

拟除虫菊酯类农药可以通过大气沉降、地表径流及农田排水等途径进入水体中，随着其使用量的不断增加，不仅会影响水质，而且容易富集到水产品中，进而影响人类健康。鱼、虾、贝类等水生生物对拟除虫菊酯类农药非常敏感，在极低的水平下也会受到危害甚至死亡，农药残留问题已成为我国乃至世界的研究热点。

我国是一个农业大国，农药生产与使用量都很大。农药的长期不合理使用会严重危害生态系统，使生物多样性下降，甚至会导致许多生物种群消失。农药污染还会造成巨大的经济损失甚至发生农药中毒事件。鉴于我国农药环境管理的现状，加强对农药使用的环境安全管理，控制农药环境污染与危害程度进一步扩大，已经刻不容缓。应调整农药产品结构，减少高毒高残留农药的生产使用量，大力开发低毒高效生物农药，从源头上降低农药对人类和生态环境的影响；建立农药使用环境监测体系，严格准确检测环境中农药残留浓度，并合理评估其对环境的影响及潜在影响，结合我国农药使用的实际情况，制定科学合理的农药环境管理措施，将其对环境和人体的危害控制在最低水平；大力发展生态农业和生产有机绿色食品，调整农产品结构，从源头上减少农药的使用，对我国生态环境平衡和保护具有重要意义。

第八章 珠江三角洲河网初级生产力及渔业生态

浮游植物作为水生生态系统的初级生产者，在生态系统的能量流动和物质循环中起着重要作用。水体初级生产力是指单位水域在单位时间内生产有机物的能力。水体初级生产力不仅直接决定浮游动物的生产能力，而且反映水体渔业生产潜力，也反映水体营养水平和生物对水体营养元素的利用度，是水生生态系统结构与功能的基础环节，是评价水质的重要因子，对研究水生生态系统及其动态变化具有重要意义。处于富营养化状态的水体利于某种或某类浮游植物的生长繁殖，破坏了水体的自然生态平衡并可能造成水体缺氧，危害很大，分析水体初级生产力的时空变化及影响因素，可以掌握水体富营养化状况及演变趋势。浮游藻类是水体初级生产力的生物组成，水体初级生产力通常用水体叶绿素浓度表示。

目前关于珠江三角洲河网初级生产力的研究报道较少。珠江河口初级生产力的研究较多，早期研究大部分局限在近海区域或某个时间节点，珠江河口及相关水域的整体性、年度水平方面的研究则较少。为系统了解珠江三角洲河网水生生态系统的初级生产力水平及其与水环境的关系、水域生态系统物质输送初始过程及通路，需要了解珠江三角洲河网水体的基本性质及变化特性、珠江三角洲河网初级生产力特征与时空差异变化，分析制约水体初级生产力的因素及水体物质输送的基础过程，同时对珠江三角洲河网水体富营养化状况进行评价，为珠江三角洲河网与珠江河口水生生态系统功能管理、水质保障和渔业管理提供依据。

第一节 水体初级生产力研究进展

一、水体初级生产力的影响因素

（一）光照

太阳能是藻类光合作用的能源基础。珠江三角洲河网区年平均日照时数为 1875.1～1959.9 h，年太阳总辐射量为 4422.6～4611.6 MJ/m²。

（二）温度

温度是影响藻类光合作用效率的因素，因而影响水体藻类生物生产量。温度与水体所处的地理纬度和海拔高度有关。一般说来,温暖地区生长期较长,营养物质循环较快。珠江三角洲河网区位于北回归线附近,气候特点接近热带气候,气温年较差相对较小,冬季气温相对较高,受北方寒潮或冷空气影响较小。全年平均气温为 20～22℃,日均气温都在 0℃以上。最冷的 1 月均温 13～15℃,最热的 7 月均温 28℃以上。

（三）营养盐

流域土壤肥沃,植被茂盛或多农牧业用地,就有大量有机质和营养盐类流入,外来和自生初级生产力都较高;反之,如果从贫瘠的岩石区域或沼泽、森林、砂土地区补给的水源,外源性物质稀少,初级生产力则较低。下游河口水体汇入营养物质较多,初级生产力较高。

（四）径流与降雨

珠江是我国第二大河流,年平均河川径流总量为 3360 亿 m^3,其中西江 2380 亿 m^3,北江 394 亿 m^3,东江 238 亿 m^3,三角洲 348 亿 m^3。径流年内分配极不均匀,汛期 4～9 月约占年径流总量的 80%,6、7、8 三个月则占年径流总量的 50%以上。珠江流域枯水期一般为 10 月至下年 3 月,枯水径流多年平均值为 803 亿 m^3,仅占全流域年径流总量的 24%左右。八大口门分流比从大至小依次为:磨刀门（28.3%）、虎门（18.5%）、蕉门（17.3%）、横门（11.2%）、洪奇门（沥）（6.4%）、虎跳门（6.2%）、鸡啼门（6.1%）和崖门（6.0%）。

珠江三角洲的热带特征反映在河网上是水量大,含沙量小,分汊放射河道多,宽深水道发育。三角洲地势平坦,降水量较四周山丘为少,平均值约为 1600 mm,而外围地方可达 2000～2600 mm。雨季（4～9 月）降水量占全年的 85%左右。

（五）水体特征

水体的平均深度、沿岸带倾斜度和宽度、岸线的弯曲度等都影响初级生产力。若水域太深,则易出现水温分层现象,底层水温低,有机质和营养盐类难以返回到上层供浮游植物利用。若水域过浅,则昼夜温差变化大,也会影响初级生产力。一般认为,平均水深 5～10 m 处的初级生产力较高。

（六）生物因素

水体初级生产力在很大程度上与水生生态系统的食物链结构有关。水体次级生产者中各营养级的优势种类如果是由那些对藻类直接利用率高的种群组成，则水生生态系统的能量转换效率高，物质循环速度快。如果初级生产者主要由小型浮游藻类组成，则水体物质转化率较低。

（七）社会因素

珠江三角洲河网区位于广东省中南部，该地区作为我国具有世界影响力的先进制造业、现代服务业基地，为社会带来较高地区生产总值的同时也增加了污染物排放，城市周边河道富营养化严重，影响水生生态系统的初级生产力。

（八）其他环境因素

珠江水系年平均输沙量达 8000 多万 t，河口附近三角洲仍在向南海延伸，在河口区平均每年可伸展 10～120 m，河网水系仍然在发育中。水体的水文、水化学因素决定水体初级生产力的高低，水位变动、风浪、径流量、水体交换率、浑浊度和淤积状况也会影响水体初级生产力。

二、水体初级生产力国内外研究现状

目前水生生态系统初级生产力的测定方法主要有叶绿素测定法、黑白瓶测氧法、放射性同位素 ^{14}C 法、pH 测定法和卫星遥感法等。叶绿素测定法主要是依据浮游植物的叶绿素含量与光合作用量和光合作用率之间的密切相关关系来研究初级生产力。黑白瓶测氧法的基本原理是通过测定水中溶氧量的变化，间接计算有机物质的生成量或消耗量。放射性同位素 ^{14}C 法于 20 世纪 50 年代首先应用于海洋方面的研究，其原理为将一定数量的放射性碳酸氢盐或者碳酸盐加入已知二氧化碳总量的水样瓶中，曝光一定时间后将藻类滤出，干燥后测定藻类细胞内 ^{14}C 含量，即可计算被同化的总碳量。pH 测定法是研究水生生态系统初级生产力的又一种方法，该方法的测定原理主要是依据初级生产力与溶于水中的二氧化碳有一定的关系，即水体中的 pH 是随着光合作用中吸收二氧化碳和呼吸过程中释放二氧化碳而发生变化的，使用 pH 计连续记录水体的 pH 变化，由此分析光合量和呼吸量，从而估算初级生产力。该方法适用于实验室中微生态系统的初级生产力研究。卫星遥感法广泛应用于海洋初级生产力的估测。其原理为通过卫星遥感监测海水颜色的变化，进而推估藻类的数量，再由藻类数量推估海洋的初级生产力。叶绿素测定法优于黑白瓶测氧法、放射性同位素 ^{14}C 法等，这是因为野外工作时叶绿素测定法所需的样品无需装瓶曝光培养，只需现场抽滤一定体积的水样或者采集一定的水样带回实验室处理，可以在短时间内采集大量样品，测量准确且方便快捷，因此被广泛地应用于研究水生生态系统的初级生产力。

　　早在 20 世纪 60 年代，国内外就出现了关于水体初级生产力的报道。Goulder（1969）研究了相互作用的淡水水生植物和浮游藻类初级生产效率的关系。Lewis（1974）和 Schindler（1978）分别研究了不同淡水水体的初级生产力水平，证实光强、水温、透明度、叶绿素浓度等对水体初级生产力有一定影响。Ogbuagu 和 Ayoade（2011）用黑白瓶测氧法对尼日利亚伊莫河进行研究，认为低营养盐和高浊度是河流初级生产力较低的直接原因。Sukla 等（2013）对印度 Birupa 河的水温、透明度和降雨量的研究表明，雨季初级生产力与水温有显著相关性。国内水体初级生产力的研究主要集中于浮游植物生物量、叶绿素 a 浓度与初级生产力的时空分布，常结合遥感技术，以及特定藻类初级生产力的单因子限制探究等。浮游植物初级生产力研究还包括鱼产力估算、水体营养类型评价、水下光捕获率与初级生产力形成、浮游植物光合作用速率与呼吸速率、大水体鱼类的营养循环对水体初级生产力的影响等涵盖生产力形成与发生、发展全过程的研究。

　　虽然人们对水体初级生产力进行了大量研究，但是研究的角度不同。目前水体初级生产力的研究集中在海洋、湖泊和池塘等水域，这些水域的特征是水体性质相对稳定均一，而河流型水体的研究则相对比较缺乏。叶绿素 a 浓度一直作为测算生产力水平的对象。近几十年来的研究中，通过叶绿素 a 浓度计算初级生产力有许多经验的或者半经验半理论的或理论的算法（曾台衡等，2011）。用叶绿素 a 浓度计算水体初级生产力不仅准确而且较为快速、便捷，在初级生产力研究中得到广泛应用。河流型水体是线性流动体，地域跨度大，水体系统处于动态过程，沿程不断有支流汇入，受影响的因素多，这些不稳定因素给河流生态系统研究带来许多困难。

第二节　珠江三角洲河网水体初级生产力的时空差异

　　河口水域是线性河流生态系统的最末端，容纳了上游所有水体的影响因素，水体营养物成分最为丰富。河口同时也是海洋的边缘线，是海淡水不同系统的交汇区，河口生态系统受控于河流生态系统和海洋生态系统。珠江从云南、贵州、广西、广东以及湖南和江西南部汇集流域内的径流和地表营养物质带入河口。珠江河口地区为冲积平原，地势平坦。径流在冲积平原区形成河网。河网地势低，入海径流常受海洋潮汐的顶托难于下泄，甚至受海水倒灌的影响。珠江三角洲河网、珠江河口水域是海洋潮汐、河流淡水来回冲击的"震荡"区，水体积聚大量的营养物质，生物多样性丰富，成为许多淡水与海水生物生活的重要场所。

本节运用单因素方差分析、聚类分析等多种统计分析方法研究珠江三角洲河网水体初级生产力的时空差异。

一、水体初级生产力季节变化

珠江三角洲河网淡水水源主要来自西江、北江和东江，考虑各径流因素，青岐站位扼西江、北江径流，辅助小塘、左滩和新围站位，4个站位大致包含西江、北江、潭江等径流影响范围；莲花山站位结合珠江桥站位大致包含东江和流溪河等径流影响范围。珠江三角洲河网水体也受海水潮汐顶托的影响，新围、小榄、榄核、横沥、市桥、莲花山站位可反映海水潮汐顶托的因素。根据珠江三角洲的地理环境和水系特点，于2015年3月（春季）、6月（夏季）、9月（秋季）、12月（冬季）进行4次采样。叶绿素a浓度采用N,N-二甲基甲酰胺法测定。调查期间珠江三角洲河网各站位表层水体初级生产力平均值的季节变化如图8-1所示，其高峰值出现在春季，为542.22 mg C/(m²·d)，冬季次之，为323.07 mg C/(m²·d)，低值出现在夏季和秋季，分别为260.75 mg C/(m²·d)、259.99 mg C/(m²·d)。总体来看，枯水期初级生产力高于丰水期。根据单因素方差分析和多重比较分析的结果可知，珠江三角洲河网各季节的初级生产力差异显著（$P<0.01$，$n=52$），春季与其他3个季节的初级生产力差异显著（$P<0.05$，$n=13$），但夏、秋和冬季之间的初级生产力差异不显著。

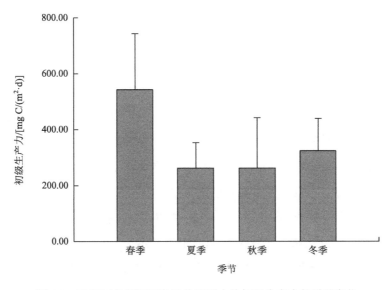

图 8-1 珠江三角洲河网各站位表层水体初级生产力的季节变化

调查期间珠江三角洲河网各站位表层水体初级生产力的周年变化为 98.81～927.21 mg C/(m²·d)，平均值为 346.51 mg C/(m²·d)，最大值出现在春季的外海，为 927.21 mg C/(m²·d)，最小值出现在夏季的小塘，为 98.81 mg C/(m²·d)（图 8-2）。结合图 8-1 与图 8-2 可知，珠江三角洲河网春季初级生产力的变化范围为 273.95～927.21 mg C/(m²·d)，夏季初级生产力的变化范围为 98.81～431.62 mg C/(m²·d)，秋季初级生产力的变化范围为 127.00～808.80 mg C/(m²·d)，冬季初级生产力的变化范围为 98.81～307.60 mg C/(m²·d)，春、夏、秋季初级生产力的空间分布整体表现为广州城市周边高、河网中部低、西江干流高的特点，冬季初级生产力的空间变化不明显。

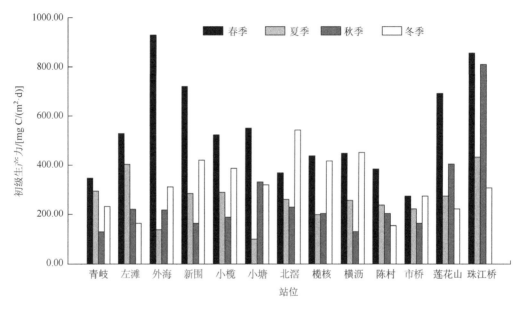

图 8-2　珠江三角洲河网各站位表层水体不同季节的初级生产力

珠江三角洲河网各站位表层水体初级生产力总体呈现枯水期（春、冬季）大于丰水期（夏、秋季）的特点。这可能是因为珠江三角洲濒临南海，夏、秋季的雨量充沛，径流量是春、冬季的 2.5～3.3 倍，雨水冲刷使浮游植物密度降低，地表径流虽然带入了大量的营养盐，但是夏季氮磷比值的平均值为 28.78，秋季氮磷比值的平均值为 36.44，大于雷德菲尔德化学计量比（Redfield ratio）中的氮磷比值 16∶1，夏、秋季珠江三角洲河网属于磷限制性水体，不利于浮游植物的正常生长。同时，珠江三角洲的气候属于热带亚热带气候，夏、秋季的光照强度强，对浮游植物的生长有光抑制作用。此外，调查期间 4 月 1 日至 6 月 1 日是珠江三角洲河网区的禁渔期，鱼类生长繁殖需要消耗大量的浮游生物。各种作用最终导致珠江三角洲河网夏、秋季初级生产力较其他季节低。春、冬季的降雨量少，加之珠江三角洲地势总体自北向南倾斜，地面坡降仅为 0.01‰～0.32‰，水体径流迟缓，枯水期的静水水体有利于浮游植物生长繁殖，春季水温在 19.25～23.06℃，接近浮游植物生长的最适温度范围 21～26℃，较适宜浮游植物生长，导致春季初级生产力较高；冬季温度在 16.1～21.5℃，虽然温度较低，但是冬季以浮游植物为食的水生生物食欲降低，减少了对饵料的摄食，导致冬季初级生产力也较高。

二、水体初级生产力空间差异

采用系统聚类法（欧几里得距离及离差平方和参数）对各站位表层水体初级生产力进行聚类分析（图 8-3），结果显示初级生产力的空间分布可以分为四类：第一类为榄核、横沥、小榄、北滘等 4 个站位，位于河网中部；第二类为青岐、左滩、市桥、陈村等 4 个站位，位于西江干流和河网中部；第三类为小塘、莲花山、外海、新围等 4 个站位，在西江干流、河网中部、广州城市周边均有分布；第四类为珠江桥，位于广州城市周边。总体上，第一、二类主要分布在河网中部，第三、四类主要分布在西江干流与广州城市周边。调查期间珠江三角洲河网各站位表层水体初级生产力有明显的空间差异，其平均值以珠江桥最高，为 600.61 mg C/(m²·d)，市桥最低，为 232.60 mg C/(m²·d)（图 8-4）。对珠江三角洲河网各站位表层水体初级生产力进行单因素方差分析，结果显示，各站位表层水体初级生产力的差异不显著，珠江桥与青岐、榄核、横沥、陈村、市桥有显著性差异（$P < 0.05$，$n = 4$），其他站位之间无显著性差异。

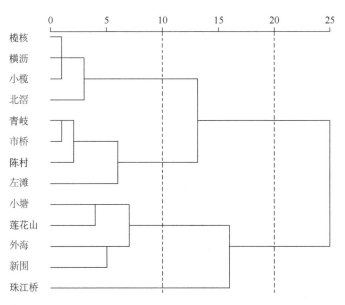

图 8-3　珠江三角洲河网各站位表层水体初级生产力的空间聚类图

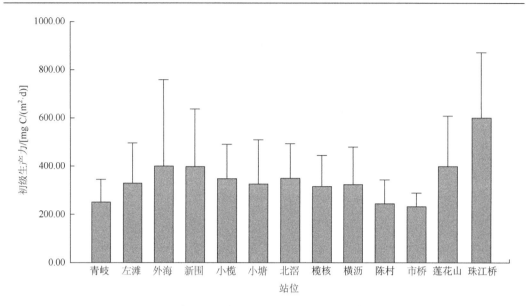

图 8-4　珠江三角洲河网各站位表层水体初级生产力的空间差异

系统聚类法（欧几里得距离及离差平方和参数）显示，分布在西江干流与广州城市周边的站位聚为一类，初级生产力较高，分布在河网中部的站位聚为一类，初级生产力较低。根据地理位置可知，青岐位于西江和北江交汇处，左滩、外海和新围位于西江干流，西江之水经磨刀门注入南海，外海和新围靠近磨刀门，受西江干流外源供给与咸潮上溯的影响较大，流域中的静水水体如水库、湖泊、沟渠、水塘等通过与干流相通使得营养盐与各种浮游植物聚集在干流，为浮游植物的生长创造了条件，而珠江桥、莲花山位于经济发达、人口密度较大的广州城市周边，大量含氮磷的工业废水、农业农村污水、城镇生活污水排入河中，水体中的氮磷含量较其他站位高，为浮游植物的生长提供了充足的营养物质，导致水体初级生产力较其他站位高。北滘、榄核、小榄、陈村、小塘、横沥和市桥位于支流较多的河网中部，水体流动性差，交换作用小，由径流引起的浮游植物外源输入较少，从而导致水体初级生产力较低。

第三节　珠江三角洲河网水体初级生产力与环境因子

珠江三角洲位于广东省中南部，是西江、北江、东江下游的冲积平原。珠江三角洲的流域面积 26 820 km^2，占珠江流域总面积的 5.91%，在我国的四大三角洲（长江三角洲、珠江三角洲、黄河三角洲、滦河三角洲）中仅次于长江三角洲而居第二位。

水体中的光、水温、无机氮、无机磷、CO_2、硅酸盐、pH、透明度、草食性水生动物对浮游植物的吞食以及水体中的有毒物质、泥沙污染等都会通过影响光合速率而影响初级生产力。

一、水环境变化因素

气候变暖和海平面上升是当前地理环境变化中相关联的两大问题。曾昭璇和丘世钧（1994）根据 20 世纪中期以来珠江三角洲 28 个验潮站近数十年的观测记录统计，发现有 23 个站显示海平面轻微或明显上升，从地壳运动、水文地理因素等方面分析，海平面上升 20 cm 后，咸潮上溯约 4 km。海水顶托与上游来水、陆源排污、沉积物再悬浮耦合影响珠江三角洲的水质变化。

（一）珠江流域水质

刘晓丹等（2018）对珠江流域 2006—2015 年的水质监测数据进行分析，结果显示其污染类型主要以氮磷营养盐、耗氧有机物为主，其中氨氮负荷超标最严重。以氨氮负荷污染的空间分布为例，中游水质状况较好，上、下游点源污染仍然突出。单凤霞和刘珩（2017）以珠江干流为研究区域，选取 2008—2015 年源头及干流 10 个水质断面的 7 项参数监测数据，分析珠江干流的水质变化趋势，得出珠江干流各测站的 pH、溶解氧（DO）、高锰酸盐指数（COD_{Mn}）、总磷（TP）、氟化物（F^-）共 5 项参数趋于改善，五日生化需氧量（BOD_5）及氨氮（$NH_3\text{-}N$）共 2 项参数基本保持不变；流域水质变化综合指数表明珠江干流总体水质状况趋于改善；水质呈现上游恶化、中下游好转，污染物呈现以省区为单位、以省会为中心的西部低、东部高的地域分布特点。

（二）三角洲陆源排污

城镇生活污染源。珠江三角洲地区是广东经济社会发展的先行地区，同时也是我国最大的经济核心区之一。刘爱萍等（2011）针对珠江三角洲地区城镇生活污染源[58 座城镇污水处理厂和 770 个入河（海）排污口]开展污染源调查与排污总量核算。结果显示，广州、深圳、珠海、佛山、江门、东莞、中山、惠州等 8 个城市城镇生活污染源的污水产生量为 39.64 亿 t，主要污染物产生量分别为重铬酸盐指数（COD_{Cr}）90.79 万 t/a、BOD_5 43.53 万 t/a、$NH_3\text{-}N$ 10.32 万 t/a、总氮（TN）13.55 万 t/a、TP1.42 万 t/a；排放量分别为 COD_{Cr} 62.58 万 t/a、BOD_5 31.89 万 t/a、$NH_3\text{-}N$ 7.32 万 t/a、TN10.26 万 t/a、TP 0.998 万 t/a。从排放去向上看，直排近岸海域的污水量占 16.9%，排入西江、北江及其汇合后形成的三角洲河网的污水量占 43.2%，排入东江水系的污水量占 27.1%。

水域溶解氧和耗氧变化。魏鹏等（2009）报道，2003—2007 年广州海域的 COD_{Mn}、

DO 以及其他理化因子的时空分布特征主要受生活污水排放、陆源排污、降雨量以及水动力状况等因素的影响。COD_Mn 质量浓度在冬季和秋季较高，春季和夏季较低，而 DO 质量浓度则是冬季和春季高于秋季和夏季。COD_Mn 质量浓度从湾内向湾外逐步递减，而 DO 质量浓度的变化趋势则相反，湾内站位在夏季出现缺氧区。

农业氮（N）、磷（P）流失及超负荷。珠江三角洲地区菜果花农业发达，化肥投入量大，区域 N、P 等养分流失迅速。刘晓南等（2008）估算，流溪河流域的颗粒态 N、P 流失总量分别为 582.49 t/a 和 424.74 t/a，其中 N 流失量中水田贡献最大（占 40.02%），其次为林地（占 26.31%）；P 流失量中旱地贡献最大（占 28.75%），其次为水田（占 26.94%）。流域颗粒态 N、P 流失总量及其单位负荷受农业施肥影响，农业生产过程中产生的过量 N、P 物质是流溪河流域重要的 N、P 负荷污染来源。

（三）沉积物污染释放

贾晓珊等（2005）报道，珠江三角洲典型河网底泥 N、P 污染的垂直分布呈现表层大于底层（表层以下十几厘米）的特点。与好氧条件相比，嫌氧氨氮释放量明显增加，除硝化反应受制于嫌氧条件之外，嫌氧氨化作用同样是造成水中氨氮增加的重要原因。磷释放实验观察到，在嫌氧条件下底泥中的磷酸盐（PO_4^{3-}）含量明显增加，碳源葡萄糖能促进"嫌氧磷释放"加快进行。

（四）气象水文与珠江河口海域赤潮

气象、水文要素条件是赤潮爆发的重要启动因子，大气环流的维持与变化决定了气象、水文要素的维持与变化，赤潮生物从初期繁殖到后期的爆发性繁殖，直至达到赤潮生物密度，这一过程一般需要 4～5 d 的时间。邓文君（2014）报道，1980—2001 年珠江河口海域 63 次赤潮发生前，海域上空大气环流形势相对稳定，多为少云或晴天，光照充足，表层水温日变化均小于 1℃，风力小于 4 级，浪高小于 1 m。

二、水体理化特征

由于上游水土流失，珠江三角洲不少河道受淤变浅。胡嘉镗和李适宇（2012）模拟计算了 2000 年珠江上游输入河网以及河网输入河口的碳质生化需氧量（carbonaceous biochemical oxygen demand，CBOD）、氨氮（NH_3-N）、硝态氮（NO_3^--N）与亚硝态氮（NO_2^--N）和无机磷（inorganic phosphorus，IP）等污染物通量。结果表明，河网区的污染物通量由入河网污染物通量与河网污染负荷共同控制，通量分配具有显著的空间差异；上游各水系中，以西江的通量最大，占入河网通量的 71%～81%。入河网通量与河网污染负荷对 CBOD、NH_3-N 的入河口通量均有显著贡献，而 NO_3^- - N 与 NO_2^- - N、IP 的入河口通量则主要来自入河网通量；磨刀门、虎门分别是入河网通量、河网污染负荷最主要的输出口门。

本节对 2015 年珠江三角洲河网 13 个站位、4 次采样共计 52 次水质监测数据进行统计分析，结果如表 8-1 所示。通过比较平均值和中位数可知，除 NO_2^- - N、NH_3-N、非离子氨（NH_3）和离子氨（NH_4^+）等 4 个环境因子的平均值和中位数差异较大外，其余 13 个环境因子的平均值与中位数较为接近。

表 8-1　珠江三角洲河网各环境因子统计分析结果

环境因子	范围	平均值	中位数	标准差	变异系数
水温(WT)	16.1～31.2℃	24.7℃	25.3℃	4.9℃	20.00%
透明度(SD)	18～130 cm	52 cm	50 cm	27 cm	50.90%
盐度(Sal)	0.07～1.99‰	0.59‰	0.63‰	0.43‰	73.50%
pH	7.00～8.62	7.75	7.81	0.36	4.70%
电导率(Cond)	0.809～3.757 mS/cm	1.822 mS/cm	1.407 mS/cm	0.820 mS/cm	45.00%
DO	0.30～8.81 mg/L	6.18 mg/L	6.30 mg/L	1.63 mg/L	26.40%
PO_4^{3-}	0.004～0.049 mg/L	0.018 mg/L	0.014 mg/L	0.013 mg/L	71.70%
TP	0.026～0.596 mg/L	0.133 mg/L	0.094 mg/L	0.116 mg/L	87.40%
TN	1.584～9.617 mg/L	2.835 mg/L	2.081 mg/L	1.71 mg/L	60.30%
NO_3^- - N	0.225～3.339 mg/L	1.486 mg/L	1.485 mg/L	0.544 mg/L	36.60%
NO_2^- - N	0.005～1.278 mg/L	0.147 mg/L	0.076 mg/L	0.211 mg/L	142.90%
NH_3 - N	0.006～2.144 mg/L	0.261 mg/L	0.112 mg/L	0.504 mg/L	193.00%
NH_3	ND～0.048 mg/L	0.007 mg/L	0.004 mg/L	0.009 mg/L	127.80%
硅酸盐(SiO_3^{2-})	1.783～5.448 mg/L	3.818 mg/L	3.832 mg/L	0.677 mg/L	17.70%
NH_4^+	0.005～2.096 mg/L	0.301 mg/L	0.116 mg/L	0.555 mg/L	184.80%
叶绿素 a(Chl a)	9.14～143.58 μg/L	26.55 μg/L	18.89 μg/L	21.62 μg/L	81.40%
氮磷比值(TN/TP)	15.71～60.23	26.58	22.75	9.52	35.80%

珠江三角洲河网 SiO_3^{2-} 浓度、WT 和 pH 的变异系数分别为 17.70%、20.00% 和 4.70%，数据离散程度较小，其余 14 个环境因子的变异系数较大，说明珠江三角洲河网水环境的

时空差异较大。氮磷比值为 15.71～60.23，平均值为 26.58，总体上珠江三角洲河网属于磷限制性水体。

三、初级生产力与环境因子的关系

采用赵文等（2003）介绍的初级生产力测算公式：

$$P = K \cdot r \cdot \text{Chl a} \cdot \text{DH} \cdot \text{SD}$$

式中，P 为初级生产力，$mg\ C/(m^2 \cdot d)$；r 为同化系数，h^{-1}，为便于与其他水域比较，陶红波（2015）采取平均同化系数 $3.2\ h^{-1}$；Chl a 为表层水体叶绿素 a 浓度，mg/m^3；DH 为日出到日落的时间，取 2009—2014 年广东省日照时间平均值 4.72 h/d；SD 为透明度，m，由黑白盘测定；K 为经验常数，一般晴天为 2.0，阴天为 1.5，本节采用王骥和王建（1984）提出的经验常数平均值 1.97。

为了解珠江三角洲河网环境因子对初级生产力的影响，本节对珠江三角洲河网 4 个季节初级生产力及同步测定的各项环境因子进行相关分析，结果如表 8-2 所示。全年初级生产力与 SD、TN、TP、$NH_3\text{-}N$、NH_4^+、NH_3、Chl a 呈极显著正相关（$P<0.01$，$n=52$），与 SiO_3^{2-} 呈极显著负相关（$P<0.01$，$n=52$）。春季 NH_3、Chl a 与初级生产力呈显著正相关（$P<0.05$，$n=13$）；夏季 Chl a 与初级生产力呈极显著正相关（$P<0.01$，$n=13$）；秋季 Sal、Cond、TP、TN、$NH_3\text{-}N$、NH_3、SiO_3^{2-}、NH_4^+、Chl a 与初级生产力呈极显著正相关（$P<0.01$，$n=13$），pH 和 DO 分别与初级生产力呈显著负相关（$P<0.05$，$n=13$）和极显著负相关（$P<0.01$，$n=13$）；冬季各环境因子与初级生产力不显著相关。

表 8-2 珠江三角洲河网初级生产力与环境因子相关系数

环境因子	初级生产力				
	春季	夏季	秋季	冬季	全年
WT	0.379	−0.010	0.482	0.348	−0.278
SD	0.135	0.078	−0.013	0.515	0.445**
Sal	0.110	0.035	0.832**	−0.284	0.013
pH	0.113	−0.336	−0.574*	−0.217	−0.088
Cond	0.112	0.052	0.867**	−0.166	−0.124
DO	−0.427	0.011	−0.916**	−0.179	−0.200
PO_4^{3-}	0.074	0.084	−0.194	−0.266	0.104
TP	0.184	0.372	0.902**	0.019	0.496**
TN	0.196	0.516	0.916**	−0.042	0.409**
$NO_3^-\text{-}N$	−0.075	−0.047	0.520	−0.112	−0.044
$NO_2^-\text{-}N$	0.435	0.497	0.024	−0.264	0.267

续表

环境因子	初级生产力				
	春季	夏季	秋季	冬季	全年
NH_3-N	0.428	0.529	0.906**	−0.145	0.419**
NH_3	0.676*	0.319	0.861**	−0.256	0.544**
SiO_3^{2-}	−0.395	0.172	0.934**	−0.409	−0.362**
NH_4^+	0.421	0.531	0.907**	−0.143	0.416**
Chl a	0.570*	0.748**	0.916**	0.296	0.543**
TN/TP	−0.032	−0.112	−0.369	−0.087	−0.262

注：**表示置信水平在99%以上；*表示置信水平在95%以上；季节 $n=13$，全年 $n=52$。

　　珠江三角洲河网全年初级生产力与 SD，N、P 相关营养盐，Chl a 呈极显著正相关，这是因为水体 SD 越高，悬浮物质的浓度越低，阳光穿透水面的范围越大，为浮游植物的生长提供了充足的光照，此外充足的 N、P 相关营养盐为浮游植物光合作用提供了物质基础。珠江三角洲河网全年初级生产力与 SiO_3^{2-} 呈极显著负相关，这可能是因为珠江三角洲河网以硅藻为优势种，硅藻营养丰富便于消化，是浮游动物、小鱼小虾和贝类等的首选食物，硅藻被摄食后初级生产力转化为次级生产力，从而导致 SiO_3^{2-} 浓度很高但初级生产力却很低。

第四节　水体富营养化评价与鱼产力估算

　　水体富营养化指的是水体中 N、P 等相关营养盐含量过多而引起的水质污染现象。初级生产力分布与环境的变化有关，与其他环境因子之间存在紧密的联系，是水体富营养化的重要指标，能在一定程度上反映水质状况，也可以估算鱼产力。

一、水体富营养化及其评价

　　有关初级生产力、细胞密度、生物量等指标对营养物浓度变化响应已有不少研究。廖庆强等（2008）采集珠江广州河段西航道河水进行 N、P 室内藻类测试，发现 N、P 浓度越高促进藻类生长越明显，其中 P 尤为显著，是藻类生长的主要限制因素，N、P 浓度的增加成为西航道藻类生长的刺激因子。

（一）初级生产力评价

　　初级生产力是浮游植物生物量的重要标志，可用来评价水体富营养化程度（表8-3）。

表 8-3　水体营养状态分级标准（初级生产力评价法）

营养状态	贫营养	中营养	富营养	超富营养
初级生产力/[mg C/(m²·d)]	<100	100~300	>300~700	>700

资料来源：（何志辉，1987）。

2015 年珠江三角洲河网各站位表层水体初级生产力的周年变化为 98.81~927.21 mg C/(m²·d)，平均值为 346.51 mg C/(m²·d)（本章第二节）。根据表 8-3，2015 年珠江三角洲河网有 23.08% 站位处于超富营养状态，34.62% 站位处于富营养状态，40.38% 站位处于中营养状态，1.92% 站位处于贫营养状态，总体上以富营养或中营养状态为主。

（二）浮游植物群落评价

浮游植物是水生生态系统的初级生产者，通过监测浮游植物种类组成、种群结构、群落多样性，可以评价水体营养状况。张俊逸等（2011）于 2008 年 5 月至 2010 年 4 月对珠江广州段中大码头和鱼珠码头水环境进行调查，两个码头 TN 平均浓度分别为（7.02±4.18）mg/L 和（8.03±5.02）mg/L，TP 平均浓度分别为（0.47±0.29）mg/L 和（0.50±0.27）mg/L；可培养细菌总数丰度为 10^3~10^5 ind./mL，大肠菌群及粪大肠菌群丰度均在 10^2~10^3 ind./mL；浮游植物细胞密度为（1.50~13.17）× 10^6 ind./L。以浮游植物群落作为评价指标，珠江广州段为富营养化水体，需加大对生活污水的治理力度。

（三）轮虫群落评价

轮虫是水体中重要的浮游生物类群，对环境变化敏感，是水生生态系统中食物链及微型食物网的关键环节。梁迪文等（2017）于 2015 年夏季（7 月）和冬季（12 月）对养殖池塘、水库、广州城市湖泊、珠江河口及珠江河段水域的轮虫和理化环境指标进行了调查。其中裂痕龟纹轮虫（*Anuraeopsis fissa*）在 7 月河流水体中占绝对优势，但 12 月数量明显减少；冬季珠江河段和河口水体群落多样性指数与均匀度指数较夏季高，群落结构较夏季稳定；调查水体中轮虫丰度范围为 33~2625 ind./L，不同类型水体之间差异显著，尤以湖泊与河流差异性最大，优势种丰度差异是造成湖泊与河流群落结构差异的主要原因。轮虫丰度与 Chl a 浓度呈正相关。广布多肢轮虫（*Polyarthra vulgaris*）在流花湖等 Chl a 浓度较高的静水水体中易形成优势；裂痕龟纹轮虫和角突臂尾轮虫（*Brachionus angularis*）在珠江河段等 TN 和 TP 浓度高的富营养化流动水体中易形成优势。综合轮虫群落结构和水质特征，广州市水体富营养化严重，耐污性轮虫种类多。

（四）营养状态指数评价

黄成等（2011）于 2009 年 8 月（丰水期）和 2010 年 3 月（枯水期）调查珠江三角洲城市周边典型中小型水库——横岗水库、水濂山水库、契爷石水库和东风水库，这 4 座水库的水体营养状态指数（TLI）均大于 40，处于中营养或轻度富营养状态。

余江等（2007）调查珠江广州河段与广州、惠州、深圳城市湖泊。2006 年 4～5 月，水体 TN、TP、COD$_{Mn}$ 等指标大部分超过了Ⅲ类或Ⅳ类水质标准（GB 3838—2002），且与水体 Chl a 含量成正相关，除惠州平湖呈中度富营养化水平外，其余水体均呈富营养化状态；富营养化水体中存在遗传毒性物质，能诱导蚕豆根尖细胞微核率升高。

2012 年珠江三角洲河网水体 TLI 的变化范围为 64.11～83.04，以平均值 68.15 评价，呈中度富营养状态；水体富营养化综合指数（EI）的变化范围为 46.63～66.96，以平均值 51.97 评价，呈富营养状态（第二章）。

二、初级生产力与水体富营养化综合指数关系

水域生产力是水域食物链的基础，决定了江河中动物消费者（鱼类等）的生物量和空间分布，通过浮游植物的生产量可以估算鱼类生产潜力。王骥和梁彦龄（1981）根据浮游植物生产量求得对鲢、鳙的供饵能力，并通过浮游植物对鲢、鳙转化效率的计算，估算出武昌东湖鲢、鳙的生产潜力，进而求得武昌东湖鲢、鳙的合理投放量。

如前所述，以初级生产力作为评价指标，则 2015 年珠江三角洲河网水体主要呈富营养或中营养状态。

选取 Chl a、TP、TN、NH$_4^+$、SD、DO、初级生产力、NO$_3^-$ - N 、 NO$_2^-$ - N 和 PO$_4^{3-}$ 共 10 个指标，采用李祚泳等（2010）提出的对数型幂函数普适指数公式计算水体 EI （图 8-5）。根据水体营养状态分级标准（EI 法）（表 2-3），2015 年珠江三角洲河网有 21.15%站位处于中营养状态，75.00%站位处于富营养状态，3.85%站位处于重富营养状态，总体上以中营养或富营养状态为主。

综合以上两种评价方法可知，珠江三角洲河网主要处于中营养或富营养状态。对珠江三角洲河网各站位初级生产力与水体 EI 进行回归分析，结果如表 8-4 所示。经分析，线性、对数及幂函数均与实际情况不符，而指数函数则能反映初级生产力与 EI 的关系，指数函数的决定系数 r^2 和 F 检验值的置信度均大于 95%，回归函数有统计学意义。在珠江三角洲河网的 EI 取值范围内（46～70），指数函数是上升曲线，初级生产力呈增加趋势。

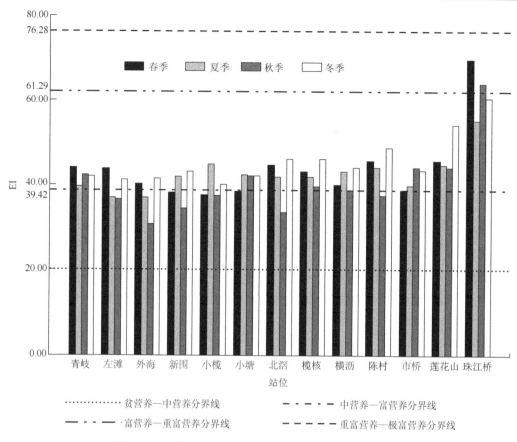

图 8-5　2015 年珠江三角洲河网各站位水体 EI 的年平均值

表 8-4　珠江三角洲河网各站位初级生产力与水体 EI 回归分析结果

回归分析方法	r^2	F	回归方程
线性函数	0.173	0.002	$y = 11.464 - 151.339x$
对数函数	0.155	9.178	$y = 517.357 - 1598.863 \lg x$
幂函数	0.130	7.501	$y = 1.289x^{2.381}$
指数函数	0.138	7.979	$y = 0.028e^{90.657x}$

经调查研究,珠江三角洲河网各站位初级生产力与水体 EI 具有明显的相关关系,初级生产力随水体富营养化程度加重而升高。在富营养化水体中,藻类大量生长繁殖,为其他生物提供了饵料,但也挡住了阳光,藻类死亡后耗竭了水体中的氧,使鱼类、贝类等生物难以生存,水体富营养化加重。

三、依据浮游生物生物量估算鱼产力

初级生产力可分为总初级生产力和净初级生产力。总初级生产力(gross primary

productivity，GPP）是指单位时间内绿色植物通过光合作用途径所固定的有机碳量，GPP决定了进入陆地生态系统的初始物质和能量。净初级生产力则表示植被所固定的有机碳中扣除本身呼吸消耗的部分，这一部分用于植被的生长和生殖。两者的关系为：净初级生产力＝总初级生产力–自养生物本身呼吸所消耗的同化产物。

湖泊、水库或池塘能产多少鱼，是渔业经营的重要问题，也是渔业管理的基础，不了解水体的生产性能就无法合理放养，以渔养水，养护水环境。鱼产力估算可根据能量流转或饵料基础（陈卫境，2002），也可根据生物量。

本节依照 SC/T 9429—2019《淡水渔业资源调查规范　河流》中的浮游生物生物量测算法估算珠江三角洲河网 2015 年的鱼产力。浮游植物食性鱼类生产力（以下简称浮游植物鱼产力）和浮游动物食性鱼类生产力（以下简称浮游动物鱼产力）的计算公式如式（8-1）所示。

$$F = m \times \frac{P}{B} \times a / E \qquad (8\text{-}1)$$

式中，F 为滤食性鱼产力，kg/hm^2；m 为浮游生物年平均生物量，kg/hm^2；$\frac{P}{B}$ 为主要饵料生物的现存量与生产量之比；a 为饵料利用率；E 为饵料系数。

在浮游植物鱼产力计算中，$\frac{P}{B}$ 取 50，a 取 30%，E 取 30～40；在浮游动物鱼产力计算中，$\frac{P}{B}$ 取 20，a 取 50%，E 取 7～10。

2015 年珠江三角洲河网浮游植物生物量的变化范围为 0.7359～1.8573 mg/L，平均值为 1.2412 mg/L，E 取 40，代入式（8-1），则浮游植物鱼产力
$$F=1.2412 \text{ mg/L} \times 50 \times 30\% \div 40 = 0.46545 \text{ g/m}^3$$

若以水道 1600 km，平均宽度 350 m，单位水深计，则浮游植物总的鱼产力
$$F_{总} = 1600 \text{ km} \times 350 \text{ m} \times 1 \text{ m} \times 0.46545 \text{ g/m}^3 = 260.65 \text{ t}$$

2015 年珠江三角洲河网浮游动物生物量的变化范围为 463.94～746.57 mg/m³，平均值为 574.67 mg/m³，E 取 10，代入式（8-1），则浮游动物鱼产力
$$F' = 574.67 \text{ mg/m}^3 \times 20 \times 50\% \div 10 = 0.57467 \text{ g/m}^3$$

若以水道 1600 km，平均宽度 350 m，单位水深计，则浮游动物总的鱼产力
$$F'_{总} = 1600 \text{ km} \times 350 \text{ m} \times 1 \text{ m} \times 0.57467 \text{ g/m}^3 = 321.82 \text{ t}$$

综上，估算珠江三角洲河网鱼产力为 582.47 t。需要注意的是，对于在水域生产中起重要作用的腐屑和细菌所能提供的鱼产力，以上计算并未涉及，河流鱼产力实际情况还需考虑其他鱼类（如腐屑和细菌食性鱼类），为求其准确性还需进一步探讨。

第五节　初级生产力及其渔业利用

　　珠江河口地区交通便捷，资源丰富，经济繁荣；珠江三角洲网状水系具有洪水波展平、诸河水沙交流、洪潮顶托、水位上升、弱潮、会潮点淤积、河床演变朝淤积方向发展的水文泥沙特征（赵焕庭，1989）。珠江三角洲河网密集交错，径流潮流相互作用，水生生态系统关系复杂（卢真建，2012）。河网初级生产力是鱼产出的基础，渔业利用是水质保障的关键环节。

一、影响因素效应分析

（一）河网内径流分配（流量）

　　河口湾受围垦、疏浚、采砂等人类活动影响，地形和边界发生较大变化。20 世纪 80年代以来，东四口门径流动力呈阶段性变化（袁菲等，2018）。1999 年以前，流域来水量加大，同时受高强度采砂影响，河网区河床形态发生异变，河网区顶端的思贤滘及主要汊道分流比发生重大调整，令东四口门下泄径流增大。1999 年以后，流域来水量减小，受大规模的水库建设等因素影响，东四口门承接的入海水量减小，径流动力减弱，引起河网内径流分配调整，虎门、蕉门径流动力减弱，而洪奇门（沥）、横门径流动力持续增强。

　　珠江八大口门初级生产力中以蕉门最高，平均值为 410.45 mg C/(m²·d)，虎门最低，为 239.64 mg C/(m²·d)，表现为蕉门＞洪奇门（沥）＞横门＞虎跳门＞崖门＞磨刀门＞鸡啼门＞虎门。单因素方差分析发现，各口门之间初级生产力无显著差异（$P > 0.05, n = 88$），说明河口初级生产力空间分布均匀，初级生产力量值受河流的流量控制。对八大口门初级生产力进行聚类分析，八大口门可以分为四类，第一类为崖门、虎跳门，属于西四口门，位于江门市与珠海市交界处，其径流主要来自西江、北江径流，初级生产力平均值相当，随月份的变化趋势相似；第二类为蕉门，属于东四口门，位于广州市南沙区；第三类为虎门、鸡啼门、磨刀门，虎门属于东四口门，鸡啼门、磨刀门属于西四口门，鸡啼门、磨刀门的初级生产力平均值相当，高于虎门；第四类为洪奇门（沥）、横门，属于东四口门。

　　珠江各口门入海流量分流比如表 8-5 所示，随西江径流从磨刀门、虎跳门、鸡啼门入海流量，占入海总流量的 40.6%；随北江径流从蕉门、横门、洪奇门（沥）入海流量，占入海总流量的 34.9%；东江径流从虎门入海流量，占入海总流量的 18.5%。

表 8-5　珠江入海流量分流比及初级生产力

	磨刀门	虎门	蕉门	横门	洪奇门（沥）	虎跳门	鸡啼门	崖门
入海流量分流比/%	28.3	18.5	17.3	11.2	6.4	6.2	6.1	6.0
入海初级生产力/(t/d)	81.94	53.57	50.09	32.43	18.53	17.95	17.66	17.37

若以入海流量预测初级生产力，珠江全年径流量 3300 亿 m^3，日平均流量 9.04 亿 m^3，河流流动减弱水体层次化，假设以平均水深 1 m、初级生产力平均值 320.29 mg C/(m^2·d) 测算，出各口门河流对初级生产力的控制如表 8-5 所示。初级生产力日平均总量 289.54 t，年总量 105 683 t。

（二）盐水入侵

枯水期，珠江口门外海潮波传入河口，磨刀门、鸡啼门高潮位首先出现，而虎门和蕉门最后出现，其时差为 1～2 h；磨刀门属于强径流弱潮流河口，相比其他口门涨潮流速偏小，落潮流速偏大。八大口门潮周期盐度平均值从大至小依次为虎门、崖门、磨刀门、虎跳门、横门、蕉门、洪奇门（沥）、鸡啼门；虎门、崖门和鸡啼门盐度属于强混合型；磨刀门大潮属于强混合型，小潮处于高度层化型河口；其他 4 个口门属于中等强度混合类型，其特点为下层盐度大，上层盐度小，大潮时混合强一些，小潮时混合弱一些（范中亚等，2013）。2015 年珠江河口春季盐度较大，夏季、秋季和冬季盐度较小；河网初级生产力与盐度相关分析表明，除秋季初级生产力与盐度呈极显著正相关（$P<0.01$）外，其他季节初级生产力与盐度不显著相关（表 8-6）。可见潮波非河网初级生产力的主要影响因素。

表 8-6　不同季节初级生产力、盐度及二者相关系数

	春季（3月）	夏季（6月）	秋季（9月）	冬季（12月）
河网初级生产力/[mg C/(m^2·d)]	542.22	260.75	259.99	323.07
河口盐度/‰	4.718	0.268	0.875	0.570
与盐度相关系数	0.110	0.035	0.832[**]	-0.284

注：**表示极显著相关（$P<0.01$）。

珠江河口区河网复杂，受到径流、潮汐等多种自然因素及人类活动的共同影响，咸潮上溯过程中盐度变化异常复杂。磨刀门水道盐度变化与潮汐过程在 15 d 的变化周期上存在显著相关关系，位相差为 60°～90°，即盐度变化提前于潮汐过程 2.5～3.75 d。小潮前 2～3 d 为增大压咸流量的最佳时机。河口咸潮上溯与上游径流量有关。2011 年夏季极

端干旱,在珠江特低径流量的情况下,珠江河口邻近海域底层出现低氧状态,溶解氧(DO)浓度的最低值仅为 1.38 mg/L。这主要与低径流导致河口水体滞留时间延长及颗粒态有机物质在沉降过程中的分解耗氧有关(叶丰等,2013)。咸潮上溯、海水顶托导致河口水体滞留时间延长,有机物质分解耗氧降低沉积物中的 DO 含量。感潮河段沉积物中的 DO 浓度在 0～10 cm 由 0.26 mg/L 降低到 0.02 mg/L;沉积物中的硝化细菌在低 DO 条件下处于抑制状态,并导致氨氮的积累;在 DO 浓度低于 0.03 mg/L 时氨氧化细菌的数量比亚硝酸盐氧化细菌多(杨旭楠等,2013)。

(三)温度与季节

珠江三角洲河网气温年较差相对较小(表 8-7),全年平均气温为 20～22℃。2015 年东莞月平均最低气温 12～26℃,最高气温 19～33℃;中山月平均最低气温 11～27℃,最高气温 19～34℃。

表 8-7 2015 年东莞、中山月平均气温情况　　　　　(单位:℃)

地点	气温	月份											
		1	2	3	4	5	6	7	8	9	10	11	12
东莞	日最低气温	12	15	17	20	25	26	26	26	25	22	20	14
	日最高气温	19	21	22	27	30	32	32	33	31	29	26	19
中山	日最低气温	11	14	18	20	25	27	26	26	25	22	20	14
	日最高气温	20	21	22	27	31	34	33	34	29	29	26	19

资料来源:http://tianqi.2345.com/。

珠江三角洲河网水体初级生产力由高到低依次为:春季(3月)542.22 mg C/(m²·d),冬季(12月)323.07 mg C/(m²·d),夏季(6月)260.75 mg C/(m²·d),秋季(9月)259.99 mg C/(m²·d)。春季水体初级生产力与其他 3 个季节差异显著。采样区月平均气温夏、秋高,冬、春低(表 8-8)。春季平均气温 19.8℃,接近浮游植物生长的最适温度范围 21～26℃,初级生产力最高。

表 8-8 采样区月平均气温　　　　　(单位:℃)

月份	3月	6月	9月	12月
平均气温	19.8	29.8	27.5	16.5

(四)污染物通量

珠江河口受潮流影响,水体中污染物随潮流震荡,不易扩散,主要城市河段水质大多超标,排污负荷超过纳污能力,特别是广州前航道、市桥水道、佛山水道。在珠江八大口门入海污染物中,与生活污水相关的溶解无机氮(dissolved inorganic nitrogen,DIN)、PO_4^{3-}浓度多年来呈不断上升趋势,而与工业污水密切相关的重金属类和石油类污染物浓度则呈下降趋势,受工业和生活污染共同影响的 COD 浓度呈先升后降的变化趋势(袁国明等,2009)。多年枯水期、丰水期、平水期资料分析,污染物浓度没有集中在某一水期,分布上无一致规律。

胡嘉铠等(2012)计算 1998 年 6 月(丰水期)、1999 年 1 月(枯水期)珠江三角洲河网与河口区的 CBOD、TN 和 TP 通量,发现污染物通量呈现明显的季节变化。在丰水期,河网区污染物的外源输入主要由上游输入的污染物通量(上游通量)贡献;经八大口门输入河口区的污染物通量(入河口通量)是河口区污染物的主要来源。在枯水期,河网区污染物的外源输入主要由河网污染负荷贡献;入河口通量是河口区 TN、TP 的主要来源,而河口区的 CBOD 主要来自河口污染负荷。丰水期的污染物上游通量、入河口通量分别是枯水期的 8.0～20.2 倍、15.1～21.5 倍。污染物主要经东四口门输入河口区,就各口门而言,虎门、磨刀门和蕉门是最主要的输入口门。总体上,河网和河口区对于CBOD、TN、TP 均表现出"汇"的作用。

（五）人类活动

随着全球清洁水资源的短缺,水污染问题越来越引起人们的注意。水污染不仅影响工农业生产,使生产无法正常运行,影响经济社会的发展与进步,而且破坏生态环境,影响水生生物生长,影响人们生活,直接危害到人类的健康。

2015 年珠江三角洲各城市地区生产总值(表 1-1)数广州最高,与之对应的是珠江桥站位的水体初级生产力最高,莲花山次之。

二、与其他水域初级生产力比较

水体初级生产力研究对水生态环境保护有着非常重要的意义,国内外学者针对不同纬度、不同水体类型的水体初级生产力进行了深入研究(表 8-9)。

表 8-9 珠江三角洲河网初级生产力与其他水域初级生产力的比较

水域	纬度	类型	调查时间	初级生产力/[mg C/(m²·d)]	参考文献
九段沙湿地	31°03′N～31°17′N	河口	2010—2011 年	276.55	(龚小玲等,2015)
海河流域	38°33′N	河流	1989 年	1779.36	(朱福庆等,1993)
			1990 年	1685.24	

续表

水域	纬度	类型	调查时间	初级生产力/[mg C/(m²·d)]	参考文献
太平湖	30°14′N～30°28′N	湖泊	2013—2014 年	4650	(李东京，2015)
金塘港区	29°55′N～30°10′N	近海	2013 年	23.36	(张玉荣等，2015)
渤海湾	38°39′25″N～39°05′48″N	近海	2012—2013 年	26.84	(尹翠玲等，2015)
Birupa 河	20°36′57″N	河流	2009—2010 年	1364	(Sukla et al.，2013)
钦州湾	21°33′36″N～21°52′12″N	海湾养殖区	2009 年	425.10	(杨斌等，2015)
三沙湾	26°49′N	近海	2013 年	41.45	(林吓宁，2014)
珠江河口	22°N～23°N	河口	2006—2008 年	510.8	(蒋万祥等，2010)
珠江河口	22°24′N	河口	2015 年	320.29	(郏欣欣，2016)
珠江三角洲河网	22°30′36″N	河流	2015 年	346.51	本书

如表 8-9 所示，纬度较高（不低于 30°N）水域初级生产力大小为河流、湖泊＞河口＞海区，低纬度（低于 30°N）水域初级生产力大小为河流＞海湾、河口＞海区；珠江三角洲河网的纬度（22°22′12″N～23°10′12″N）比珠江河口的纬度（22°01′48″N～22°46′48″N）略高，2015 年珠江三角洲河网的水体初级生产力也比珠江河口略大；珠江河口 2015 年的初级生产力比 2006—2008 年低，可能与珠江河口水体富营养化程度得到一定的改善有关。

珠江河口的气候属于典型的亚热带季风气候，雨季多集中在 4～9 月，受咸潮上溯的影响较大。2015 年本书调查珠江三角洲河网初级生产力年平均值为 346.51 mg C/(m²·d)，低于其他河流，这与珠江三角洲河网所处的地理环境有关。珠江三角洲河网所在地区经济发达、人口密集，河网密布，地表径流携带入河的污染物总量很高，加之工农业生产和生活污水的不合理排放，导致水体氮营养盐浓度很高，氮磷比也较高，属于磷限制性水体，初级生产力低于其他河流，除纬度较低外，是否与磷限制有关，其机理有待进一步研究。

水体初级生产力是水温、光照、营养盐含量及浮游植物基础含量等共同作用的结果。海洋中磷多沉入深水之中，致使大部分海洋表层因缺乏磷等营养物质的供应而初级生产力较低，尽管那里的日光十分充足。这可能是珠江三角洲河网初级生产力高于海区的原因之一。

三、水生态保护及渔业资源利用

渔业资源保护需要加强水域环境保护及其他限制措施，使渔业资源达到永续利用。维持一定的初级生产力和生物种群组成，保障洄游性鱼类的洄游通路畅通是维护渔业资源再生产能力的基础。近年来珠江三角洲输入河中的氮、磷等营养物质的含量远远超过了水体的自净能力，引起了水体富营养化问题。合理输出河网水体营养物质成为人们关注的生态修复问题。

（一）鱼类栖息水环境保护

珠江三角洲河网是典型亚热带湿地，具有丰富的鱼类区系特征。鱼类栖息地环境评价指标包括鱼类洄游、产卵和越冬等生命周期的水环境状况、水文情势、水动力特征及地形特征等要素。

雨水是珠江主要水源，珠江三角洲重点整治的河涌，其主要污染物为 TP、TN 和 COD_{Mn}。徐鹏等（2017）针对流域营养盐污染问题，构建流域氮、磷营养盐排放仿真系统，模拟 2000—2030 年不同污染源的营养盐产生、排放和进入河流的污染过程，预测珠江流域 TN 入河量从 2000 年的 5.79×10^5 t 增加到 2030 年的 9.45×10^5 t；TP 入河量从 2000 年的 7.9×10^4 t 增加到 2030 年的 1.4×10^5 t。维持水体营养盐的收支平衡，研究水生生态系统物种分布，合理开发和利用水产品，是治理水体富营养化、保护渔业资源的重要途径。

此外，随着抗生素等新型污染物在人类、动物中的广泛使用，其原物或代谢产物进入水体。刘昕宇等（2013）在珠江三角洲 19 个重点入河排污口共 8 个水功能区，对 59 种有机物进行定量分析，发现 42% 的排污口存在超标情况，79% 的排污口以酞酸酯类为主要有机污染物。抗生素和内分泌干扰物可能对水生生物群落产生影响，因此，控制新型有毒有机污染物的入河量，也是鱼类栖息水环境保护工作的重要内容。

（二）水生态修复与净水渔业发展

水生生态系统是地球表面各类水域生态系统的总称。水生生态系统中栖息着自养生物（如藻类、水草等）、异养生物（如各种无脊椎动物和脊椎动物等）和分解者生物（如各种微生物等）。各种生物群落之间及其与水环境之间相互作用，维持着特定的物质循环与能量流动，构成完整的生态单元。河流生态系统是陆地与海洋联系的纽带，水的持续流动性使其中溶解氧比较充足，层次分化不明显，物质循环、能量流动和物种迁移与演变活跃，具有较高的生态多样性、物种多样性和生物生产力。水生生态环境的保护和恢复，需要保护水体以及涉水的水生生物群落结构。浮游植物生长周期短，是水生生态系统中占优势的初级生产者，通过光合作用将无机物转换成新的有机化合物，由此启动了水体食物链。

　　鱼类位于水生生态系统食物网的顶端，鱼类的生存状态能够较好地评价生态完整性。鱼类群落包括代表各个营养级的一系列种类，有的鱼类直接以进行光合作用的藻类、大型维管束植物为食，有的鱼类以浮游动物、底栖动物为食，也有鱼类通过鳃耙过滤食物（包括藻类、浮游动物以及有机碎屑），还有鱼类直接捕食其他鱼类。生物净化水质实质上是利用特定的生物（包括水生植物、水生动物如滤食性鱼类和微生物）吸收、转化、消除降解污染物质，使污染水体得以净化。例如，滤食性鱼类常用于抑制水体富营养化，鲢直接以藻类为食，鳙除滤食藻类外，还可捕食部分浮游动物，从而保护原生动物的生长，而原生动物可控制藻类数量。

　　保护鱼类栖息地，促进天然水域渔业资源可持续利用，是水生态修复和净水渔业发展的基础。通过渔业生态系统的生产者、消费者和分解者之间的分层多级能量转化和物质循环作用，降低藻类的密度，改善水质，实现藻类、微生物转化营养物质，输出鱼类水产品，也称为净水渔业。从系统中带走一部分 N、P，降低水体的 N、P 水平，是水环境原位修复措施之一。水资源的数量和水的质量直接影响着生态环境，鱼类种类衰退、多样性下降与过度捕捞、水体污染和栖息地丧失有关。保护河网湿地自然生态和生物多样性，需要树立河流生态系统不可缺少鱼类的观念，通过鱼类群落结构修复，及时输出营养物质，管理渔业资源从物种到生态系统的生物量需求过渡，从食物链物质输送、转移入手，建立以生态系统功能质量保护为目标，鱼类物种结构、数量（资源量）保障为导向的鱼类资源综合保护体系。

参 考 文 献

毕见霖，王立硕，王馨慧，等，2015. 非常规水源补给城市河流富营养化时空变化规律及风险研究[J]. 环境科学学报，35（6）：1703-1709.

邴欣欣，2016. 珠江河网与河口初级生产力研究[D]. 上海：上海海洋大学.

邴欣欣，赖子尼，高原，等，2017. 珠三角河网初级生产力时空差异及其影响因素[J].南方水产科学，13（2）：1-8.

蔡琳琳，朱广伟，李向阳，2013. 太湖湖岸带浮游植物初级生产力特征及影响因素[J].生态学报，33（22）：7250-7258.

蔡庆华，1997. 湖泊富营养化综合评价方法[J]. 湖泊科学，9（1）：89-94.

蔡小龙，罗剑飞，林炜铁，等，2012. 珠三角养殖水体中参与氮循环的微生物群落结构[J]. 微生物学报，52（5）：645-653.

蔡昱明，宁修仁，刘子琳，2002. 珠江口初级生产力和新生产力研究[J]. 海洋学报，24（3）：101-111.

曹新益，徐慧敏，王司辰，等，2016. 南京莫愁湖与紫霞湖浮游细菌群落结构的季节性变化及其与环境因子的关系[J]. 化学与生物工程，33（12）：19-26，30.

常会庆，车青梅，2007. 富营养化水体的评价方法研究[J].安徽农业科学，35（32）：10407-10409.

陈碧鹃，陈民山，吴彰宽，1997. 氰戊菊酯、胺菊酯对海洋藻类、贝类的毒性研究[J]. 中国水产科学，4（2）：51-55.

陈立婧，顾静，彭自然，等，2008. 滆湖轮虫群落结构与水质生态学评价[J]. 动物学杂志，43（3）：7-16.

陈立婧，顾静，彭自然，等，2009. 上海崇明岛明珠湖轮虫群落结构[J]. 应用生态学报，20（12）：3057-3062.

陈立婧，吴艳芳，景钰湘，等，2012. 上海世博园后滩湿地桡足类群落特征及其对环境因子的响应[J]. 环境科学，33（11）：3941-3948.

陈琴德，1993. 珠江三角洲的水文和水资源研究[J]. 热带地理，13（2）：121-128.

陈卫境，2002. 如何根据天然饵料基础估算鱼产力[J]. 水产科技情报，29（4）：192.

陈晓宏，陈泽宏，2000. 洪水特征的时间变异性识别[J].中山大学学报（自然科学版），39（1）：96-100.

陈星，2019. 长江口滨岸PAHs赋存特征和微生物降解作用研究[D]. 上海：华东师范大学.

陈雪梅，1981. 淡水桡足类生物量的测算[J]. 水生生物学集刊，7（3）：397-408.

陈洋，2013. 三峡水库香溪河库湾浮游植物初级生产力研究[D]. 宜昌：三峡大学.

陈宇锋，郑惠东，许贻斌，等，2010. 溴氰菊酯对日本对虾的急性毒性及积累试验研究[J]. 福建水产（3）：31-34，20.

邓文君，2014. 珠江口海域赤潮发生前天气环流形势及水文气象要素特征分析[J]. 海洋湖沼通报（1）：7-12.

狄效斌，孙继朝，荆继红，等，2008. 珠江三角洲地区水环境污染特点及其相关因素探讨[J]. 南水北调与水利科技，6（4）：60-62.

丁小鹏，罗建中，孔桂萍，2015. 珠江三角洲重点整治河涌污染特征研究[J]. 广东化工，42（12）：148-149，139.

窦磊，杜海燕，游远航，等，2014. 珠江三角洲经济区生态地球化学评价[J]. 现代地质，28（5）：915-927.

窦明，谢平，陈晓宏，等，2007. 潮汐作用对河网区重金属输移的影响[J]. 水利学报，38（8）：966-971，980.

范艳君，朱玲，朱伟，等，2012. 珠江口颗粒附着微生物群落沿环境梯度的演替[J]. 渔业科学进展，33（3）：

8-14.

范中亚，林澍，曾凡棠，等，2013. 珠江口门枯季动力过程及盐度分布特征[J]. 热带地理，33（4）：400-406.

方淑红，陈鹏，卞京娜，等，2012. 太湖及辽河流域表层沉积物中拟除虫菊酯的浓度水平及毒性评估[J]. 环境科学学报，32（10）：2600-2606.

冯启新，1985. 珠江水系鱼类及其特点的初步研究[J]. 淡水渔业，3：14-22.

富冰冰，2014. 珠江口厌氧氨氧化细菌丰度、群落结构及其环境响应[D]. 青岛：中国海洋大学.

高娟，2019. 河口潮滩湿地沉积物反硝化过程及其功能微生物菌群动态研究[D]. 上海：华东师范大学.

高姗，2008. 基于遥感的南海初级生产力时空变化特征与环境影响因素研究[D]. 北京：中国气象科学研究院.

高原，赖子尼，曾艳艺，等，2015. 珠江三角洲河网桡足类群落结构及其与水环境因子的关系[J]. 中国水产科学，22（2）：302-310.

高原，李新辉，赖子尼，等，2014. 珠江三角洲河网浮游轮虫的群落结构[J]. 应用生态学报，25（7）：2114-2122.

高原，王超，刘乾甫，等，2019. 珠三角河网不同水文期浮游动物优势种及生态位[J]. 水生态学杂志，40（6）：37-44.

高志强，朱玲，朱伟，等，2012. 珠江口表层沉积物 nirS 型反硝化微生物多样性[J]. 海洋与湖沼，43（6）：1114-1121.

龚得春，2013. 梁滩河流域拟除虫菊酯农药多介质残留和环境行为研究[D]. 重庆：重庆大学.

龚小玲，张晓懿，崔忠凯，等，2015. 九段沙湿地叶绿素 a 和初级生产力的季节变化[J]. 上海海洋大学学报，24（4）：544-549.

管健，盛静，2008. 农药残留检测技术及研究进展[J]. 中国卫生检验杂志，18（11）：2439-2444.

郭行磐，2019. 长江口滨岸水环境中抗生素抗性基因的赋存特征[D]. 上海：华东师范大学.

国家环境保护局标准处，1990. 渔业水质标准：GB 11607—89[S]. 北京：中国标准出版社.

国家环境保护总局科技标准司，2002. 地表水环境质量标准：GB 3838—2002[S]. 北京：中国环境科学出版社.

何福林，向建国，2005. 甲氰菊酯对鳗鲡的急性毒性研究[J]. 淡水渔业，35（1）：32-34.

何玮，薛俊增，吴惠仙，2011. 滩涂围垦湖泊（上海滴水湖）轮虫的群落结构与时空分布[J]. 23（2）：257-263.

何志辉，1987. 中国湖泊和水库的营养分类[J]. 大连水产学院学报（1）：1-10.

贺新春，王翠婷，汝向文，等. 闸控潮汐河网区水环境调度模型研究[J]. 华北水利水电大学学报（自然科学版），2018，39（2）：86-92.

洪松，陈静生，2002. 中国河流水生生物群落结构特征探讨[J]. 水生生物学报，26（3）：295-305.

胡春容，李君，2005. 拟除虫菊酯农药的毒性研究进展[J]. 毒理学杂志，19（3）：239-241.

胡鸿钧，魏印心，2006. 中国淡水藻类：系统、分类及生态[M]. 北京：科学出版社.

胡嘉镗，李适宇，2012. 模拟珠江河网的污染物通量及外源输入对入河口通量的贡献[J]. 环境科学学报，32（4）：828-835.

胡嘉镗，李适宇，耿兵绪，等，2012. 珠江三角洲河网与河口区 CBOD 及 TN 和 TP 通量的模拟[J]. 水利学报，43（1）：51-59，68.

胡晓娟，2013. 广东典型海域微生物群落特征分析[D]. 广州：暨南大学.

胡志强，许良忠，任雪景，等，2002. 拟除虫菊醋类杀虫剂的研究进展[J]. 青岛化工学院学报，23（1）：48-51.

黄邦钦，洪华生，柯林，等，2005. 珠江口分粒级叶绿素 a 和初级生产力研究[J]. 海洋学报，27（6）：180-186.

黄成，侯伟，顾继光，等，2011. 珠江三角洲城市周边典型中小型水库富营养化与蓝藻种群动态[J]. 应用与环境生物学报，17（3）：295-302.

黄群腾，2008. 水环境中 36 种农药残留的同时分析方法及其应用[D]. 厦门：厦门大学.

黄显东，2016. 广东省珠江三角洲地区中小河流水生态现状及修复对策初探[J]. 广东水利水电（5）：16-19.

黄云峰，江涛，冯佳和，等，2012. 珠江口广州海域叶绿素 a 分布特征及环境调控因素[J]. 海洋环境科学，31（3）：379-384，404.

贾晓珊，徐昕荣，李适宇，等，2005. 珠江流域河网底泥的氮磷污染特征及释放机理[J]. 中山大学学报（自然科学版），44（2）：107-110.

江沛霖，2018. 中国东南沿海部分区域微塑料附着微生物研究[D]. 上海：华东师范大学.

姜北，薛克，周遵春，等，2010. 大连地区仿刺参养殖池塘叶绿素 a 分布和初级生产力估算[J]. 水产科学，29（5）：255-259.

姜辉，林荣华，陶传江，等，2005. 菊酯类农药对水田生物影响研究进展[J]. 农药科学与管理，26（10）：14-19.

蒋万祥，赖子尼，庞世勋，等，2010. 珠江口叶绿素 a 时空分布及初级生产力[J]. 生态与农村环境学报，26（2）：132-136.

金相灿，等，1995. 中国湖泊环境：第一册[M]. 北京：海洋出版社.

孔晔，李培武，张奇，等，2009. 一种新型溴氰菊酯农药半抗原的合成及应用效果[J]. 化学试剂，31（4）：245-249.

李斌，贾思超，卢淑伟，等，2011. 甲氰菊酯对斑马鱼的毒性效应[J]. 农药科学与管理，32（5）：32-38.

李东京，2015. 太平湖浮游植物初级生产力及营养状态研究[D]. 上海：上海师范大学.

李共国，虞左明，2002. 浙江千岛湖桡足类的群落结构[J]. 生物多样性，10（3）：305-310.

李捷，李新辉，贾晓平，等，2010. 西江鱼类群落多样性及其演变[J]. 中国水产科学，17（2）：298-311.

李天坚，2001. 水文要素与河道变化的分析[J]. 广东水利水电（S1）：32-33，27.

李秀丽，2013. 珠江三角洲渔业水域多氯联苯残留及污染评价[D]. 上海：上海海洋大学.

李永波，张荣超，2009. 同时测定水中 7 种拟除虫菊酯类农药残留的毛细管气相色谱法[J]. 现代预防医学，36（16）：3119-3121.

李永祺，1982. 用 ^{14}C 法测定海洋初级生产力[J]. 海洋科学（6）：51-55.

李跃飞，李策，朱书礼，等，2018. 基于单位补充量模型的西江广东鲂种群资源利用现状评价[J]. 水生生物学报，42（5）：975-983.

李跃飞，李新辉，谭细畅，等，2008. 西江肇庆江段渔业资源现状及其变化[J]. 水利渔业，28（2）：80-83.

李祚泳，汪嘉杨，郭淳，2010. 富营养化评价的对数型幂函数普适指数公式[J]. 环境科学学报，30（3）：664-672.

梁冰，2003. 珠江三角洲河网的水环境问题和影响因素及其防治[J]. 污染防治技术，16（2）：43-46.

梁迪文，王庆，魏南，等，2017. 广州市不同类型水体轮虫群落结构的时空变动及与理化因子间的关系[J]. 湖泊科学，29（6）：1433-1443.

梁励韵，刘晖，2012. 珠江三角洲网河区的城市水系规划[J]. 华中建筑，30（1）：106-110.

廖庆强，杨丹菁，姚素莹，等，2008. 珠江广州河段西航道河水藻类测试研究[J]. 环境（z1）：50-52.

林秋奇，赵帅营，韩博平，2005. 广东省水库轮虫分布特征[J]. 生态学报，25（5）：1123-1131.

林吓宁，2014. 福建省三沙湾白马港海域叶绿素 a 与初级生产力的调查[J]. 科技资讯，12（16）：231-232.

林志裕，童金炉，陈敏，等，2011. 夏季黄、东海初级生产力的分布及其变化[J]. 同位素，24（S1）：95-101.

刘爱萍，刘晓文，陈中颖，等，2011. 珠江三角洲地区城镇生活污染源调查及其排污总量核算[J]. 中国环境科学，31（S1）：53-57.

刘吉文，2014. 典型海域微生物群落结构及其生物地球化学意义[D]. 青岛：中国海洋大学.

刘建康，1999. 高级水生生物学[M]. 北京：科学出版社.

刘金峰，钱家亮，武光明，等，2011. 气相色谱法测定水产品中溴氰菊酯残留量[J]. 世界农药，33（1）：
　　47-49.

刘曼红，于洪贤，刘其根，等，2011. 淡水养殖池塘水质评价指标体系研究[J]. 安徽农业科学，39（24）：
　　14569-14572.

刘乾甫，杜浩，赖子尼，等，2019. 珠江中上游水环境状况分析与评价[J]. 中国渔业质量与标准，9（4）：
　　36-47.

刘乾甫，赖子尼，杨婉玲，等，2014. 珠三角地区密养淡水鱼塘水质状况分析与评价[J]. 南方水产科学，
　　10（6）：36-43.

刘慎，2004. 氰戊菊酯对金鱼的急性毒性试验及残留测定[J]. 水产科学，23（11）：21-22.

刘晓丹，张雪雁，刘珩，2018. 珠江流域近 10 a 水质状况评价及污染特征分析[J]. 环境科学导刊，37（1）：
　　67-70，89.

刘晓南，吴志峰，程炯，等，2008. 珠江三角洲典型流域颗粒态氮磷负荷估算研究[J]. 农业环境科学学
　　报，27（4）：1432-1436.

刘昕宇，刘胜玉，李建民，等，2013. 珠江三角洲重点入河排污口污染物分析与评价[J].水资源保护，
　　29（4）：36-39，44.

刘炎，石小荣，崔益斌，等，2013. 高浓度氨氮胁迫对纤细裸藻的毒性效应[J]. 环境科学，34（11）：
　　4386-4391.

卢真建，2012. 珠江三角洲近 20 年水位变化情况分析[J]. 珠江现代建设（3）：8-14，29.

陆奎贤，1990. 珠江水系渔业资源[M]. 广州：广东科技出版社.

路兴岚，甄毓，米铁柱，等，2013. 长江口邻近海域沉积物中好氧氨氧化细菌群落多样性[J]. 海洋环境
　　科学，32（5）：641-646.

罗固源，梁艳，许晓毅，等，2009. 长江嘉陵江重庆段邻苯二甲酸酯污染及评价[J]. 三峡环境与生态，
　　2（3）：43-48，55.

马承铸，顾真荣，2003. 环境激素类化学农药污染及其监控（综述）[J]. 上海农业学报，19（4）：98-103.

孟祥周，余莉萍，郭英，等，2006. 滴滴涕类农药在广东省鱼类中的残留及人体暴露水平初步评价[J]. 生
　　态毒理学报，1（2）：116-122.

农业部环境监测总站，吉林省农业环保站，2000. 农用水源环境质量监测技术规范：NY/T 396—2000[S].
　　北京：中国标准出版社.

农业农村部，国家卫生健康委员会，国家市场监督管理总局，2019. 食品安全国家标准　食品中兽药最
　　大残留限量：GB 31650—2019[S]. 北京：中国标准出版社.

彭静，王浩，徐天宝，2005. 珠江三角洲的经济发展与水文环境变迁[J]. 水利经济，23（6）：5-7，42.

齐军山，辛志梅，李林，等，2008. 应用 SPSS 软件进行农药试验数据的统计分析[J]. 山东农业科学，7：
　　100-104.

齐雨藻，1995. 中国淡水藻志：第四卷　硅藻门　中心纲[M]. 北京：科学出版社.

祁萍，王梅，吴尼尔，等，2013. 宁夏主要养殖池塘水质评价[J].中国渔业质量与标准，3（3）：106-109.

杞桑，黄伟建，1993. 珠江三角洲底栖动物群落与水质关系[J]. 环境科学学报，13（1）：80-86.

秦曙，乔雄梧，朱九生，等，2000. 实验室条件下氯氰菊酯在土壤中的降解[J]. 农药学学报，2（3）：
　　68-73.

全国水产标准化技术委员会渔业资源分技术委员会，2019. 淡水渔业资源调查规范　河流：SC/T 9429—
　　2019[S]. 北京：中国农业出版社.

任辉，田恬，杨宇峰，等，2017. 珠江口南沙河涌浮游植物群落结构时空变化及其与环境因子的关系[J].
　　生态学报，37（22）：7729-7740.

任路路，颜冬云，徐绍辉，2009. 拟除虫菊酯异构体差异降解与转化[J]. 农药，48（8）：555-557，567.

单凤霞，刘珩，2017. 珠江干流（2008—2015年）水质变化趋势分析[J]. 广东水利水电（3）：13-16.

申恒伦，蔡庆华，邵美玲，等，2012. 三峡水库香溪河流域梯级水库浮游植物群落结构特征[J]. 湖泊科学，24（2）：197-205.

施瑾欢，2009. 崇明东滩氨氧化、反硝化微生物群落初步研究[D]. 上海：复旦大学.

施之新，王全喜，谢树莲，等，1999. 中国淡水藻志：第六卷　裸藻门[M]. 北京：科学出版社.

《食品中农业化学品残留限量》编委会，2006. 食品中农业化学品残留限量：食品卷：日本肯定列表制度[M]. 北京：中国标准出版社.

帅方敏，李新辉，刘乾甫，等，2017. 珠江水系鱼类群落多样性空间分布格局[J]. 生态学报，37（9）：3182-3192.

宋玉峰，吕潇，任凤山，等，2010. 蔬菜中氯氰菊酯残留的风险评估研究[J]. 农业环境科学学报，29（12）：2293-2298.

苏炳之，黎伟新，赖泽兴，1989. 珠江水系（广东江段）底栖动物调查[J]. 动物学杂志，24（3）：15-19.

苏大水，樊德方，1989. 甲氰菊酯在土壤中的降解与移动性[J]. 环境科学学报，9（4）：446-453.

孙广大，2009. 九龙江河口及厦门西海域水环境中103种农药污染状况及其初步风险评价[D]. 厦门：厦门大学.

孙柔鑫，王彦国，连光山，等，2014. 海南岛西北沿岸海域浮游桡足类的分布及群落特征[J]. 生物多样性，22（3）：320-328.

孙伟，2008. 青岛近岸海域叶绿素a与初级生产力调查研究[D]. 青岛：中国海洋大学.

谭娟，尚蕾，张昌文，2010. 甲氰菊酯对尼罗罗非鱼急性毒性和外周血细胞的影响[J]. 安徽农业科学，38（19）：10099-10100.

唐洪磊，郭英，孟祥周，等，2009. 广东省沿海城市居民膳食结构及食物污染状况的调研：对持久性卤代烃和重金属的人体暴露水平评价[J]. 农业环境科学学报，28（2）：329-336.

唐世林，陈楚群，詹海刚，2006. 海洋初级生产力的遥感研究进展[J]. 台湾海峡，25（4）：591-598.

陶红波，2015. 百花湖初级生产力的2种估算方法比较[J]. 现代农业科技（19）：224-225，228.

田家怡，高霞，2001. 黄河三角洲淡水浮游动物名录[J]. 海洋湖沼通报，4：81-90.

童娟，2007. 珠江流域概况及水文特性分析[J]. 水利科技与经济，13（1）：31-33.

万丹，吴光应，2013. 黑白瓶测氧法测定大宁河白水河段初级生产力[J]. 环境科学与技术，36（12M）：264-266.

汪益嫉，张维砚，徐春燕，等，2011. 淀山湖浮游植物初级生产力及其影响因子[J]. 环境科学，32（5）：1249-1256.

王超，黄长江，杜虹，2008. 粤东柘林湾根管藻（*Rhizosolenia*）群落组成的季节特征[J]. 生态学报，28（2）：559-569.

王超，黄长江，杜虹，2008. 粤东柘林湾角毛藻（*Chaetoceros*）群落生态学特性的季节变化[J]. 生态学报，28（1）：237-245.

王超，赖子尼，李新辉，等，2013a. 西江下游浮游植物群落周年变化模式[J]. 生态学报，33（14）：4398-4408.

王超，李新辉，赖子尼，等，2013b. 珠三角河网浮游植物生物量的时空特征[J]. 生态学报，33（18）：5835-5847.

王超，李新辉，赖子尼，等，2014. 珠三角河网水域栅藻的时空分布特征[J]. 生态学报，34（7）：1800-1811.

王超，李新辉，赖子尼，等，2016. 珠三角河网裸藻的多样性特征[J]. 生态学报，36（18）：5657-5669.

王大鹏，施军，雷建军，等，2016. 岩滩水库渔业生态环境变动研究[J]. 水生态学杂志，37（3）：76-81.

王骥，1980. 浮游植物的初级生产力与黑白瓶测氧法[J]. 淡水渔业（3）：24-28.

王骥，梁彦龄，1981. 用浮游植物的生产量估算武昌东湖鲢鳙生产潜力与鱼种放养量的探讨[J]. 水产学报，5（4）：343-350.

王骥，王建，1984. 浮游植物的叶绿素含量、生物量、生产量相互换算中的若干问题[J]. 武汉植物学研究，2（2）：249-258.

王家楫，1961. 中国淡水轮虫志[M]. 北京：科学出版社.

王金秋，李德尚，罗一兵，等，1997. pH 值对萼花臂尾轮虫种群增长及繁殖的影响[J]. 应用生态学报，8（4）：435-438.

王明学，扶庆，周至刚，等，2000. 溴氰菊酯对草鱼早期发育阶段的毒性效应[J]. 水利渔业，20（6）：39-40.

王庆，侯磊，陈实，等，2014. 珠江口磨刀门轮虫群落结构特征与水质生态学评价[J]. 生态环境学报，23（5）：824-833.

王学生，龚书椿，顾可权，等，1990. 拟除虫菊酯类杀虫剂对淡水鱼的毒性试验及评价[J]. 上海环境科学，9（4）：35-36，34.

王玉萍，王立立，李取生，等，2012. 珠江河口湿地沉积物硝化作用强度及影响因素研究[J]. 生态科学，31（3）：330-334.

王朝晖，尹伊伟，林小涛，等，2000. 拟除虫菊酯农药对水生态系统的生态毒理学研究综述[J]. 暨南大学学报（自然科学版），21（3）：123-127.

魏佳明，崔丽娟，李伟，等，2016. 表流湿地细菌群落结构特征[J]. 环境科学，37（11）：4357-4365.

魏进，段婷婷，秦立新，2011. 气相色谱法检测鱼腥草中 3 种菊酯类农药残留[J]. 山东农业科学，2：92- 94，110.

魏鹏，黄良民，冯佳和，等，2009. 珠江口广州海域 COD 与 DO 的分布特征及影响因素[J]. 生态环境学报，18（5）：1631-1637.

魏泰莉，贾晓珊，杜青平，等，2007. 珠江口水、沉积物及水生动物中氯苯类有机物的含量及分布[J]. 环境科学学报，27（10）：1717-1726.

温新利，席贻龙，张雷，等，2004. 青弋江芜湖段轮虫群落结构和物种多样性的初步研究[J]. 生物多样性，12（4）：387-395.

吴超羽，包芸，任杰，等，2006. 珠江三角洲及河网形成演变的数值模拟和地貌动力学分析：距今6000~2500 a[J]. 海洋学报（中文版），28（4）：64-80.

吴乃成，唐涛，周淑婵，等，2007. 香溪河小水电的梯级开发对浮游藻类的影响[J]. 应用生态学报，18（5）：1091-1096.

吴娅，王雨春，胡明明，等，2015. 三峡库区典型支流浮游细菌的生态分布及其影响因素[J]. 生态学杂志，34（4）：1060-1065.

谢涛，熊丽，王奎，等，2005. 拟除虫菊酯类杀虫剂对鱼类的毒性研究[J]. 生物学教学，30（7）：47-48.

谢文平，陈昆慈，朱新平，等. 珠江三角洲河网区水体及鱼体内重金属含量分析与评价[J]. 农业环境科学学报，2010，29（10）：1917-1923.

徐海亮，1998. 河口环境变异与水文模拟计算初探：以珠江河口网河区为例[J]. 热带地理，18（2）：162-167.

徐鹏，林永红，杨顺顺，等，2017. 珠江流域氮、磷营养盐入河量估算及预测[J]. 湖泊科学，29（6）：1359-1371.

徐兆礼，王云龙，陈亚瞿，等，1995. 长江口最大浑浊带区浮游动物的生态研究[J]. 中国水产科学，2（1）：39-48.

阎希柱，2000. 初级生产力的不同测定方法[J]. 水产学杂志，13（1）：81-86.

颜素珠，陈秀夫，范允平，等，1988. 广东河网地带的水生植被[J]. 暨南理医学报（理科专版）（3）：73-79.

杨斌，钟秋平，张晨晓，等，2015. 钦州湾叶绿素 a 和初级生产力时空变化及其影响因素[J]. 环境科学学报，35（5）：1333-1340.

杨芳，陈文龙，李丽，2016. 珠三角城镇水生态修复关键技术与示范[J]. 中国科技成果（15）：59-61.

杨桂军，潘宏凯，刘正文，等，2007. 太湖不同富营养水平湖区轮虫季节变化的比较[J]. 湖泊科学，19（6）：652-657.

杨琳，温裕云，弓振斌，2010. 加速溶剂萃取-液相色谱-串级质谱法测定近岸及河口沉积物中的拟除虫菊酯农药[J]. 分析化学，38（7）：968-972.

杨婉玲，赖子尼，魏泰莉，等，2004. 西江广东鲂天然产卵场的水环境现状[J]. 水利渔业，24（5）：59-61.

杨婉玲，赖子尼，曾艳艺，等，2017. 珠江中下游表层水体 COD_{Mn} 时空分布特征及水环境评价[J]. 生态环境学报，26（4）：643-648.

杨旭楠，林兴锐，符诗雨，等，2013. 感潮河流沉积物中溶解氧对硝化细菌垂向分布的影响[J]. 中山大学学报（自然科学版），52（5）：91-96.

叶丰，黄小平，施震，等，2013. 极端干旱水文年（2011 年）夏季珠江口溶解氧的分布特征及影响因素研究[J]. 环境科学，34（5）：1707-1714.

叶荣辉，钱燕，孔俊，等，2014. 珠江三角洲洪潮实时预报关键技术[J]. 武汉大学学报（信息科学版），39（7）：782-787.

尹翠玲，张秋丰，牛福新，等，2015. 渤海湾天津近岸海域初级生产力及网采浮游植物种类组成[J]. 海洋学研究，33（2）：82-92.

余江，杨宇峰，杨翠婵，2007. 珠江广州段与人工湖泊的富营养化及遗传毒性[J]. 重庆大学学报（自然科学版），30（9）：139-143.

袁菲，杨清书，杨裕桂，等，2018. 珠江口东四口门径流动力变化及其原因分析[J]. 人民珠江，39（2）：26-29.

袁国明，何桂芳，林端，2009. 珠江八大口门污染物浓度变化及成因分析[J]. 海洋环境科学，28（5）：553-557.

曾台衡，刘国祥，胡征宇，2011. 长江中下游湖区浮游植物初级生产力估算[J]. 长江流域资源与环境，20（6）：717-722.

曾昭璇，丘世钧，1994. 珠江口海平面上升对三角洲的影响[J]. 人民珠江（1）：6-9.

曾昭璇，王为，朱照宇，等，2004. 论珠江三角洲河网的人为影响[J]. 第四纪研究，24（4）：379-386.

张才学，龚玉艳，王学锋，等，2011. 湛江港湾浮游桡足类群落结构的季节变化和影响因素[J]. 生态学报，31（23）：7086-7096.

张欢，2020. 联苯菊酯和氰戊菊酯对河蚬的毒性效应研究[D]. 武汉：华中农业大学.

张俊逸，蒋江峦，刘擎，等，2011. 珠江广州段微生物和浮游植物群落与水质特征研究[J]. 水生态学杂志，32（2）：38-46.

张琪，陈磊，潘婷婷，等，2015. 三峡水库香溪河库湾基于初级生产力的渔产潜力估算[J]. 水生生物学报，39（5）：948-953.

张琼，伍琴，高香玉，等，2010. 二溴联苯醚对纤细裸藻的生态遗传毒性效应[J]. 中国环境科学，30（6）：833-838.

张羽，穆守胜，2016. 珠江三角洲河网径流输运过程对河床地貌的影响[J]. 吉林水利（7）：23-26.

张玉荣，李铁军，李子孟，等，2015. 金塘港区附近海域叶绿素 a 和初级生产力现状调查[J]. 现代农业科技（17）：230-231.

章文，刘丙军，陈晓宏，等，2013. 珠江口磨刀门水道盐度变化与潮汐过程的相关性分析[J]. 中山大学学报（自然科学版），52（6）：11-16.

章宗涉，黄祥飞，1995. 淡水浮游生物研究方法[M]. 北京：科学出版社.

赵焕庭，1982. 珠江三角洲的形成和发展[J]. 海洋学报，4（5）：595-607.

赵焕庭，1989. 珠江河口的水文和泥沙特征[J]. 热带地理，9（3）：201-212.

赵李娜，赖子尼，李秀丽，等，2013. 珠江河口沉积物中拟除虫菊酯类农药污染及毒性评价[J]. 生态环境学报，22（8）：1408-1413.

赵文，董双林，李德尚，等，2003. 盐碱池塘浮游植物初级生产力的研究[J]. 水生生物学报，27（1）：47-54.

《中国河湖大典》编纂委员会，2013. 中国河湖大典：珠江卷[M]. 北京：中国水利水电出版社.

中国环境监测总站，1990. 中国土壤元素背景值[M]. 北京：中国环境科学出版社.

中国科学院动物研究所甲壳动物研究组，1979. 中国动物志：节肢动物门　甲壳纲　淡水桡足类[M]. 北京：科学出版社.

周瑛，刘洁，吴仁海，2003. 珠江三角洲水环境问题及其原因分析[J]. 云南地理环境研究，15（4）：47-53.

朱福庆，宋文平，孙文敏，等，1993. 海河水域初级生产力及季节变化[J]. 天津水产（1）：31-33.

朱蕙忠，陈嘉佑，2000. 中国西藏硅藻[M]. 北京：科学出版社.

朱孔贤，2013. 三峡水库浮游植物群落动态与富营养化研究[D]. 武汉：中国科学院水生生物研究所.

朱尚清，刘吉文，郑艳芳，等，2019. 中国近海区域古菌群落结构研究概述[J]. 海洋科学，43（5）:123-134.

珠钟，2006. 珠江流域的渔业资源和生态环境面临严峻的问题[J]. 现代渔业信息，21（1）：30.

诸裕良，闫晓璐，林晓瑜，2013. 珠江口盐水入侵预测模式研究[J]. 水利学报，44（9）：1009-1014.

Achenbach L，Lampert W，1997. Effects of elevated temperatures on threshold food concentrations and possible competitive abilities of differently sized cladoceran species[J]. Oikos，79（3）：469-476.

Adams H E，Crump B C，Kling G W，2010. Temperature controls on aquatic bacterial production and community dynamics in arctic lakes and streams[J]. Environmental microbiology，12（5）：1319-1333.

Agostinho A A，Pelicice F M，Gomes L C，2008. Dams and the fish fauna of the Neotropical region：impacts and management related to diversity and fisheries[J]. Brazilian journal of biology，68（4 suppl）：1119-1132.

Agüera A，Pérez Estrada L A，Ferrer I，et al.，2005. Application of time-of-flight mass spectrometry to the analysis of phototransformation products of diclofenac in water under natural sunlight[J]. Mass spectrometry，40（7）：908-915.

Alain K，Querellou J，2009. Cultivating the uncultured：limits，advances and future challenges[J]. Extremophiles，13（4）：583-594.

Alexander R B，Smith R A，Schwarz G E，et al.，2008. Differences in phosphorus and nitrogen delivery to the Gulf of Mexico from the Mississippi River Basin[J]. Environmental science & technology，42（3）：822-830.

Alves-da-Silva S M，da Cruz Cabreira J，Voos J G，et al.，2013. Species richness of the genera *Trachelomonas* and *Strombomonas*（pigmented Euglenophyceae）in a subtropical urban lake in the Porto Alegre Botanical Garden，RS，Brazil[J]. Acta botanica brasilica，27（3）：526-536.

Amweg E L，Weston D P，Ureda N M，2005. Use and toxicity of pyrethroid pesticides in the central valley，California，USA[J]. Environmental toxicology and chemistry，24（4）：966-972.

Amweg E L，Weston D P，You J，et al.，2006. Pyrethroid insecticides and sediment toxicity in urban creeks from California and Tennessee[J]. Environmental science & technology，40（5）：1700-1706.

Andrades-Moreno L，del Castillo I，Parra R，et al.，2014. Prospecting metal-resistant plant-growth promoting rhizobacteria for rhizoremediation of metal contaminated estuaries using *Spartina densiflora*[J]. Environmental science and pollution research，21（5）：3713-3721.

Arndt H，1993. Rotifer as predators on components of the microbial web（bacteria，heterotrophic flagellates，ciliates）：a review[J]. Hydrobiologia，255/256：231-246.

Arora J，Mehra N K，2003. Seasonal dynamics of rotifers in relation to physical and chemical conditions of the river Yamuna（Delhi），India[J]. Hydrobiologia，491：101-109.

Arthington A H，Naiman R J，Mcclain M E，et al.，2010. Preserving the biodiversity and ecological services of rivers: new challenges and research opportunities[J]. Freshwater biology, 55 (1): 1-16.

Baattrup-Pedersen A, Göthe E, Riis T, et al., 2016. Functional trait composition of aquatic plants can serve to disentangle multiple interacting stressors in lowland streams[J]. Science of the total environment, 543: 230-238.

Bae M-J, Li F Q, Kwon Y-S, et al., 2014. Concordance of diatom, macroinvertebrate and fish assemblages in streams at nested spatial scales: Implications for ecological integrity[J]. Ecological indicators, 47: 89-101.

Bajet C M, Kumar A, Calingacion M N, et al., 2012. Toxicological assessment of pesticides used in the Pagsanjan-Lumban catchment to selected non-target aquatic organisms in Laguna Lake, Philippines[J]. Agricultural water management, 106: 42-49.

Barlow-Busch L, Baulch H M, Taylor W D, 2006. Phosphate uptake by seston and epilithon in the Grand River, southern Ontario[J]. Aquatic sciences, 68: 181-192.

Bednarek A T, Hart D D, 2005. Modifying dam operations to restore rivers: ecological responses to Tennessee River dam mitigation[J]. Ecological applications, 15 (3): 997-1008.

Bence V, Oppenheim C, 2004. The influence of peer review on the research assessment exercise[J]. Journal of information science, 30 (4): 347-368.

Berglund J, Müren U, Båmstedt U, et al., 2007. Efficiency of a phytoplankton-based and a bacterial-based food web in a pelagic marine system[J]. Limnology and oceanography, 52 (1): 121-131.

Bianchi T S, Cook R L, Perdue E M, et al., 2011. Impacts of diverted freshwater on dissolved organic matter and microbial communities in Barataria Bay, Louisiana, U.S.A[J]. Marine environmental research, 72 (5): 248-257.

Biddanda B A, Coleman D F, Johengen T H, et al., 2006. Exploration of a submerged sinkhole ecosystem in Lake Huron[J]. Ecosystems, 9: 828-842.

Bilous O P, Lilitskaya G G, Kryvenda A A, 2015. Seasonal variability of Southern Bug River upstream phytoplankton[J]. International journal on algae, 17 (1): 37-49.

Blum L K, Mills A L, 1991. Microbial growth and activity during the initial stages of seagrass decomposition[J]. Marine ecology progress series, 70: 73-82.

Blum L K, Mills A L, 2013. Estuarine microbial ecology[M]//Day J W, Jr, Crump B C, Kemp W M, et al. Estuarine ecology. 2nd ed. New York: John Wiley & Sons, Inc.

Bobbie R J, Morrison S J, White D C, 1978. Effects of substrate biodegradability on the mass and activity of the associated estuarine microbiota[J]. Applied and environmental microbiology, 35 (1): 179-184.

Borics G, Várbíró G, Grigorszky I, et al., 2007. A new evaluation technique of potamo-plankton for the assessment of the ecological status of rivers[J]. Large rivers, 17 (3-4): 465-486.

Bortolini J C, Bueno N C, 2013. Seasonal variation of the phytoplankton community structure in the São João River, Iguaçu National Park, Brazil[J]. Brazilian journal of biology, 73 (1): 1-14.

Bouskill N J, Eveillard D, Chien D, et al., 2012. Environmental factors determining ammonia-oxidizing organism distribution and diversity in marine environments[J]. Environmental microbiology, 14 (3): 714-729.

Bovo-Scomparin V M, Train S, Rodrigues L C, 2013. Influence of reservoirs on phytoplankton dispersion and functional traits: a case study in the Upper Paraná River, Brazil[J]. Hydrobiologia, 702: 115-127.

Bradbury S P, Coats J R, 1989. Comparative toxicology of the pyrethroid insecticides[J]. Reviews of environmental contamination and toxicology, 108: 133-177.

Brett M T, Kainz M J, Taipale S J, et al., 2009. Phytoplankton, not allochthonous carbon, sustains herbivorous zooplankton production[J]. Proceedings of the National Academy of Sciences of the United States of

America，106（50）：21197-21201.

Bunse C，Pinhassi J，2017. Marine bacterioplankton seasonal succession dynamics[J]. Trends in microbiology，25（6）：494-505.

Burger D F，Hogg I D，Green J D，2002. Distribution and abundance of zooplankton in the Waikato River，New Zealand[J]. Hydrobiologia，479：31-38.

Callon M，Courtial J P，Laville F，1991. Co-word analysis as a tool for describing the network of interactions between basic and technological research: the case of polymer chemistry[J]. Scientometrics，22：155-205.

Careddu G，Costantini M L，Calizza E，et al.，2015. Effects of terrestrial input on macrobenthic food webs of coastal sea are detected by stable isotope analysis in Gaeta Gulf[J]. Estuarine，coastal and shelf science，154：158-168.

Carlson R E，1977. A trophic state index for lakes[J]. Limnology and oceanography，22（2）：361-369.

Cébron A，Coci M，Garnier J，et al.，2004. Denaturing gradient gel electrophoretic analysis of ammonia-oxidizing bacterial community structure in the lower Seine River: impact of Paris wastewater effluents[J]. Applied and environmental microbiology，70（11）：6726-6737.

Chauhan A，Cherrier J，Williams H N，2009. Impact of sideways and bottom-up control factors on bacterial community succession over a tidal cycle[J]. Proceedings of the National Academy of Sciences of the United States of America，106（11）：4301-4306.

Chen B W，Liang X M，Nie X P，et al.，2015. The role of class I integrons in the dissemination of sulfonamide resistance genes in the Pearl River and Pearl River Estuary，South China[J]. Journal of hazardous materials，282：61-67.

Chen B W，Yang Y，Liang X M，et al.，2013. Metagenomic profiles of antibiotic resistance genes（ARGs）between human impacted estuary and deep ocean sediments[J]. Environmental science & technology，47（22）：12753-12760.

Cheng B，Wang M H，Mørch A I，et al.，2014. Research on e-learning in the workplace 2000-2012：A bibliometric analysis of the literature[J]. Educational research review，11：56-72.

Chi L B，Song X X，Yuan Y Q，et al.，2017. Distribution and key influential factors of dissolved oxygen off the Changjiang River Estuary（CRE）and its adjacent waters in China[J]. Marine pollution bulletin，125（1-2）：440-450.

Chícharo L，Chícharo M A，Ben-Hamadou R.，2006. Use of a hydrotechnical infrastructure（Alqueva Dam）to regulate planktonic assemblages in the Guadiana estuary：Basis for sustainable water and ecosystem services management[J]. Estuarine，coastal and shelf science，70（1-2）：3-18.

Chung C C，Gong G C，Huang C Y，et al.，2015. Changes in the *Synechococcus* assemblage composition at the surface of the East China Sea due to flooding of the Changjiang River[J]. Microbial ecology，70（3）：677-688.

Cloern J E，Foster S Q，Kleckner A E，2014. Phytoplankton primary production in the world's estuarine-coastal ecosystems[J]. Biogeosciences，11：2477-2501.

Coelho M A，Almeida J M F，Martins I M，et al.，2010. The dynamics of the yeast community of the Tagus river estuary：testing the hypothesis of the multiple origins of estuarine yeasts[J]. Antonie van Leeuwenhoek，98（3）：331-342.

Coelho P M Z，Antunes C M F，Costa H M A，et al.，2003. The use and misuse of the "impact factor" as a parameter for evaluation of scientific publication quality：a proposal to rationalize its application[J]. Brazilian journal of medical and biological research，36：1605-1612.

Costică M，2009. Contribution to knowledge of Euglenophyta in the Bahlui River Basin[J]. Analele ştiinţifice ale Universităţii "Al. I. Cuza" Iaşi Tomul LV，fasc. 2，s. II a. Biologie vegetală，55（2）:163-169.

Cottrell M T，Ras J，Kirchman D L，2010. Bacteriochlorophyll and community structure of aerobic anoxygenic phototrophic bacteria in a particle-rich estuary[J]. The ISME journal, 4 (7): 945-954.

Couch K M, Burns C W, Gilbert J J, 1999. Contribution of rotifers to the diet and fitness of Boeckella (Copepoda: Calanoida) [J]. Freshwater biology, 41 (1): 107-118.

Crump B C, Armbrust E V, Baross J A, 1999. Phylogenetic analysis of particle-attached and free-living bacterial communities in the Columbia river, its estuary, and the adjacent coastal ocean[J]. Applied and environmental microbiology, 65 (7): 3192-3204.

de Almeida J M, 2005. Yeast community survey in the Tagus estuary[J]. FEMS microbiology ecology, 53(2): 295-303.

de la Cerda E, Navarro-Polanco R A, Sánchez-Chapula J A, 2002. Modulation of cardiac action potential and underlying ionic currents by the pyrethroid insecticide deltamethrin[J]. Archives of medical research, 33 (5): 448-454.

Descroix A, Bec A, Bourdier G, et al., 2010. Fatty acids as biomarkers to indicate main carbon sources of four major invertebrate families in a large River (the Allier, France) [J]. Fundamental and applied limnology, 177: 39-55.

Devetter M, 1998. Influence of environmental factors on the rotifer assemblages in an artificial lake[M]// Wurdak E, Wallace R, Segers H. Rotifera VIII: A comparative approach. Developments in hydrobiology: vol 134, Dordrecht: Springer: 171-178.

Díaz Villanueva V, Font J, Schwartz T, et al., 2011. Biofilm formation at warming temperature: acceleration of microbial colonization and microbial interactive effects[J]. Biofouling, 27 (1): 59-71.

Ding Y P, Harwood A D, Foslund H M, et al., 2010. Distribtttion and toxicity of sediment-associated pesticides in urban and agricultural waterways from Illinois, USA[J]. Environmental toxicology and chemistry, 29 (1): 149-157.

Domagalski J L, Weston D P, Zhang M H, et al., 2010. Pyrethroid insecticide concentrations and toxicity in streambed sediments and loads in surface waters of the San Joaquin Valley, California, USA[J]. Environmental toxicology and chemistry, 29 (4): 813-823.

Domingues R B, Barbosa A B, Sommer U et al., 2012. Phytoplankton composition, growth and production in the Guadiana estuary (SW Iberia): unraveling changes induced after dam construction[J]. The science of the total environment, 416: 300-313.

Dong X Y, Jia X H, Jiang W X, et al., 2015. Development and testing of a diatom-based index of biotic integrity for river ecosystems impacted by acid mine drainage in Gaolan River, China[J]. Fresenius environmental bulletin, 24: 4114-4124.

Duangjan K, Wolowski K, Peerapornpisal Y, 2012. A taxonomic and ultrastructure study of *Trachelomonas* spp. (Euglenophyta) from agricultural area pond, Lamphun province[J]. Journal of the Microscopy Society of Thailand, 5 (1-2): 23-27.

Dugdale R C, Goering J J, 1967. Uptake of new and regenerated forms of nitrogen in primary productivity[J]. Limnology and oceanography, 12 (2): 196-206.

Dussart B H, Fernando C H, Matsumura-Tundisi T, et al., 1984. A review of systematics, distribution and ecology of tropical freshwater zooplankton[J]. Hydrobiologia, 113: 77-91.

Edwards R, Millburn P, Hutson D H, 1986. Comparative toxicity of *cis*-cypermethrin in rainbow trout, frog, mouse, and quail[J]. Toxicology and applied pharmacology, 84 (3): 512-522.

Eggleston E M, Lee D Y, Owens M S, et al., 2015. Key respiratory genes elucidate bacterial community respiration in a seasonally anoxic estuary[J]. Environmental microbiology, 17 (7): 2306-2318.

El-Karim M S A, 2015. Survey to compare phytoplankton functional approaches: How can these approaches assess River Nile water quality in Egypt?[J]. The Egyptian journal of aquatic research, 41 (3): 247-255.

El-Swais H, Dunn K A, Bielawski J P, et al., 2015. Seasonal assemblages and short-lived blooms in coastal north-west Atlantic Ocean bacterioplankton[J]. Environmental microbiology, 17 (10): 3642-3661.

Erlanger T E, Enayati A A, Hemingway J, et al., 2004. Field issues related to effectiveness of insecticide-treated nets in Tanzania[J]. Medical and veterinary entomology, 18 (2): 153-160.

Esteve-Turrillas F A, Pastor A, de la Guardia M, 2006. Comparison of different mass spectrometric detection techniques in the gas chromatographic analysis of pyrethroid insecticide residues in soil after microwave-assisted extraction[J]. Analytical and bioanalytical Chemistry, 384: 801-809.

European Commission, 2001. Commission regulation (EC) No 2162 /2001 of 7 November 2001[J]. Official journal of the European Communities, L 291: 9-12.

Ewert M, Deming J W, 2014. Bacterial responses to fluctuations and extremes in temperature and brine salinity at the surface of Arctic winter sea ice[J]. FEMS microbiology ecology, 89 (2): 476-489.

Ezekiel E N, Ogamba E N, Abowei J F N, 2011. The zooplankton species composition and abundance in Sombreiro River, Niger Delta, Nigeria[J]. Asian journal of agricultural sciences, 3 (3): 200-204.

Falkowski P G, Woodhead A D, 1992. Primary productivity and biogeochemical cycles in the sea[M]. Boston: Springer.

Färber C, Wisshak M, Pyko I, et al., 2015. Effects of water depth, seasonal exposure, and substrate orientation on microbial bioerosion in the Ionian Sea (Eastern Mediterranean) [J/OL]. Plos one, 10 (4): e0126495[2020-07-01]. https://doi.org/10.1371/journal.pone.0126495.

Feng B W, Li X R, Wang J H, et al., 2009. Bacterial diversity of water and sediment in the Changjiang estuary and coastal area of the East China Sea[J]. FEMS microbiology ecology, 70 (2): 236-248.

Feo M L, Ginebreda A, Eljarrat E, et al., 2010. Presence of pyrethroid pesticides in water and sediments of Ebro River Delta[J]. Journal of hydrology, 393 (3-4): 156-162.

Ferrari I, Farabegoli A, Mazzoni R, 1989. Abundance and diversity of planktonic rotifers in the Po River[J]. Hydrobiologia, 186: 201-208.

Figueiredo N L, Areias A, Mendes R, et al., 2014. Mercury-resistant bacteria from salt marsh of Tagus Estuary: the influence of plants presence and mercury contamination levels[J]. Journal of toxicology and environmental health, Part A, 77: 959-971.

Figueiredo N L, Canário J, Serralheiro M L, et al., 2017. Optimization of microbial detoxification for an aquatic mercury-contaminated environment[J]. Journal of toxicology and environmental health, Part A, 80 (13-15): 788-796.

Flemming H C, Wuertz S, 2019. Bacteria and archaea on Earth and their abundance in biofilms[J]. Nature reviews microbiology, 17: 247-260.

Flores-Burgos J, Sarma S S S, Nandini S, 2005. Effect of single species or mixed algal (*Chlorella vulgaris* and *Scenedesmus acutus*) diets on the life table demography of *Brachionus calyciflorus* and *Brachionus patulus* (Rotifera: Brachionidae) [J]. Acta hydrochimica et hydrobiologica, 33 (6): 614-621.

Fortunato C S, Crump B C, 2011. Bacterioplankton community variation across river to ocean environmental gradients[J]. Microbial ecology, 62 (2): 374-382.

Fortunato C S, Crump B C, 2015. Microbial gene abundance and expression patterns across a river to ocean salinity gradient[J/OL]. Plos one, 10 (11): e0140578[2020-07-01]. https://doi.org/10.1371/journal.pone.0140578.

Fortunato C S, Eiler A, Herfort L, et al., 2013. Determining indicator taxa across spatial and seasonal gradients in the Columbia River coastal margin[J]. The ISME journal, 7 (10): 1899-1911.

Fortunato C S, Herfort L, Zuber P, et al., 2012. Spatial variability overwhelms seasonal patterns in bacterioplankton communities across a river to ocean gradient[J]. The ISME journal, 6 (3): 554-563.

Frame J D, Carpenter M P, 1979. International research collaboration[J]. Social study of science, 9 (4): 481-497.

Francis C A, O'Mullan G D, Cornwell J C, et al., 2013. Transitions in *nirS*-type denitrifier diversity, community composition, and biogeochemical activity along the Chesapeake Bay estuary[J/OL]. Frontiers in microbiology, 4: 237[2020-07-01]. https://www.frontiersin.org/articles/10.3389/fmicb.2013.00237/full.

Gallardo B, Gascón S, Quintana X, et al., 2011. How to choose a biodiversity indicator: Redundancy and complementarity of biodiversity metrics in a freshwater ecosystem[J]. Ecological indicators, 11 (5): 1177-1184.

Galloway J N, Dentener F J, Capone D G, et al., 2004. Nitrogen cycles: past, present, and future[J]. Biogeochemistry, 70: 153-226.

Gannon J E, Stemberger R S, 1978. Zooplankton (especially crustaceans and rotifers) as indicators of water quality[J]. Transactions of the American Microscopical Society, 97 (1): 16-35.

Gao J F, Luo X, Wu G X, et al., 2013. Quantitative analyses of the composition and abundance of ammonia-oxidizing archaea and ammonia-oxidizing bacteria in eight full-scale biological wastewater treatment plants[J]. Bioresource technology, 138: 285-296.

Garfield E, 2006. The history and meaning of the journal impact factor[J]. JAMA, 295 (1): 90-93.

Gasol J M, Pedrós-Alió C, Vaqué D, 2002. Regulation of bacterial assemblages in oligotrophic plankton systems: results from experimental and empirical approaches[J]. Antonie van Leeuwenhoek, 81 (1-4): 435-452.

Gilbert J J, 1985. Competition between rotifers and daphnia[J]. Ecology, 66 (6): 1943-1950.

Gilliom R J, 2007. Pesticides in U.S. streams and groundwater[J]. Environmental science & technology, 41 (10): 3409-3414.

Goulder R. Interactions between the rates of production of a freshwater macrophyte and phytoplankton in a pond[J]. Oikos, 1969: 300-309.

Goulder R, Blanchard A S, Metcalf P J, et al., 1979. Inhibition of estuarine bacteria by metal refinery effluent[J]. Marine pollution bulletin, 10 (6): 170-173.

Gu Y G, Li Q S, Fang J H, et al., 2014. Identification of heavy metal sources in the reclaimed farmland soils of the pearl river estuary in China using a multivariate geostatistical approach[J]. Ecotoxicology and environmental safety, 105: 7-12.

Gunnarsson J S, Sköld M, 1999. Accumulation of polychlorinated biphenyls by the infaunal brittle stars *Amphiura filiformis* and *A. chiajei*: effects of eutrophication and selective feeding[J]. Marine ecology progress series, 186: 173-185.

Guo F, Kainz M J, Sheldon F, et al., 2016. The importance of high-quality algal food sources in stream food webs: current status and future perspectives[J]. Freshwater biology, 61 (6): 815-831.

Guo X P, Niu Z S, Lu D P, et al., 2017. Bacterial community structure in the intertidal biofilm along the Yangtze Estuary, China[J]. Marine pollution bulletin, 124 (1): 314-320.

Hakanson L, 1980. An ecological risk index for aquatic pollution control: a sedimentological approach[J]. Water research, 14 (8): 975-1001.

Hamilton P B, Lavoie I, Ley L M, et al., 2011. Factors contributing to the spatial and temporal variability of phytoplankton communities in the Rideau River (Ontario, Canada) [J]. River systems, 19 (3): 189-205.

Han G X, Yu J B, Li H B, et al., 2012. Winter soil respiration from different vegetation patches in the Yellow River Delta, China[J]. Environmental management, 50 (1): 39-49.

Herfort L, Crump B C, Fortunato C S, et al., 2017. Factors affecting the bacterial community composition and heterotrophic production of Columbia River estuarine turbidity maxima[[J/OL]. Microbiologyopen,

6 (6): e00522[2020-07-01]. https://onlinelibrary.wiley.com/doi/10.1002/mbo3.522.

Hering D, Johnson R K, Kramm S, et al., 2006. Assessment of European streams with diatoms, macrophytes, macroinvertebrates and fish: a comparative metric-based analysis of organism response to stress[J]. Freshwater biology, 51 (9): 1757-1785.

Hewson I, O'Neil J M, Fuhrman J A, et al., 2001. Virus-like particle distribution and abundance in sediments and overlying waters along eutrophication gradients in two subtropical estuaries[J]. Limnology and oceanography, 46 (7): 1734-1746.

Hillebrand H, Dürselen C D, Kirschtel D, et al., 1999. Biovolume calculation for pelagic and benthic microalgae[J]. Journal of phycology, 35 (2): 403-424.

Hintzen E P, Lydy M J, Belden J B, 2009. Occurrence and potential toxicity of pyrethroids and other insecticides in bed sediments of urban streams in central Texas[J]. Environmental pollution, 157 (1): 110-116.

Hoffmann L, 1989. Algae of terrestrial habitats[J]. The botanical review, 55: 77-105.

Hofmann W, 1977. The influence of abiotic environmental factors on population dynamics in planktonic rotifers[J]. Archiv für Hydrobiologie-Beiheft Ergebnisse der Limnologie, 8: 77-83.

Holmes R W, Anderson B S, Philips B M, et al., 2008. Statewide investigation of the role of pyrethroid pesticides in sediment toxicity in California's urban waterways[J]. Environmental science & technology, 42 (18): 7003-7009.

Holst H, Zimmermann H, Kausch H, et al., 1998. Temporal and spatial dynamics of planktonic rotifers in the Elbe estuary during spring[J]. Estuarine, coastal and shelf science, 47 (3): 261-273.

Hou Z, Nelson W C, Stegen J C, et al., 2017. Geochemical and microbial community attributes in relation to hyporheic zone geological facies[J]. Scientific reports, 7 (1): 12006.

Hu Y, Wang L, Fu X H, et al., 2016. Salinity and nutrient contents of tidal water affects soil respiration and carbon sequestration of high and low tidal flats of Jiuduansha wetlands in different ways[J]. Science of the total environment, 565: 637-648.

Huang S, He S, Xu H, et al., 2015. Monitoring of persistent organic pollutants in seawater of the Pearl River Estuary with rapid on-site active SPME sampling technique[J]. Environmental pollution, 200: 149-158.

Iglesias C, Mazzeo N, Meerhoff M, et al., 2011. High preadation is of key importance for dominance of small-bodied zooplankton in warm shallow lakes: evidence from lakes, fish exclosures and surface sediments[J]. Hydrobiologia, 667: 133-147.

Irigoien X, Huisman J, Harris R P, 2004. Global biodiversity patterns of marine phytoplankton and zooplankton[J]. Nature, 429: 863-867.

Jeong K-S, Kim D-K, Joo G-J, 2007. Delayed influence of dam storage and discharge on the determination of seasonal proliferations of *Microcystis aeruginosa* and *Stephanodiscus hantzschii* in a regulated river system of the lower Nakdong River (South Korea) [J]. Water research, 41 (6) : 1269-1279.

Johnson J M, Wawrik B, Isom C, et al., 2015. Interrogation of Chesapeake Bay sediment microbial communities for intrinsic alkane-utilizing potential under anaerobic conditions[J]. FEMS microbiology ecology, 91 (2): 1-14.

Johnson M S, Leah R T, Connor L, et al., 1996. Polychlorinated biphenyls in small mammals from contaminated landfill sites[J]. Environmental pollution, 92 (2): 185-191.

Jung S W, Kwon O Y, Yun S M, et al., 2014. Impacts of dam discharge on river environments and phytoplankton communities in a regulated river system, the lower Han River of South Korea[J]. Journal of ecology and environment, 37 (1): 1-11.

Junk W J, Bayley P B, Sparks R E, 1989. The flood pulse concept in river-floodplain systems[J]. Canadian journal of fisheries and aquatic sciences, 106: 110-127.

Jürgens K, Wickham S A, Rothhaupt K O, et al., 1996. Feeding rates of macro- and microzooplankton on heterotrophic nanoflagellates[J]. Limnology and oceanography, 41 (8): 1833-1839.

Kaehler S, Pakhomov E A, McQuaid C D, 2000. Trophic structure of the marine food web at the Prince Edward Islands (Southern Ocean) determined by $\delta^{13}C$ and $\delta^{15}N$ analysis[J]. Marine ecology progress series, 208: 13-20.

Kan J, Suzuki M T, Wang K, et al., 2007. High temporal but low spatial heterogeneity of bacterioplankton in the Chesapeake Bay[J]. Applied and environmental microbiology, 73 (21): 6776-6789.

Karabin A, Ejsmont-Karabin J, 2005. An evidence for vertical migrations of small rotifers: a case of rotifer community in a dystrophic lake[J]. Hydrobiologia, 546: 381-386.

Karadžić V, Simić G S, Natić D, et al., 2013. Changes in the phytoplankton community and dominance of *Cylindrospermopsis raciborskii* (Wolosz.) Subba Raju in a temperate lowland river (Ponjavica, Serbia) [J]. Hydrobiologia, 711: 43-60.

Karr J R, 1981. Assessment of biotic integrity using fish communities[J]. Fisheries, 6 (6): 21-27.

Kazemi S, Hatam I, Lanoil B, 2016. Bacterial community succession in a high-altitude subarctic glacier foreland is a three-stage process[J]. Molecular ecology, 25 (21): 5557-5567.

Kelly M, Juggins S, Guthrie R, et al., 2008. Assessment of ecological status in U.K. rivers using diatoms[J]. Freshwater biology, 53 (2): 403-422.

Kelly M G, Penny C J, Whitton B A, 1995. Comparative performance of benthic diatom indices used to assess river water quality[J]. Hydrobiologia, 302: 179-188.

Kelly M G, Whitton B A, 1995. The trophic diatom index: a new index for monitoring eutrophication in rivers[J]. Journal of applied phycology, 7: 433-444.

Koch H M, Wittassek M, Brüning T, et al., 2011. Exposure to phthalates in 5-6 years old primary school starters in Germany: a human biomonitoring study and a cumulative risk assessment[J]. International journal of Hygiene and environmental health, 214 (3): 188-195.

Komissarov A B, Korneva L G, 2015. Taxonomical structure, ecological and geographic characteristics of phytoplankton of the Tvertsa River (Russia) [J]. International journal on algae, 17 (2): 149-158.

Koste W, 1978. Rotatoria: die Rädertiere Mitteleuropas[M]. 2nd ed. Berlin: Gebrüder Borntraeger.

Kraus T E C, Carpenter K D, Bergamaschi B A, et al., 2017. A river-scale Lagrangian experiment examining controls on phytoplankton dynamics in the presence and absence of treated wastewater effluent high in ammonium[J]. Limnology and oceanography, 62 (3): 1234-1253.

Kumar A, Sharma B, Pandey R S, 2007. Preliminary evaluation of the acute toxicity of cypermethrin and λ-cyhalothrin to *Channa punctatus*[J]. Bulletin of environmental contamination and toxicology, 79 (6): 613-616.

Lange K, Liess A, Piggott J J, et al., 2011. Light, nutrients and grazing interact to determine stream diatom community composition and functional group structure[J]. Freshwater biology, 56 (2): 264-278.

Lange K, Townsend C R, Matthaei C D, 2016. A trait-based framework for stream algal communities[J]. Ecology and evolution, 6 (1): 23-36.

Langenheder S, Lindström E S, Tranvik L J, 2005. Weak coupling between community composition and functioning of aquatic bacteria[J]. Limnology and oceanography, 50 (3): 957-967.

Lao W J, Tsukada D, Greenstein D J, et al., 2010. Analysis, occurrence, and toxic potential of pyrethroids, and fipronil in sediments from an urban estuary[J]. Environmental toxicology and chemistry, 29 (4): 843-851.

Larsen P O, von Ins M, 2010. The rate of growth in scientific publication and the decline in coverage provided by Science Citation Index[J]. Scientometrics，84：575-603.

Laskowski D A，2002. Physical and chemical properties of pyrethroids[J]. Reviews of environmental contamination and toxicology，174：49-170.

Lau D C P，Leung K M Y，Dudgeon D，2009. Are autochthonous foods more important than allochthonous resources to benthic consumers in tropical headwater streams? [J]. Journal of the North American Benthological Society，28（2）：426-439.

Layman C A，Araujo M S，Boucek R，et al.，2012. Applying stable isotopes to examine food-web structure：an overview of analytical tools[J]. Biological reviews，87（3）：545-562.

Lewis W M，Jr，1974. Primary production in the plankton community of a tropical lake[J]. Ecological monographs，44：377-409.

Li H Z，Ma H Z，Lydy M J，et al.，2014a. Occurrence，seasonal variation and inhalation exposure of atmospheric organophosphate and pyrethroid pesticides in an urban community in South China[J]. Chemosphere，95：363-369.

Li H Z，Mehler W T，Lydy M J，et al.，2011. Occurrence and distribution of sediment-associated insecticides in urban waterways in the Pearl River Delta，China[J]. Chemosphere，82（10）：1373-1379.

Li H Z，Sun B Q，Lydy M J，et al.，2013. Sediment-associated pesticides in an urban stream in Guangzhou，China：implication of a shift in pesticide use patterns[J]. Environmental toxicology and chemistry，32（5）：1040-1047.

Li H Z，Wei Y L，Lydy M J，et al.，2014b. Inter-compartmental transport of organophosphate and pyrethroid pesticides in South China：Implications for a regional risk assessment[J]. Environmental pollution，190：19-26.

Li H Z，Wei Y L，You J，et al.，2010. Analysis of sediment-associated insecticides using ultrasound assisted microwave extraction and gas chromatography-mass spectrometry[J]. Talanta，83（1）：171-177.

Li J J，Jiang X，Jing Z Y，et al.，2017. Spatial and seasonal distributions of bacterioplankton in the Pearl River Estuary：The combined effects of riverine inputs，temperature，and phytoplankton[J]. Marine pollution bulletin，125（1-2）：199-207.

Li J P，Dong S K，Liu S L，et al.，2013. Effects of cascading hydropower dams on the composition，biomass and biological integrity of phytoplankton assemblages in the middle Lancang-Mekong River[J]. Ecological engineering，60：316-324.

Li L-L，Ding G H，Feng N，et al.，2009. Global stem cell research trend：Bibliometric analysis as a tool for mapping of trends from 1991 to 2006[J]. Scientometrics，80：39-58.

Li R H，Xu J，Li X F，et al.，2017. Spatiotemporal variability in phosphorus species in the Pearl River Estuary：influence of the river discharge[J/OL]. Scientific reports，7（1）：13649[2020-07-01]. https://www.nature.com/articles/s41598-017-13924-w.

Li Z X，Jin W B，Liang Z Y，et al.，2013. Abundance and diversity of ammonia-oxidizing archaea in response to various habitats in Pearl River Delta of China，a subtropical maritime zone[J]. Journal of environmental sciences，25（6）：1195-1205.

Liao J Q，Huang Y，2014. Global trend in aquatic ecosystem research from 1992 to 2011[J]. Scientometrics，98：1203-1219.

Liu M，Dong Y，Zhang W C，et al，2013. Diversity of bacterial community during spring phytoplankton blooms in the central Yellow Sea[J]. Canadian journal of microbiology，59（5）：324-332.

Liu S，Ren H X，Shen L D，et al.，2015. pH levels drive bacterial community structure in sediments of the Qiantang River as determined by 454 pyrosequencing[J/OL]. Frontiers in microbiology，6：285[2020-07-01]. https://www.frontiersin.org/articles/10.3389/fmicb.2015.00285/full.

López-Domínguez C M，Ramírez-Sucre M O，Rodríguez-Buenfil I M，2019. Enzymatic hydrolysis of *Opuntia ficus-indica* cladode by *Acinetobacter pittii* and alcohol fermentation by *Kluyveromyces marxianus*：pH，temperature and microorganism effect[J/OL]. Biotechnology reports，24：e00384[2020-07-01]. https://doi.org/10.1016/j.btre.2019.e00384.

Lucas J，Antje W，Hanno T，et al.，2015. Annual dynamics of North Sea bacterioplankton：seasonal variability superimposes short-term variation[J/OL]. FEMS microbiology ecology，91（9）：fiv099[2020-07-01]. https://doi.org/10.1093/femsec/fiv099.

Lunetta R S，Shao Y，Ediriwickrema J，et al.，2010. Monitoring agricultural cropping patterns across the Laurentian Great Lakes Basin using MODIS-NDVI data[J]. International journal of applied earth observation and geoinformation，12（2）：81-88.

MacDonald D D，Ingersoll C G，Berger T A，2000. Development and evaluation of consensus-based sediment quality guidelines for freshwater ecosystems[J]. Archives of environmental contamination and toxicology，39：20-31.

Mackey K R M，Hunter-Cevera K，Britten G L，et al.，2017. Seasonal succession and spatial patterns of *Synechococcus* microdiversity in a salt marsh estuary revealed through 16S rRNA gene oligotyping [J/OL]. Frontiers in microbiology，8：1496[2020-07-01]. https://www.frontiersin.org/articles/10.3389/fmicb.2017.01496/full.

Madigan M T，Martinko J M，Bender K S，et al.，2014. Brock biology of microorganisms[M]. 14th ed. Atlanta：Pearson Education，Inc.

Mai Y Z，Peng S Y，Lai Z N，2020. Structural and functional diversity of biofilm bacterial communities along the Pearl River Estuary，South China[J]. Regional studies in marine science，33：100926.

Matsumura-Tundisi T，Tundisi J G，2003. Calanoida（Copepoda）species composition changes in the reservoirs of São Paulo State（Brazil）in the last twenty years[J]. Hydrobiologia，504：215-222.

Mehler W T，Li H Z，Lydy M J，et al.，2011. Identifying the causes of sediment-associated toxicity in urban waterways of the Pearl River Delta，China[J]. Environmental science & technology，45（5）：1812-1819.

Meunier C L，Boersma M，Wiltshire K H，et al.，2016. Zooplankton eat what they need：copepod selective feeding and potential consequences for marine systems[J]. Oikos，125（1）：50-58.

Meunier C L，Liess A，Andersson A，et al.，2017. Allochthonous carbon is a major driver of the microbial food web：A mesocosm study simulating elevated terrestrial matter runoff[J]. Marine environmental research，129：236-244.

Mills A L，Breuil C，Colwell R R，1978. Enumeration of petroleum-degrading marine and estuarine microorganisms by the most probable number method[J]. Canadian journal of microbiology，24（5）：522-527.

Mitrovic S M，Hardwick L，Dorani F，2011. Use of flow management to mitigate cyanobacterial blooms in the Lower Darling River，Australia[J]. Journal of plankton research，33（2）：229-241.

Montesanto B，Tryfon E，1999. Phytoplankton community structure in the drainage network of a Mediterranean river system（Aliakmon，Greece）[J]. International review of hydrobiology，84（5）：451-468.

Montesanto B，Ziller S，Danielidis D，et al.，2000. Phytoplankton community structure in the lower reaches of a Mediterranean river（Aliakmon，Greece）[J]. Archiv für hydrobiologie，147（2）：171-191.

Morais P，2008. Review on the major ecosystem impacts caused by damming and watershed development in an Iberian basin（SW-Europe）：focus on the Guadiana estuary[J]. Annales de limnologie-International journal of limnology，44（2）：105-117.

Moran R，Porath D，1980. Chlorophyll determination in intact tissues using *N*, *N*-dimethylformamide[J]. Plant physiology，65（3）：478-479.

Morrissey E M，Gillespie J L，Morina J C，et al.，2014. Salinity affects microbial activity and soil organic matter content in tidal wetlands[J]. Global change biology，20（4）：1351-1362.

Murray R G E，Watson S W，1965. Structure of *Nitrosocystis oceanus* and comparison with *Nitrosomonas* and *Nitrobacter*[J]. Journal of bacteriology，89：1594-1609.

Newton R J，Jones S E，Eiler A，et al.，2011. A guide to the natural history of freshwater lake bacteria[J]. Microbiology and molecular biology reviews，75（1）：14-49.

Nilsson C，Reidy C A，Dynesius M，et al.，2005. Fragmentation and flow regulation of the world's large river systems[J]. Science，308（5720）：405-408.

Noble P A，Bidle K D，Fletcher M，1997. Natural microbial community compositions compared by a back-propagating neural network and cluster analysis of 5S rRNA[J]. Applied and environmental microbiology，63（5）：1762-1770.

Nocker A，Lepo J E，Martin L L，et al.，2007. Response of estuarine biofilm microbial community development to changes in dissolved oxygen and nutrient concentrations[J]. Microbial ecology，54：532-542.

Nunes D M F，Magalhães A L B，Weber A A，et al.，2015. Influence of a large dam and importance of an undammed tributary on the reproductive ecology of the threatened fish matrinxã *Brycon orthotaenia* Günther，1864（Characiformes：Bryconidae）in southeastern Brazil[J]. Neotropical ichthyology，13（2）：317-324.

O'Farrell I，Lombardo R J，de Tezanos Pinto P，et al.，2002. The assessment of water quality in the Lower Luján River（Buenos Aires，Argentina）：phytoplankton and algal bioassays[J]. Environmental pollution，120（2）：207-218.

Ogbuagu D H，Ayoade A A，2011. Estimation of primary production along gradients of the middle course of Imo River in Etche，Nigeria[J]. International journal of biosciences，1（4）：68-73.

Pan Y D，Herlihy A，Kaufmann P，et al.，2004. Linkages among land-use，water quality，physical habitat conditions and lotic diatom assemblages：A multi-spatial scale assessment[J]. Hydrobiologia，515：59-73.

Park H J，Choy E J，Lee K-S，et al.，2013. Trophic transfer between coastal habitats in a seagrass-dominated macrotidal embayment system as determined by stable isotope and fatty acid signatures[J]. Marine and freshwater research，64：1169-1183.

Patel I，Kracher D，Ma S，et al.，2016. Salt-responsive lytic polysaccharide monooxygenases from the mangrove fungus *Pestalotiopsis* sp. NCi6[J/OL]. Biotechnology for biofuels，9：108[2020-07-01]. https://doi.org/10.1186/s13068-016-0520-3.

Paul J T，Ramaiah N，Sardessai S，2008. Nutrient regimes and their effect on distribution of phytoplankton in the Bay of Bengal[J]. Marine environmental research，66（3）：337-344.

Pielou E C，1966. Species-diversity and pattern-diversity in the study of ecological succession[J]. Journal of theoretical biology，10（2）：370-383.

Piggott J J，Salis R K，Lear G，et al.，2015. Climate warming and agricultural stressors interact to determine stream periphyton community composition[J]. Global change biology，21（1）：206-222.

Piirsoo K，Pall P，Tuvikene A，et al.，2008. Temporal and spatial patterns of phytoplankton in a temperate lowland river（Emajõgi，Estonia）[J]. Journal of plankton research，30：1285-1295.

Pinnegar J K，Polunin N V C，2000. Contributions of stable-isotope data to elucidating food webs of Mediterranean rocky littoral fishes[J]. Oecologia，122：399-409.

Pontin R M，Langley J M，1993. The use of rotifer communities to provide a preliminary national classification of small water bodies in England[J]. Hydrobiologia，255/256：411-419.

Rajendran A，James R A. Anthropogenic impact on the biogeochemistry of coastal environment[EB/OL]. [2020-07-01].http://oms.bdu.ac.in/academics/projects/25_7042017562.pdf.

Ran Y，Huang W L，Rao R S C，et al.，2002. The role of condensed organic matter in the nonlinear sorption of hydrophobic organic contaminants by a peat and sediments[J]. Journal of environmental quality，31（6）：1953-1962.

Ran Y，Sun K，Yang Y，et al.，2007. Strong sorption of phenanthrene by condensed organic matter in soils and sediments[J]. Environmental science & technology，41（11）：3952-3958.

Reisinger A J，Tank J L，Rosi-Marshall E J，et al.，2015. The varying role of water column nutrient uptake along river continua in contrasting landscapes[J]. Biogeochemistry，125：115-131.

Release information：SILVA 132[EB/OL].（2017-12-13）[2020-07-01]. https：//www.arb-silva.de/documentation/release-132/.

Ren L J，Song X Y，He D，et al.，2019. Bacterioplankton metacommunity processes across thermal gradients：Weaker species sorting but stronger niche segregation in summer than in winter in a subtropical bay[J/OL]. Applied and environmental microbiology，85（2）：e02088-18[2020-07-01]. https://doi.org/10.1128/AEM.02088-18.

Reynolds C S，Huszar V，Kruk C，et al.，2002. Towards a functional classification of the freshwater phytoplankton[J]. Journal of plankton research，24（5）：417-428.

Rojas-Jimenez K，Rieck A，Wurzbacher C，et al.，2019. A salinity threshold separating fungal communities in the Baltic Sea[J]. Frontiers in microbiology，10：680.

Round F E，Crawford R M，Mann D G，1990. The diatoms：Biology and morphology of the genera[M]. Cambridge：Cambridge University Press.

Rühland K，Paterson A M，Smol J P，2008. Hemispheric-scale patterns of climate-related shifts in planktonic diatoms from North American and European lakes[J]. Global change biology，14（11）：2740-2754.

Salmaso N，Zignin A，2010. At the extreme of physical gradients：phytoplankton in highly flushed，large rivers[J]. Hydrobiologia，639：21-36.

Sanders R W，Caron D A，Berninger U-G，1992. Relationships between bacteria and heterotrophic nanoplankton in marine and fresh waters：an inter-ecosystem comparison[J]. Marine ecology progress series，86：1-14.

Santana L M，Moraes M E B，Silva D M L，et al.，2016. Spatial and temporal variation of phytoplankton in a tropical eutrophic river[J]. Brazilian journal of biology，76（3）：600-610.

Santoro A E，Francis C A，De Sieyes N R，et al.，2008. Shifts in the relative abundance of ammonia-oxidizing bacteria and archaea across physicochemical gradients in a subterranean estuary[J]. Environmental microbiology，10（4）：1068-1079.

Schemel L E，Sommer T R，Müller-Solger A B，et al.，2004. Hydrologic variability，water chemistry，and phytoplankton biomass in a large floodplain of the Sacramento River，CA，U.S.A. [J]. Hydrobiologia，513：129-139.

Schindler D W，1978. Factors regulating phytoplankton production and standing crop in the world's freshwaters[J]. Limnology and oceanography，23（3）：478-486.

Schriver P，Bøgestrand J，Jeppesen E，et al.，1995. Impact of submerged macrophytes on fish-zooplankton-phytoplankton interactions：large-scale enclosure experiments in a shallow eutrophic lake[J]. Freshwater biology，33（2）：255-270.

Sekiguchi H，Koshikawa H，Hiroki M，et al.，2002. Bacterial distribution and phylogenetic diversity in the Changjiang estuary before the construction of the Three Gorges Dam[J]. Microbial ecology，43：82-91.

Selje N，Simon M，2003. Composition and dynamics of particle-associated and free-living bacterial communities in the Weser estuary，Germany[J]. Aquatic microbial ecology，30：221-237.

Shannon C E，Weaver W，1949. The mathematical theory of communication[M]. Urbana：University of Illinois Press.

Sharma J，Parashar A，Bagare P，et al.，2015. Phytoplanktonic diversity and its relation to physicochemical parameters of water at dogarwadaghat of River Narmada[J]. Current world environment，10（1）：206-214.

Shcherbak V I，Kuzminchuk Y S，2005. Influence of phytoplankton on the formation of the oxygen regime of the river ecosystem[J]. Hydrobiological journal，41（3）：28-37.

Simon H M，Smith M W，Herfort L，2014. Metagenomic insights into particles and their associated microbiota in a coastal margin ecosystem[J/OL]. Frontiers in microbiology，5：466[2020-07-01]. https://doi.org/10.3389/fmicb.2014.00466.

Simpson E H，1949. Measurement of diversity[J]. Nature，163：688.

Sin Y，Wetzel R L，Anderson I C，2000. Seasonal variations of size-fractionated phytoplankton along the salinity gradient in the York River estuary，Virginia（USA）[J]. Journal of plankton research，22（10）：1945-1960.

Sládeček V，1983. Rotifers as indicators of water quality[J]. Hydrobiologia，100：169-201.

Smith M W，Herfort L，Rivers A R，et al.，2019. Genomic signatures for sedimentary microbial utilization of phytoplankton detritus in a fast-flowing estuary[J/OL]. Frontiers in microbiology，10：2475[2020-07-01]. https://doi.org/10.3389/fmicb.2019.02475.

Soininen J，Jamoneau A，Rosebery J，et al.，2016. Global patterns and drivers of species and trait composition in diatoms[J]. Global ecology and biogeography，25（8）：940-950.

Song J Z，Peng P A，Huang W L，2002. Black carbon and kerogen in soils and sediments. 1. Quantification and characterization[J]. Environmental science & technology，36（18）：3960-3967.

Starling F L R M，Rocha A J A，1990. Experimental study of the impacts of planktivorous fishes on plankton community and eutrophication of a tropical Brazilian reservoir[J]. Hydrobiologia，200：581-591.

Stevenson L H，1978. A case for bacterial dormancy in aquatic systems[J]. Microbial ecology，4：127-133.

Stevenson L H，Erkenbrecher C W，1976. Activity of bacteria in the estuarine environment[M]//Wiley M. Estuarine processes. New York：Academic Press：381-394.

Stevenson R J，Pan Y D，van Dam H，2010. Assessing environmental conditions in rivers and streams with diatoms[M]//Smol J P，Stoermer E F. The diatoms：applications for the environmental and Earth sciences. 2nd ed. Cambridge：Cambridge University Press：57-85.

Sukla B，Patra A K，Panda R P，2013. Primary production in River Birupa，India[J]. Proceedings of the National Academy of Sciences，India Section B：Biological sciences，83（4）：593-602.

Sun K，Ran Y，Yang Y，et al.，2008. Sorption of phenanthrene by nonhydrolyzable organic matter from different size sediments[J]. Environmental science & technology，42（6），1961-1966.

Sun W，Xia C Y，Xu M Y，et al.，2017. Seasonality affects the diversity and composition of bacterioplankton communities in Dongjiang River，a drinking water source of Hong Kong[J]. Frontiers in microbiology，8：1644.

Sun Y X，Zhang Z W，Xu X R，et al.，2016. Spatial and vertical distribution of dechlorane plus in mangrove sediments of the Pearl River Estuary，South China[J]. Archives of environmental contamination and toxicology，71（3）：359-364.

Tabasum T，Trisal C L，2009. Progressive changes in phytoplankton community structure in urbanized lowland river floodplains：a multivariate approach[J]. River research and applications，25：1109-1125.

Tao X，2011. Phytoplankton biodiversity survey and environmental evaluation in Jia Lize wetlands in Kunming City[J]. Procedia environmental sciences，10：2336-2341.

Tavernini S，Pierobon E，Viaroli P，2011. Physical factors and dissolved reactive silica affect phytoplankton community structure and dynamics in a lowland eutrophic river（Po river，Italy）[J]. Hydrobiologia，669：213-225.

They N H, Ferreira L M H, Marins L F, et al., 2013. Stability of bacterial composition and activity in different salinity waters in the dynamic Patos Lagoon estuary: evidence from a lagrangian-like approach[J]. Microbial ecology, 66 (3): 551-562.

Timms R M, Moss B, 1984. Prevention of growth of potentially dense phytoplankton populations by zooplankton grazing, in the presence of zooplanktivorous fish, in a shallow wetland ecosystem[J]. Limnology and oceanography, 29 (3): 472-486.

Torres-Ruiz M, Wehr J D, Perrone A A, 2007. Trophic relations in a stream food web: importance of fatty acids for macroinvertebrate consumers[J]. Journal of the North American Benthological Society, 26 (3): 509-522.

Townsend S A, Przybylska M, Miloshis M, 2012. Phytoplankton composition and constraints to biomass in the middle reaches of an Australian tropical river during base flow[J]. Marine and freshwater research, 63: 48-59.

Trimble A J, Weston D P, Belden J B, et al., 2009. Identification and evaluation of pyrethroid insecticide mixtures in urban sediments[J]. Environmental toxicology and chemistry, 28 (8): 1687-1695.

Troussellier M, Schäfer H, Batailler N, et al., 2002. Bacterial activity and genetic richness along an estuarine gradient (Rhone River plume, France) [J]. Aquatic microbial ecology, 28 (1): 13-24.

Unni K S, Pawar S, 2000. The phytoplankton along a pollution gradient in the river Mahanadi (M.P. state) India: a multivariate approach[J]. Hydrobiologia, 430: 87-96.

USEPA, 1989. Risk assessment guidance for superfund volume I human health evaluation manual (Part A): EPA/540/1-89/002[A]. Washington, D.C.: Office of Emergency and Remedial Response, USEPA.

USEPA, 2000. Risk-based concentration table[R]. Philadelphia, PA: United States Environmental Protection Agency.

Van den Brink P J, Alexander A C, Desrosiers M, et al., 2011. Traits-based approaches in bioassessment and ecological risk assessment: Strengths, weaknesses, opportunities and threats[J]. Integrated environmental assessment and management, 7 (2): 198-208.

Van Dijk G M, Van Zanten B, 1995. Seasonal changes in zooplankton abundance in the lower Rhine during 1987-1991[J]. Hydrobiologia, 304: 29-38.

Vannote R L, Minshall G W, Cummins K W, et al., 1980. The river continuum concept[J]. Canadian journal of fisheries and aquatic sciences, 37: 130-137.

Varol M, 2011. Assessment of heavy metal contamination in sediments of the Tigris River (Turkey) using pollution indices and multivariate statistical techniques[J]. Journal of hazardous materials, 195: 355-364.

Venugopal M N, Winfield I J, 1993. The distribution of juvenile fishes in a hypereutrophic pond: Can macrophytes potentially offer a refuge for zooplankton?[J]. Journal of freshwater ecology, 8(4): 389-396.

Verasztó C, Kiss K T, Sipkay C, et al., 2010. Long-term dynamic patterns and diversity of phytoplankton communities in a large eutrophic river (the case of River Danube, Hungary) [J]. Applied ecology and environmental research, 8 (4): 329-349.

Vesanto J, 2000. Neural network tool for data mining: SOMToolbox[C]// Proceedings of symposium on tool environments and development methods for intelligent systems. Oulu: University of Oulu: 184-196.

Wang C, Lek S, Lai Z N, et al., 2017. Morphology of Aulacoseira filaments as indicator of the aquatic environment in a large subtropical river: The Pearl River, China[J]. Ecological indicators, 81: 325-332.

Wang C, Li X H, Lai Z N, et al., 2014. Patterning and predicting phytoplankton assemblages in a large subtropical river[J]. Fundamental and applied limnology, 185: 263-279.

Wang C, Li X H, Wang X X, et al., 2016. Spatio-temporal patterns and predictions of phytoplankton assemblages in a subtropical river delta system[J]. Fundamental and applied limnology, 187: 335-349.

Wang C, Liu Y, Li X H, et al., 2015. A bibliometric analysis of scientific trends in phytoplankton research[J]. Annales de limnologie-International journal of limnology, 51（3）: 249-259.

Wang J, Kan J J, Qian G, et al., 2019. Denitrification and anammox: Understanding nitrogen loss from Yangtze Estuary to the east China sea（ECS）[J]. Environmental pollution, 252（Part B）: 1659-1670.

Wang J Z, Li H Z, You J, 2012. Distribution and toxicity of curren-use insecticides in sediment of a lake receiving waters from areas in transition to urbanization[J]. Environmental pollution, 161: 128-133.

Wang W, Cai D J, Shan Z J, et al., 2007. Comparison of the acute toxicity for gamm-cyhalothrin and lambda-cyhalothrin to zebra fish and shrimp[J]. Regulatory toxicology and pharmacology, 47（2）: 184-188.

Wang Y, Sheng H F, He Y, et al., 2012. Comparison of the levels of bacterial diversity in freshwater, intertidal wetland, and marine sediments by using millions of illumina tags[J]. Applied and environmental microbiology, 78（23）: 8264-8271.

Wang Y, Zhang R, He Z L, et al., 2017. Functional gene diversity and metabolic potential of the microbial community in an estuary-shelf environment[J]. Frontiers in microbiology, 8: 1153.

Wang Y K, Stevenson R J, Metzmeier L, 2005. Development and evaluation of a diatom-based index of biotic integrity for the Interior Plateau Ecoregion, USA[J]. Journal of the North American Benthological Society, 24（4）: 990-1008.

Ward B B, Eveillard D, Kirshtein J D, et al., 2007. Ammonia-oxidizing bacterial community composition in estuarine and oceanic environments assessed using a functional gene microarray[J]. Environmental microbiology, 9（10）: 2522-2538.

Wærvågen S B, Nilssen J P, 2003. Major changes in pelagic rotifers during natural and forced recovery from acidification[J]. Hydrobiologia, 499: 63-82.

Watson S W, Mandel M, 1971. Comparison of the morphology and deoxyribonucleic acid composition of 27 strains of nitrifying bacteria[J]. Journal of bacteriology, 107（2）: 563-569.

Webster G, Rinna J, Roussel E G, et al., 2010. Prokaryotic functional diversity in different biogeochemical depth zones in tidal sediments of the Severn Estuary, UK, revealed by stable-isotope probing[J]. FEMS microbiology ecology, 72（2）: 179-197.

Wehr J D, Descy J-P, 1998. Use of phytoplankton in large river management[J]. Journal of phycology, 34: 741-749.

Weston D P, Holmes R W, You J, et al., 2005. Aquatic toxicity due to residential use of pyrethroid insecticides[J]. Environmental science & technology, 39（24）: 9778-9784.

Weston D P, Lydy M J, 2010. Urban and agricultural sources of pyrethroid insecticides to the Sacramento-San Joaquin Delta of California[J]. Environmental science & technology, 44（5）: 1833-1840.

Weston D P, Ramil H L, Lydy M J, 2013. Pyrethroid insecticides in municipal wastewater[J]. Environmental toxicology and chemistry, 32（11）: 2460-2468.

Weston D P, You J, Lydy M J, 2004. Distribution and toxicity of sediment-associated pesticides in agriculture-dominated water bodies of California's Central Valley[J]. Environmental science & technology, 38（10）: 2752-2759.

White D C, Bobbie R J, King J D, et al., 1979. Lipid analysis of sediments for microbial biomass and community structure[C]// Litchfield C, Seyfried P. Methodology for biomass determinations and microbial activities in sediments. West Conshohocken, PA: ASTM International.

Winget D M, Helton R R, Williamson K E, et al., 2011. Repeating patterns of virioplankton production within an estuarine ecosystem[J] Proceedings of the National Academy of Sciences of the United States of America, 108（28）: 11506-11511.

Wong C S，2006. Environmental fate processes and biochemical transformations of chiral emerging organic pollutants[J]. Analytical and bioanalytical chemistry，386：544-558.

Wong F，Robson M，Diamond M L，et al.，2009. Concentrations and chiral signatures of POPs in soils and sediments: A comparative urban versus rural study in Canada and UK[J]. Chemosphere，74（3）：404-411.

Wu M，Song L S，Ren J P，et al.，2004. Assessment of microbial dynamics in the Pearl River Estuary by 16S rRNA terminal restriction fragment analysis[J]. Continental shelf research，24（16）：1925-1934.

Wu N C，Dong X H，Liu Y，et al.，2017. Using river microalgae as indicators for freshwater biomonitoring: Review of published research and future directions[J]. Ecological indicators，81：124-131.

Wu N C，Schmalz B，Fohrer N，2011. Distribution of phytoplankton in a German lowland river in relation to environmental factors[J]. Journal of plankton research，33（5）：807-820.

Wu N C，Schmalz B，Fohrer N，2012. Development and testing of a phytoplankton index of biotic integrity （P-IBI）for a German lowland river[J]. Ecological indicators，13（1）：158-167.

Wu Q L L，Zwart G，Wu J F，et al.，2007. Submersed macrophytes play a key role in structuring bacterioplankton community composition in the large，shallow，subtropical Taihu Lake，China[J]. Environmental microbiology，9（11）：2765-2774.

Wu W Z, Xu Y, Schramm K W, et al.，1999. Effect of natural dissolved humic material on bioavailability and acute toxicity of fenpropathrin to the grass carp，*Ctenopharyngodon idellus*[J]. Ecotoxicology and environmental safety，42（3）：203-206.

Xie W，Zhang C L，Zhou X D，et al.，2014. Salinity-dominated change in community structure and ecological function of Archaea from the lower Pearl River to coastal South China Sea[J]. Applied microbiology and biotechnology，98（18）：7971-7982.

Xu C，Wang J J，Liu W P，et al.，2008. Separation and aquatic toxicity of enantiomers of the pyrethroid insecticide lambda-cyhalothrin[J]. Environmental toxicology and chemistry，27（1）：174-181.

Xu M Y，He Z L，Zhang Q，et al.，2015. Responses of aromatic-degrading microbial communities to elevated nitrate in sediments[J]. Environmental science & technology，49（20）：12422-12431.

Xu M Y，Zhang Q，Xia C Y，et al.，2014. Elevated nitrate enriches microbial functional genes for potential bioremediation of complexly contaminated sediments[J]. The ISME journal，8（9）：1932-1944.

Xu W H，Yan W，Li X D，et al.，2013. Antibiotics in riverine runoff of the Pearl River Delta and Pearl River Estuary，China: concentrations，mass loading and ecological risks[J]. Environmental pollution，182：402-407.

Xu Z，Te S H，Xu C，et al.，2018. Variations of bacterial community composition and functions in an estuary reservoir during spring and summer alternation[J/OL]. Toxins （Basel），10（8）：315[2020-07-01]. https://doi.org/10.3390/toxins10080315.

Xu Z，Woodhouse J N，Te S H，et al.，2018. Seasonal variation in the bacterial community composition of a large estuarine reservoir and response to cyanobacterial proliferation[J]. Chemosphere，202：576-585.

Xue F F，Tang B，Bin L Y，et al.，2019. Residual micro organic pollutants and their biotoxicity of the effluent from the typical textile wastewater treatment plants at Pearl River Delta[J]. The science of the total environment，657：696-703.

Xue N D，Xu X B，Jin Z L，2005. Screening 31 endocrine-disrupting pesticides in water and surface sediment samples from Beijing Guanting reservoir[J]. Chemosphere，61（11）：1594-1606.

Yan J X，Liu J L，Shi X，et al.，2016. Polycyclic aromatic hydrocarbons （PAHs） in water from three estuaries of China: Distribution，seasonal variations and ecological risk assessment[J]. Marine pollution bulletin，109（1）：471-479.

Yang G P，2000. Polycyclic aromatic hydrocarbons in the sediments of the South China Sea[J]. Environmental pollution，108（2）：163-171.

Ye Q，Wu Y，Zhu Z Y，et al.，2016. Bacterial diversity in the surface sediments of the hypoxic zone near the Changjiang Estuary and in the East China Sea[J]. Microbiologyopen，5（2）：323-339.

Yi H，Jie W，2011. A bibliometric study of the trend in articles related to eutrophication published in Science Citation Index[J]. Scientometrics，89：919-927.

You J，Pehkonen S，Weston D P，et al.，2008. Chemical availability and sediment toxicity of pyrethroid insecticides to *Hyalella Azteca*：Application to field sediment with unexpectedly low toxicity[J]. Environmental toxicology and chemistry，27（10）：2124-2130.

Yu Q，Chen Y C，Liu Z W，et al.，2017. Longitudinal variations of phytoplankton compositions in lake-to-river systems[J]. Limnologica，62：173-180.

Yu T，Zhang Y，Hu X，et al.，2012. Distribution and bioaccumulation of heavy metals in aquatic organisms of different trophic levels and potential health risk assessment from Taihu lake，China[J]. Ecotoxicology and environmental safety，81：55-64.

Zeglin L H，2015. Stream microbial diversity in response to environmental changes：review and synthesis of existing research[J/OL]. Frontiers in microbiology，6：454[2020-07-01]. https://doi.org/10.3389/fmicb.2015.00454.

Zeng Y Y，Lai Z N，Gu B H，et al.，2014. Heavy metal accumulation patterns in tissues of Guangdong bream（*Megalobrama terminalis*）from the Pearl River，China[J]. Fresenius environmental bulletin，23（3a）：851-858.

Zhang G F，Xie S D，Ho Y-S，2010. A bibliometric analysis of world volatile organic compounds research trends[J]. Scientometrics，83：477-492.

Zhang Q，Ball W P，Moyer D L，2016. Decadal-scale export of nitrogen，phosphorus，and sediment from the Susquehanna River basin，USA：Analysis and synthesis of temporal and spatial patterns[J]. Science of the total environment，563-564：1016-1029.

Zhang W P，Bougouffa S，Wang Y，et al.，2014. Toward understanding the dynamics of microbial communities in an estuarine system[J/OL]. Plos one，9（4）：e94449[2020-07-01]. https://doi.org/10.1371/journal.pone.0094449.

Zhang Y，Jiao N Z，2007. Dynamics of aerobic anoxygenic phototrophic bacteria in the East China Sea[J]. FEMS microbiology ecology，61（3）：459-469.

Zhang Y L，Yao X L，Qin B Q，2016. A critical review of the development，current hotspots，and future directions of Lake Taihu research from the bibliometrics perspective[J]. Environmental science and pollution research international，23（13）：12811-12821.

Zhao Y Y，Bu C N，Yang H L，et al.，2020. Survey of dissimilatory nitrate reduction to ammonium microbial community at national wetland of Shanghai，China[J]. Chemosphere，250：126195.

Zhi W，Yuan L，Ji G D，et al.，2015. A bibliometric review on carbon cycling research during 1993-2013[J]. Environmental earth sciences，74：6065-6075.

Zhou J，Richlen M L，Sehein T R，et al.，2018. Microbial community structure and associations during a marine dinoflagellate bloom[J/OL]. Frontiers in microbiology，9：1201[2020-07-01]. https://doi.org/10.3389/fmicb.2018.01201.

Zimmermann H，1997. The microbial community on aggregates in the Elbe Estuary，Germany[J]. Aquatic microbial ecology，13：37-46.

Zwart G，Crump B C，Kamst-van Agterveld M P，et al.，2002. Typical freshwater bacteria：an analysis of available 16S rRNA gene sequences from plankton of lakes and rivers[J]. Aquatic microbial ecology，28：141-155.